兰州大学哲学社会科学文库

Philosophy and Social Sciences Library of Lanzhou University

中国基础科学人才培养改革与实践

（1990 — 2020）

王根顺　包水梅　主编

高晓明　解　婷　参编

兰州大学出版社

LANZHOU UNIVERSITY PRESS

图书在版编目（CIP）数据

中国基础科学人才培养改革与实践 ：1990—2020 /
王根顺，包水梅主编. -- 兰州 ：兰州大学出版社，
2023.11
  ISBN 978-7-311-06518-8

  Ⅰ．①中… Ⅱ．①王… ②包… Ⅲ．①基础科学－人
才培养－研究－中国 Ⅳ．①G322

中国国家版本馆CIP数据核字(2023)第124911号

责任编辑　饶 慧 宋 婷
封面设计　张友乾

书　　名	中国基础科学人才培养改革与实践(1990—2020)
作　　者	王根顺　包水梅　主编
出版发行	兰州大学出版社　（地址：兰州市天水南路222号　730000）
电　　话	0931-8912613(总编办公室)　0931-8617156(营销中心)
网　　址	http://press.lzu.edu.cn
电子信箱	press@lzu.edu.cn
印　　刷	兰州人民印刷厂
开　　本	710 mm×1020 mm　1/16
印　　张	22
字　　数	324千
版　　次	2023年11月第1版
印　　次	2023年11月第1次印刷
书　　号	ISBN 978-7-311-06518-8
定　　价	78.00元

出版说明

党的二十大报告提出的"加快构建中国特色哲学社会科学学科体系、学术体系、话语体系，培育壮大哲学社会科学人才队伍"的重要精神，为我国高校哲学社会科学事业发展提供了根本遵循，为高校育人育才提供了重要指引。高校作为哲学社会科学"五路大军"中的重要力量，承载着立德树人、培根铸魂的职责。高校哲学社会科学要践行育人使命，培养堪当民族复兴重任的时代新人；要承担时代责任，回答中国之问、世界之问、人民之问、时代之问。

作为教育部直属的"双一流"建设高校，兰州大学勇担时代重任，秉承"为天地立心，为生民立命，为往圣继绝学，为万世开太平"的志向和传统，为了在兰州大学营造浓厚的"兴文"学术氛围，从而为"新文科"建设和"双一流"建设助力，启动了开放性的文化建设项目"兰州大学哲学社会科学文库"（简称"文库"）。"文库"以打造兰州大学高端学术品牌、反映兰州大学哲学社会科学研究前沿、体现兰州大学相关学科领域学术实力、传承兰州大学优良学术传统为目标，以集中推出反映新时代中国特色社会主义理论和实践创新成果、发挥兰州大学哲学社会科学优秀成果和优秀人才的示范引领作用为关键，以推进学科体系、学术体系、话语体系建设和创新为主旨，以鼓励兰大学者创作出反映哲学社会科学研究前沿水平的高质量创新成果为导向，兰州大学组织哲学社会科学各学科领域专家评审后，先期遴选出10种政治方向正确、学术价值厚重、聚焦学科前沿的思想性、科学性、原创性强的学术成果结集为"兰州大学哲学社会科学文库"第一辑出版。

"士不可以不弘毅，任重而道远。"兰州大学出版社以弘扬学术风范为己任，肩负文化强国建设的光荣使命，按照"统一设计、统一标识、统一版式、形成系列"的总体要求，以极其严谨细致的态度，力图为读者奉献出系列学术价值厚重、学科特色突出、研究水平领先的精品学术著作，进而展示兰大学人严谨求实、守正创新的治学态度和"自强不息、独树一帜"的精神风貌，使之成为具有中国特色、兰大风格、兰大气派的哲学社会科学学术高地和思想交流平台，为兰州大学"新文科"建设和"双一流"建设，繁荣我国哲学社会科学建设和人才培养贡献出版力量。

兰州大学出版社

二〇二三年十月

目 录

下 篇
中国基础科学人才培养的理论与实践（2010—2020年）

绪　言

中国近代自然科学教学活动发端于19世纪60年代。1862年，洋务派创办了专门培养外语人才的"京师同文馆"，1866年在英文馆、法文馆和俄文馆的基础上，又增设了算学馆和天文馆，这也是中国近代理科教育之萌芽。1898年成立的"京师大学堂"（北京大学前身），是中国近代最早的官办综合大学，并设置了格致（理科）。1902年《壬寅学制》和1903年《癸卯学制》颁布以后，高等理科教育才取得合法身份，设立了算学、天文学、物理学、化学、动植物学和地质学等六门理科课程，逐步开始了理科基础科学人才培养。从1912年到1949年的基础科学教育是以欧美教育为模式建立的，虽然规模小，在校学生数量少，但仍然为中国培养了一批基础科学专门人才，其中不乏佼佼者，为中国现代科学特别是新中国建立以后科技与教育发展奠定了基础。

新中国成立以后，以苏联教育为蓝

本，建立了中国高等教育体系和理科基础科学人才培养体系，这种以专门人才为培养目标的教育体系虽然有不少弊端，但在新中国成立以后的30年时间里，仍然为中国培养了不少理科基础科学人才，对中国科学技术进步与理科教育发展做出了很大贡献。随着社会变革、经济发展与科技进步，20世纪80年代中后期，中国高等理科教育特别是基础科学人才培养遇到了前所未有的挑战。一是理科教育自身存在的问题，理科课程体系与教学内容陈旧，教学方法手段落后，教学设备与实验条件破旧，教学经费严重不足，师资队伍流失严重等诸多问题凸显。二是来自外部的压力，理科毕业生分配不畅，就业困难，到20世纪80年代中后期，理科毕业生结构性过剩与数量过剩同时出现，优秀高中毕业生不愿报考理科，基础学科招生困难，理科基础学科生存与发展遇到了极大的困难与问题。

为了抢救与保护理科基础学科，原国家教委随后进行了大规模调研，并在调研基础上于1990年7月召开了"理科兰州会议"，会议确定了"保护基础，分流培养"的方针，构建理科人才培养的两种新模式：一种是主要从事基础性科学研究和教学工作的基础性科学研究人才，这是少量的；另一种是主要从事各种应用性工作的应用性理科人才，这是多数。这一做法打破了过去单一的理科人才培养模式。此后为了落实"理科兰州会议"精神，保护理科基础学科，原国家教委于1991年6月，在北京召开了首批"高等理科教育科学研究与教学人才培养基地"（简称"理科基地"）专业类论证会，首批确立了15个"理科基地"，专门培养第一类基础理论性人才。截至2012年，先后分八批在高等学校和科研院所建立了122个"理科基地"，不仅涵盖了数学、力学、物理学、核物理、天文学、化学、地理学、地质学、生物学、大气科学等基础学科，还包括了海洋学、心理学、基础医学、中医基础、基础药学和特殊学科点等其他理科基础学科。"九五"开始，"理科基地"上升到国家层面，并获得国家人才培养基金支持，到"十二五"期间，共获得16.5亿元国家人才培养基金。"理科基地"由此得到空前发展，取得巨大成绩，同时推动了我国基础科学人才培养进一步的改革与发展。

2009年，教育部联合中组部、财政部在《国家中长期教育改革和发展规划纲要》制定过程当中，教育部门对基础学科的拔尖创新人才培养做了筹备，选择清华、北大、浙大、复旦、南大等19所大学的数学、物理、化学、计算机、生物学5个学科率先进行试点，"基础学科拔尖学生培养试验计划"开始启动（也被称为"珠峰计划"）；2018年，教育部印发《关于实施基础学科拔尖学生培养计划2.0的意见》（教高〔2018〕8号），教育部会同科技部等六部门在前期十年探索的基础上启动实施"拔尖计划"2.0，拟在基础理科、基础文科、基础医科领域建设一批基础学科拔尖学生培养基地，着力培养未来杰出的自然科学家、社会科学家和医学科学家；2018年9月，教育部、科技部、财政部、中国科学院、中国社会科学院、中国科协等六部门联合发布《关于实施基础学科拔尖学生培养计划2.0的意见》，对"拔尖计划"2.0进行了全面部署；2019年4月，教育部召开"六卓越一拔尖"计划2.0启动大会，对实施"拔尖计划"2.0进行了全面动员；2019年8月，教育部印发《教育部关于2019—2021年基础学科拔尖学生培养基地建设工作的通知》，发布基地建设规划，并于2019—2020年遴选建设了两批共199个基地，以基地建设为载体推动计划全面实施；2020年，教育部印发《教育部关于在部分高校开展基础学科招生改革试点工作的意见》（教学〔2020〕1号），在部分高校开展基础学科招生改革试点（也称"强基计划"），这项改革措施加强了统筹协调，与"双一流"建设、基础学科拔尖学生培养、科技创新等改革相互衔接，使改革形成合力；2021年2月5日，在首批（2019年度）遴选建设104个基础学科拔尖学生培养基地的基础上，教育部按相关工作程序确定并公布了基础学科拔尖学生培养计划2.0基地（2020年度）名单，拔尖计划2.0两批共遴选199个基地。至此，拔尖计划全面战略部署，开始如火如荼地推进。

本书分为上下篇，上篇主要论述了20世纪90年代至21世纪初，20多年来理科基地产生发展的历程，系统总结了在国家基础科学人才培养基金支持下，中国基础科学人才培养取得的巨大成绩；下篇主要阐述了2010年至2021年十多年来，中国基础学科人才培养方面出台的一系列改革措施和初步改革实践经验与成果。上篇核心概念是基础科学人才培养，下篇核心概念是基础学科人才培养，这是由于不同时期国家政策关注的视角不同产生的政策性概念，其内涵是一致的，核心都是基础理论性人才培养。

上 篇

中国基础科学人才培养的理论与实践
（1990—2010年）

一

中国基础科学
人才培养基地
建立的社会历
史背景

新中国成立后，20世纪50年代初以苏联教育为蓝本，建立了中国的高等教育体系，理科教育更是完全移植了苏联专才教育模式。从当初的社会发展与社会需求来说，它基本上是符合中国国情的。到"文革"前，培养了数以万计的基础科学研究人才和教学人才，他们绝大多数都充实到科学研究机构和高等学校，为中国科学事业的发展，提供了人才保证，初步建立了中国高等理科教育体系与基础科学人才培养体系。

"文革"十年，刚刚建立起来的理科教育体系被完全打碎，期间基本没有培养出科学发展所需要的高水平人才。

1977年恢复高考以后，到20世纪80年代初，理科教育招生规模逐渐达到"文革"前的水平，并且略有增长，基本满足了中国科研机构对研究性人才的需求。20

世纪50年代初以苏联为蓝本建立的专才理科教育体系，又得以延续，并且有了新发展。社会对理科人才的急需，形成了新中国建立后中国高等理科教育发展的第二个黄金时代，高等学校理科专业布点像雨后春笋般急剧增加，理科招生人数和在校生数很快达到历史新高峰。到1984年，全国49所综合大学和72所工、农、医科院校共设立了198个理科专业点，92种理科专业，年招生量达到2.3万人左右。理科专业数是50年代的5.75倍，年招生学生为50年代初期的5倍。

理科人才过剩从1985年开始出现，初期是结构性过剩，到20世纪80年代中后期理科毕业生结构性过剩与数量过剩同时出现。理科毕业生的分配成了综合大学，特别是部委属综合大学的主要问题。理科人才过剩不仅影响就业，而且又影响到招生。20世纪80年代中后期，优秀高中毕业生大多数报考了法律、国贸、计算机及应用性理科等热门专业，数、理、化、生、天、地等理科基础学科受到了冷落。同时受当时商品经济大潮的影响，一些理科教师跳槽或转行，理科教育更是雪上加霜，情况十分严峻。它直接影响到中国科学事业发展与科学人才培养，这是新中国建立后，中国高等理科教育发展中遇到的第一次困难与挑战。

造成这一困难的主要问题是理科培养目标与社会需求不一致，其培养目标没有依据社会变化而改变，仍然遵循着20世纪50年代理科人才培养目标。据调查，20世纪80年代初理科毕业生去科研机构、高等学校和考研的比例为75%，随着这些部门人才需求的饱和，20世纪80年代中期开始以每年5%的速度下降，而到厂矿企业等实际部门工作的理科毕业生人数逐年增长，到1989年达到37%。社会需求变了，而理科人才培养目标没有变，造成供需矛盾日益尖锐。造成矛盾的主要原因有以下几个方面。

一是20世纪80年代中国社会的巨大变革和经济体制转轨是造成理科人才结构性过剩的最主要因素。从20世纪80年代中期开始，中国由计划经济向有计划的商品经济转化，经济模式由单一向多元化发展，社会对理科人才需求呈现多类型化、多规格化、多层次化趋势。尤其是应用性、复合性和技术性人才为社会所迫切需求，而传统单一的理科人才培养目标与之相悖。经济发展越快，矛盾越突出，使得理科人才，特别是基础科学人才过剩更为突出。

二是多层次、多形式高等理科教育的发展是造成理科人才过剩的重要因素。传统意义上，理科人才只有在重点综合大学设专业培养。而改革开放以后，由于高等学校自主权日益扩大，重点综合大学受到地方综合大学、工农医科院校和师范院校理科专业的强大冲击，特别是研究生教育的冲击。1985—1988年间理科硕士研究生的年招生数已经达到20世纪50年代理科本科生的年招生量。科研机构与高等学校需求的理科人才，逐渐由研究生来补充。

三是中国高等理科院校的学科专业、课程体系、教学内容、教学方法和手段都滞后于现代科学技术发展水平。20世纪70年代以来的新技术革命引起世界各国产业结构、经济结构和社会结构的大变革。70年代的世界性教育改革与大学课程改革浪潮，我们没有赶上。20世纪80年代初，甚至到20世纪80年代中后期，中国高等学校只是在恢复20世纪50年代课程体系与教学内容的基础上，略有所发展。专业结构不合理，新兴学科专业、边缘交叉学科专业和应用技术性学科专业偏少的状况没有根本性转变，与社会需求的矛盾仍然十分突出。课程体系落后、教学内容陈旧、人才培养模式单一等问题更加严重。它不仅是理科教育的问题，而且是中国高等教育长期积累问题的爆发。

四是理科实践性教学环节和实验室建设严重滞后。理科是一个实验的科学，学生学习的理论知识只有通过实习与实验环节，才能牢固掌握。由于长期经费投入不足，再加上"文革"的破坏，实习与实验教学成了理科的软肋，问题十分突出。其一是基本没有野外实习基地，严重影响了生物学、地理学、地质学等实践性较强学科的人才培养质量。其二是实验条件十分简陋，许多实验课开不了，重点综合大学大都只能开设教学计划规定实验的80%左右，仪器设备除少量更新外，基本都是20世纪50至60年代的。与国外高校相比较，整整落后半个世纪。这么多年来，我们没有培养出世界一流的科学家，不能不说主要差距就在实践性教学环节与实验动手能力方面。

以上问题很快引起中国科学界和国家领导人的关注。为此，从1987年开始，国家教委先后召开了5次理科教育教学改革研讨会，并从1988年开始，用了近2年时间，对中国理科人才使用状况进行了全国范围的空前大规模调研，在此基础上于1990年7月25日—30日在兰州召开了"全国高等理科教育工作座谈会"（简称"理科兰州会议"）。这次会议是中国高等理科教育发展史上的重大转折点，具有里程碑意义。

会议总结了新中国成立40年来高等理科教育的历史经验，分析研究了中国高等理科教育面临的新形势，明确了高等理科教育在社会主义建设和发展科技与教育事业中的重要地位和作用，进一步讨论了在新形势下中国高等理科教育的方针、任务，交流了高等理科教育改革的经验和情况，讨论修改了《关于深化改革高等理科教育的意见（征求意见稿）》，国家教委副主任朱开轩做了《国家教委关于深化改革高等理科教育的意见》的报告。会议精神主要体现在四个方面。

其一是确定了高等理科教育发展目标。到20世纪末初步建立起适应中国社会主义建设需要和面向21世纪的水平较高的具有中国特色的社会主义高等理科教育体系。并制定了5年、10年和21世纪中国高等理科教育发展与改革的近期、中期和远期目标。

其二是确立了新时期中国高等理科教育的方针、基本任务和主要任务。体现在四个方面：（1）坚持方向；（2）控制规模；（3）保护基础；（4）加强应用。

其三是提出了"基础性"与"应用性"两种不同人才培养模式，打破了理科过去单一的人才培养模式。两种不同人才培养模式的提出与实施，不仅对理科教育，甚至对中国高等教育改革都具有划时代意义。

其四是提出了高等理科教育改革重点。把多数理科毕业生培养成适应实际应用部门需要的、具有良好科学素养的应用性人才。

自此以后，由理科教育引发的波澜壮阔的教育大改革波及到整个高等教育领域。此后关于理科教育出台的一系列改革措施，如"建立理科基地""设立基础科学人才培养基金""高等理科教育面向21世纪教学内容与课程体系改革""面向21世纪理科教材建设"等项目，一直影响和引领着中国高等教育改革。

二

国家理科基地
的建立

　　"理科基地"建设是20世纪末中国高等理科教育改革中具有深远战略意义的重大决策。自从"理科兰州会议"提出"面向科学、教育事业，加强基础性研究和教学人才的培养"，仍是高等理科教育的基础任务，但发展趋势是"少而精、高层次"的方针以后，为"理科基地"建设指明了方向，亦有了指导思想。

　　为保护基础学科发展，同时贯彻"少而精、高层次"的精神，国家教委于1990年制定的《关于深化改革高等理科教育的意见》（教高〔1990〕016号）中明确指出：要"从全国重点综合大学和少数全国重点理工科大学中，选择一批数学、物理学、化学、生物学、地质学、地理学等基础学科专业点，从本科入手，重点加强研究生教育，逐步将这些专业点建设成为国家基础科学研究人才的培养基地"。在中国第一次提出"基础科学研究人才培养基地"的概念。

　　1991年6月，国家教委在北京召开首

批"基础科学研究人才培养基地"专业选点论证会,决定先在北京大学、清华大学等全国重点综合大学和少数理工科大学中,建立"理科基地"专业点的试点。

1991年8月,国家教委组织专家认真审议,批准了"理科基地"第一批15个本科专业点(教高〔1991〕17号)。它们分布在15所部委属重点高校(见表2-1)。

表2-1 "理科基地"第一批本科专业点

学校	专业名称
吉林大学	数学
山东大学	数学
浙江大学	数学
南京大学	化学
中国科学技术大学	数学
武汉大学	数学
四川大学	数学
北京大学	物理学
清华大学	物理学
南开大学	化学
厦门大学	化学
复旦大学	生物学
中山大学	生物学
兰州大学	地理学
青岛海洋大学	海洋学

1992年,国家教委制定了《关于建设国家基础科学研究和教学人才培养基地的意见》(教高〔1992〕4号)。《意见》从建议目标、布点原则和条件、招生办法、人才培养和毕业生去向、师资队伍建设、实

验室建设与评估验收等七个方面规定了"理科基地"建设的主要内容与相关政策。

经过两年建设，第一批"理科基地"15个专业的建设与改革试点取得了较好成效，积累了经验。在此基础上，1993年8月国家教委又论证批准了第二批35个"理科基地"本科专业点（教高〔1993〕15号），其中正式专业点30个（见表2-2）。

表2-2 "理科基地"第二批本科专业点

北京大学数学专业	复旦大学数学专业
南开大学数学专业	北京大学力学专业
中国科学技术大学力学专业	复旦大学物理学专业
南京大学物理学专业	中国科技大学物理学专业
吉林大学物理学专业	中山大学物理学专业
南开大学物理学专业	兰州大学物理学专业
南京大学天文学专业	北京大学化学专业
吉林大学化学专业	复旦大学化学专业
武汉大学化学专业	兰州大学化学专业
中山大学化学专业	北京大学生物学专业
南京大学生物学专业	武汉大学生物学专业
兰州大学生物学专业	厦门大学生物学专业
杭州大学心理学专业	南京大学地质学专业
北京大学大气科学专业	南京大学地理学专业
北京大学地理学专业	西北大学地质学专业
山东大学物理学专业	四川大学生物学专业
清华大学生物学专业	北京大学地质学专业
南京大学"理科强化班"	

此外，北京大学的原子核物理学及核技术专业、青岛海洋大学的海洋化学专业，分别进入这两所学校的第一批"理科基地"的物理学专业和海洋学专业。

1994年11月，国家教委第三批审核批准了10个地方综合大学"理科基地"专业点（教高〔1994〕15号）和中国地质大学地质学专业为"理科基地"专业点（教高〔1994〕16号），具体情况见表2-3：

表2-3 "理科基地"第三批本科专业点

山西大学物理学专业	内蒙古大学生物学专业
苏州大学数学专业	杭州大学数学专业
福州大学化学专业	郑州大学化学专业
云南大学生物学专业	西北大学物理学专业
西北大学化学专业	杭州大学化学专业
中国地质大学地质学专业	

截至1994年底，三批共建立了61个"理科基地"专业点。

1996年10月，国家教委第四批又审核批准师范、农、林、医等院校"理科基地"专业点22个（教高〔1996〕19号），具体情况见表2-4：

表2-4 "理科基地"第四批本科专业点

北京师范大学数学专业	华东师范大学数学专业
北京师范大学物理学专业	华中师范大学物理学专业
北京师范大学生物学专业	东北师范大学生物学专业
南京师范大学生物学专业	陕西师范大学生物学专业
华东师范大学地理学专业	北京师范大学地理学专业
北京师范大学心理学专业	华东师范大学心理学专业
中国农业大学生物学专业	华中农业大学生物学专业
浙江农业大学生物学专业	北京林业大学生物学专业
北京医科大学基础医学专业	中国农村大学化学专业
上海中医药大学中医基础医学专业	上海医科大学基础医学专业
中国药科大学基础药学专业	北京中医药大学中医基础医学专业

至此，全国共设置83个"理科基地"，详情见表2-5：

表2-5　前四批国家理科基础科学研究和教学人才培养基地专业点分布表

批次／专业　学校	数学	物理学	化学	生物学	地理学	地质学	大气科学	海洋学	天文学	力学	心理学	基础医学	中医基础	基础药学	大理科试验班	合计
北京大学	Ⅱ	Ⅰ	Ⅱ	Ⅱ	Ⅱ	Ⅱ	Ⅱ			Ⅱ						8
清华大学		Ⅰ		Ⅱ												2
南开大学	Ⅱ	Ⅱ	Ⅰ													3
吉林大学	Ⅰ	Ⅱ	Ⅱ													3
复旦大学	Ⅱ	Ⅱ	Ⅱ	Ⅰ												4
南京大学	Ⅱ	Ⅰ	Ⅱ		Ⅱ	Ⅱ			Ⅱ						Ⅱ	7
浙江大学	Ⅰ															
原杭州大学	Ⅲ		Ⅲ											Ⅱ		4
厦门大学			Ⅰ	Ⅱ												2
中国科学技术大学	Ⅰ	Ⅱ									Ⅱ					3
山东大学	Ⅰ	Ⅱ														2
青岛海洋大学								Ⅰ								1
武汉大学	Ⅰ		Ⅱ	Ⅱ												3
中山大学			Ⅱ	Ⅱ	Ⅰ											3
四川大学	Ⅰ			Ⅱ												2
西北大学		Ⅲ	Ⅲ			Ⅱ										3
兰州大学		Ⅱ	Ⅲ	Ⅱ	Ⅰ											4
中国地质大学						Ⅲ										1
山西大学		Ⅲ														1
内蒙古大学				Ⅲ												1
苏州大学	Ⅲ															1

续表2-5

批次 专业 学校	数学	物理学	化学	生物学	地理学	地质学	大气科学	海洋学	天文学	力学	心理学	基础医学	中医基础	基础药学	大理科试验班	合计
福州大学			Ⅲ													1
郑州大学			Ⅲ													1
云南大学				Ⅲ												1
北京师范大学	Ⅳ	Ⅳ		Ⅳ	Ⅳ						Ⅳ					5
东北师范大学				Ⅳ												1
华东师范大学	Ⅳ				Ⅳ						Ⅳ					3
华中师范大学		Ⅳ														1
南京师范大学				Ⅳ												1
陕西师范大学				Ⅳ												1
中国农业大学				Ⅳ	Ⅳ											2
北京林业大学				Ⅳ												1
华中农业大学				Ⅳ												1
浙江农业大学				Ⅳ												1
北京医科大学												Ⅳ				1
上海医科大学												Ⅳ				1
北京中医药大学													Ⅳ			1
上海中医药大学													Ⅳ			1
中国药科大学														Ⅳ		1
合计 38	13	14	14	19	5	4	1	1	1	2	3	2	2	1	1	83

注：Ⅰ、Ⅱ、Ⅲ、Ⅳ分别代表第一、二、三、四批基地点。

1997年8月，国家科委批复同意北京正负电子对撞机、合肥同步辐射加速器、合肥HT-7托卡马克实验装置、兰州重离子加速器、大天区面积多目标光纤光谱望远镜、中国地壳运动观测网络等6个大科学工程和冰川冻土研究、动植物分类学、考古学、古生物学、古脊椎动物与古人类学等6个特殊学科有权申请"国家基础科学人才培养基金"的经费支持（国科高字〔1997〕042号），其基础科学人才培养纳入"基金"支持范围。

2005年批准兰州大学化学学院的放射化学专业为特殊学科点。

至此，国家基础科学人才培养基金的资助范围被基本确定。

经过十多年建设与改革，基础科学人才培养在"基金"的支持下，取得了巨大的成绩。为了进一步加强理科基础科学人才培养，拓宽理科基地覆盖面，2008年3月教育部第五批审核批准了25个"理科基地"专业点（教高厅〔2008〕2号），具体情况见表2-6：

表2-6　第五批"国家理科基础科学研究和教学人才培养基地"名单

序号	专业点名称	学校名称
1	数学与应用数学	清华大学
2		南京大学
3		西安交通大学
4		大连理工大学
5		厦门大学
6	物理学	浙江大学
7		武汉大学
8		四川大学
9		华东师范大学
10	化学	湖南大学
11		四川大学
12		山东大学
13	生物科学	中国科学技术大学
14		南开大学
15		山东大学

续表2-6

序号	专业点名称	学校名称
16	生物科学	华中科技大学
17		西北大学
18	地理科学	武汉大学
19	大气科学	南京大学
20	海洋科学	厦门大学
21	天文学	中国科学技术大学
22	心理学	华南师范大学
23	基础医学	四川大学
24	中医学	广州中医药大学
25	药学	北京大学

表2-7 国家理科基地和国家基础科学人才培养基金资助单位一览表（截止2012年）

项目\专业\单位	J0101 数学	力学	J0102 物理学	核物理	J0103 天文学	大理科班	J0104 化学	J0105 地理学	地质学	J0106 大气科学	海洋学	J0107 生物学	心理学	J0108 基础医学	中医基础学	J0109 基础药学	特殊学科点	
北京大学	1	1	1	1			1	1	1	1		1	1	1		1		12
清华大学	1		1									1						3
南开大学	1		1				1					1					1	5
吉林大学	1		1				1										1	4
复旦大学	1		1				1							1				5
南京大学	1		1		1	1	1	1	1	1		1						9
湖南大学						1												1
浙江大学	1		1				1					1	1	1				6
厦门大学	1						1				1	1						4

续表 2-7

项目 单位 \ 专业	J0101 数学	力学	J0102 物理学	核物理	J0103 天文学	J0104 大理科班	J0105 化学	地理学	地质学	大气科学	J0106 海洋学	J0107 生物学	心理学	J0108 基础医学	中医基础学	J0109 基础药学	特殊学科点	
中国科学技术大学	1	1	1		1		1					1						6
山东大学	1		1				1					1						4
中国海洋大学							1				1							2
武汉大学	1		1				1	1				1						5
中山大学			1				1					1						3
四川大学	1		1				1					1		1				5
西北大学			1				1		1			1						4
兰州大学			1				1		1			1					1	5
中国地质大学									1									1
山西大学			1															1
内蒙古大学			1									1						2
苏州大学	1																	1
福州大学							1											1
福建师范大学								1										1
郑州大学							1											1
云南大学		1										1						2
北京师范大学	1		1					1				1	1					5
东北师范大学												1						1

续表 2-7

项目 单位 ＼ 专业	J0101 数学	力学	J0102 物理学	核物理	天文学	大理科班	J0103 化学	J0104 地理学	J0105 地质学	大气科学	海洋学	J0106 生物学	J0107 心理学	J0108 基础医学	中医基础学	J0109 基础药学	特殊学科点	
华东师范大学	1		1					1					1					4
华中师范大学			1															1
南京师范大学												1						1
陕西师范大学												1						1
华南师范大学													1					1
中国农业大学							1					1						2
北京林业大学												1						1
东北林业大学												1						1
华中农业大学												1						1
南京农业大学												1						1
东北农业大学												1						1
上海交通大学												1						1
哈尔滨医科大学														1				1
上海中医药大学																1		1

续表2-7

项目\专业\单位	J0101 数学	J0102 力学	J0103 物理学	J0103 核物理	J0104 天文学	J0105 大理科班	J0105 化学	J0106 地理学	J0106 地质学	J0107 大气科学	J0107 海洋学	J0108 生物学	J0108 心理学	J0108 基础医学	J0109 中医基础学	J0109 基础药学	特殊学科点	合计
北京中医药大学															1			1
中国药科大学																1		1
沈阳药科大学																1		1
广州中医药大学															1			1
西安交通大学	1																	1
大连理工大学	1																	1
华中科技大学												1						1
新疆大学	1																	1
中科院动物所																	1	1
中科院古脊椎所																	1	1
中科院南京古生物所																	1	1
中科院兰州寒旱所																	1	1
合计	18	2	20	1	2	1	19	7	4	2	2	28	5	5	3	3		122

三

国家基础科学人才培养基金的设立

"理科基地"第一批15个专业点确定之后，在原国家教委大力支持下，1991年和1992年两年，原国家教委对直属高校的14个"理科基地"专业点补助性投资共600万元，1993年补助性投资500万元，各校自己投入共约400万元；中科院对中国科学技术大学"理科基地"数学专业投资100万元，中国科学技术大学本身投入数十万元。而国家教委直属学校的数学点，只投入20万元，其他每个点每年补助10万元～30万元。随着1993年第二批"理科基地"获审批，两批50个"理科基地"的经费投入问题立刻凸显出来。当时国家教委的经费，都是财政部按教育经费计划下拨的，一个萝卜一个坑，基本没有多余经费。1994年又批准了第三批10个"理科基地"。这使得原本就缺乏项目经费的国家教委遇到了极大挑战与问题。虽然到1995年原国家教委对理科基地的投入达到了300万元，高校本身自筹1000万元，但这种持续性的数额较大的经费投入，对国家教委来说是一个不小的数额。当时"理科基地"建设遇到了经费困难。

为了从国家层面获得对基础科学研究和人才培养的支持，1995年4月18日，苏步青、曲钦岳、谈家桢、唐有祺、朱光亚、徐光宪、陈佳洱、程民德、郝诒纯、唐敖庆和卢嘉锡等11位科学家联名上书江泽民主席和李鹏总理，呼吁进一步加强和保护基础科学研究和教学人才培养。《关于进一步加强和保护基础科学研究和教学人才培养的呼吁书》（简称《呼吁书》）从基础科学研究在推动国家科学发展、技术进步等方面指出了它的战略地位与重要性。基础科学研究的发展，关键是人才。《呼吁书》从已建立的61个理科基地初步建设所取得的成效，指出了基础科学研究人才培养的重要性。同时也提出了中国高等理科教育存在的诸多问题，以及"理科基地"在建设过程中存在的经费短缺问题。建议尽快建立"国家基础科学人才培养基金"，以国家拨专款为主，在近五年内，国家财政每年拨专款6000万元，5年共3亿元，使中国基础科学人才培养水平有较显著的提高。并进一步呼吁：全社会都来关心基础科学研究和教学人才培养，使中国的科学事业人才辈出，为中国争取在21世纪有诺贝尔奖金获得者，为科学发展做出更大贡献打下好的基础。

1995年5月，江泽民主席、李鹏总理作了重要指示，同意拨专款3亿元，建立"国家基础科学人才培养基金"，主要用于支持国家教委先后在大学本科基础学科教育择优建立的83个人才培养基地。

1995年10月第八届全国人大常委会第十六次会议通过的《关于第八届全国人大第三次会议主席团交付教科文卫委员会审议的代表提出的议案审议结果的报告》中提出：建议国务院充分考虑卢嘉锡等63位代表关于建立"国家基础科学人才培养基金"的议案（第683号）。

为了落实国家领导人的批示和八届三次人代会的议案，国务院召集国家科委、财政部、国家教委和国家自然科学基金委进行了沟通协商，最终形成以下意见：

1.同意建立"国家基础科学人才培养基金"。"九五"期间，由国家财政每年专项拨款6000万元，5年累计3亿元，用以支持该基金。

2. "国家基础科学人才培养基金"列为国家自然科学基金中的一个项目基金，由国家科委牵头，财政部、国家教委、国家自然科学基金委参加，组织制定基金的管理办法。具体工作委托国家自然科学基金委负责组织实施。在制定管理办法时，应当全面考虑11位科学家提出的建议内容。

"基金"经费虽然不多，但却引起了强烈反响，大家普遍认为：这是一项很有战略眼光的举措，必将对中国基础科学的发展乃至各个领域创新人才的培养产生深远的影响。"九五"期间的投入产生了显著的效益和成果：基地建设扭转了大学本科基础科学人才培养工作的困难局面，极大地调动了广大师生的积极性，出现了名教授上基础课的可喜局面；一批具有创新精神的优秀学生脱颖而出；教学环境和办学条件显著改善；对整个高等教育的改革起到了很好的示范辐射作用。

"理科基地"在"九五"期间建设取得初步成功，成绩是显著的，理科不仅摆脱困境，而且还有了较大发展，各方面条件有了改善。这时有人提出："理科基地"不需要再继续支持了，过去的专项经费支持，是为了抢救与保护基础学科，现在这个任务已经完成了，不能"十五"再吃"补药"了。

"基金"能否继续延续，成为"理科基地"建设的大问题。分析当时中国理科教育与基础科学人才培养状况，有专家学者认为，一期（"九五"）建设成绩仅仅是一个良好的开端，能改善条件的毕竟还只是部分大学，甚至只限于这些大学中的某些基地班，就是基地班现有条件与发达国家相比较还有相当差距。而且新设施和仪器的维护、折旧、运转，图书资料的补充都需要持续投入。教育界、科学界希望，国家基础科学人才培养基金应作为支持基础科学人才培养相对稳定的渠道，继续保持下去，并在国力允许的情况下有所增加。

1999年11月，世界著名科学家陈省身教授在与教育部派到南开大学的"理科基地"评估专家组座谈后，对基地建设一事也十分赞赏，并在1999年12月3日江泽民主席接见时，专门向江泽民主席汇报，他认为"基地""基金"的建立非常有必要，较少的投入却对培养高质量基础科学人才产生了很大的推动作用，希望继续下去。江泽民主席对此给予了充分肯定与认同。

2000年3月，在全国人大三次会议上，吴阶平、周光召、丁石孙、成思危、许嘉璐、蒋正华6位副委员长及52位人大代表联名提出了《关于继续实施"国家基础科学人才培养基金"的提案》（第390号）。《提案》指出：实践证明，目前正在实施的"九五"期间设立的基金，十分必要，效益很好，不仅不要半途而废，而且投入要有所增加。建议把"国家基础科学人才培养基金"作为国家的一项专项基金长期设立，在"十五"期间增加为5亿元人民币。根据大会财经委员会和大会秘书处的意见，教育部、科技部、财政部、国家自然科学基金委进行了多次协商和认真研究，原则同意《提案》提出的建议。

2000年12月，教育部、科技部、财政部、国家自然科学基金委员会正式向国务院提交了《关于继续实施国家基础科学人才培养基金的请示》报告。后又经教育部、科技部、财政部、国家自然科学基金委多次协商和研究，同意继续实施该项基金，且按照"九五"期间的管理方式，该基金仍然列为国家自然科学基金的一项基金，每年6000万元，"十五""十一五"期间各获资助3亿元。

"十二五"期间，由于中国国力日益强大，财政收入大幅度增加，国家对教育与科技的投入力度加大，再加之相关人士的呼吁，"十二五"期间"基金"每年获1.5亿元的资助，资助强度大幅提升，达到原来的2.5倍，为基础科学人才培养提供了可持续的强大经费支持。

四

国家基础科学
人才培养基金
的管理与实施

为了管理好"基金",发挥其在基础科学人才培养中的重要作用,相关部委从制度建设与基地评估两个层面来强化完善"基金"管理。

(一)制度建设

1997年1月13日,国家科委颁布了由国家科委牵头,财政部、国家教委、国家自然科学基金委参与制定的《国家基础科学人才培养基金实施管理暂行办法》(国科发高字〔1997〕029号)。《暂行办法》六章十九条,第一章总则共四条,说明了基础科学人才培养的重要性,"基金"的来源为国家财政专项,列为国家自然科学基金的一个项目基金,由国家自然科学基金委专项管理。"基金"主要用于支持国家教委批准的国家理科、基础农学、基础医药学等基础科学人才培养基地的建设,其经费不少于基金总额的90%,并适当资助国家科委认定的特殊学科点和大科学工程中的基础科学人才培养。同时还提出了"依靠专家，发扬民主，择优支持，公正合理"的原则。第二章管理的组织机构共四条，主要内容为：设立"国家基础科学人才培养基金管理委员会"；管理委员会的职责；管理委员会下设数学与力学、物理学与天文学、化学、生物学与心理学、地学、基础医药学、基础农学及大科学工程八个学科评审组，负责对各项申请的评审工作；同时明确国家自然科学基金委综合计划局为管理委员会的办事机构。第三章共两条，规定了"基金"申请的方式与评审。第四章共四条，从"基金"项目申请、年度报告、中期检查、项目评估与验收等方面规定了"基金"的具体实施和管理。第五章共三条，从"基金"项目经费资助、资助经费的使用范围、资助经费的管理原则等方面规定了"基金"的财务管理。第六章两条为附则。

依据《国家基础科学人才培养基金实施管理暂行办法》，1997年设立了由国家科委、财政部、国家教委、国家自然科学基金委的有关领导和相关高等学校知名学者、教授组成的"国家基础科学人才培养基金管理委员会"。经过有关部门充分协商，成立了第一届"管理委员会"。成员名单见表4-1：

表4-1　国家基础人才培养基金第一届管理委员会成员名单

主任	唐敖庆	国家自然科学基金委
副主任	陈佳洱	北京大学
副主任	曲钦岳	南京大学
副主任	王乃彦	国家自然科学基金委
秘书长	徐金堃	国家自然科学基金委
委员	詹铮涛	财政部文教行政司
委员	邵立勤	国家科委基础研究高技术司
委员	陈祖福	国家教委高教司
委员	姜伯驹	北京大学数学系
委员	高崇寿	北京大学物理系

续表4-1

委员	赵寿元	复旦大学生物系
委员	陈懿	南京大学化学系
委员	李吉均	兰州大学地理系
委员	金铮	哈尔滨医科大学
委员	石元春	中国农业大学

　　1997年9月4日在北京召开了管理委员会第一次会议，会议审议并原则批准了科学基金委员会提出的《国家基础科学人才培养基金实施工作报告》，讨论了"基金"实施中的若干重大问题，批准成立七个学科评审组，其正副组长人选见表4-2：

表4-2　国家基础科学人才培养基金管理委员会学科评审组负责人名单

学　科	组长	副组长
数学与力学	姜伯驹	刘应明
物理与天文学	高崇寿	倪光炯
化学	陈懿	朱清时
生物学	赵寿元	翟中和　王珷章
地学	李吉均	冯士筰
基础农学	石元春	沈国舫
基础医药学	金铮	程伯基

　　管理委员会第一次会议还批准了对国家科委认定的冰川冻土研究、动植物分类学、考古学、古生物学、古脊椎动物与古人类学等特殊学科点以及北京正负电子对撞机、合肥同步辐射加速器、合肥HT-7托卡马克实验装置、兰州重离子加速器、大天区面积多目标光纤光谱望远镜、中国地壳运动观测网络等大科学工程给以适当资助，具体实施委托国家自然科学基金委综合计划局执行。

　　按照管理委员会第一次会议的要求，科学基金委员会已经完成了申请、评审办法及评审指标体系制定等一系列准备工作，各项申请工作将与科学基金的其他项目同步进行。

为了更好地执行《国家基础科学人才培养基金实施管理暂行办法》，又特制定了《国家基础科学人才培养基金实施细则》。它分别对基地建设部分、教学改革研究专项部分、大科学工程和特殊学科部分，从"基金"的申请、评审、实施管理和财务管理四个方面制定了细致的、具有可操作性的规则，进一步完善了"基金"的实施与管理。

"十五""基金"启动后，由财政部牵头，会同国家自然科学基金委、教育部和科技部，制定《国家基础科学人才培养项目资助经费管理办法》，具体工作委托国家自然科学基金委负责组织实施。"基金"主要用于资助教育部批准的国家理科基础科学人才培养基地的建设，重点加强基础科学后备人才的培养，其经费不少于基金资助经费总额的90%，适当资助特殊学科点与大科学工程的基础科学人才培养。

2002年成立了国家基础科学人才培养基金第二届管理委员会。组成人员见表4-3：

表4-3　国家基础科学人才培养基金第二届管理委员会成员名单

主任	陈宜瑜	国家自然科学基金委
副主任	朱道本	国家自然科学基金委
副主任	姜伯驹	北京大学
秘书长	孟宪平	国家自然科学基金委
委员	赵　路	财政部教科文司
委员	张尧学	教育部高教司
委员	张先恩	科技部基础研究司
委员	李大潜	复旦大学
委员	顾秉林	清华大学
委员	周其凤	吉林大学
委员	李吉均	兰州大学

委员	施蕴渝	中国科学技术大学
委员	金 铮	哈尔滨医科大学
委员	张启发	华中农业大学

"十五""基金"启动后，2002年7月，由财政部牵头，会同国家自然科学基金委、教育部和科技部，制定了新的《国家基础科学人才培养基金项目资助经费管理办法》（财教〔2002〕36号），具体工作委托国家自然科学基金委负责组织实施。新《管理办法》共五章二十三条，第一章总则共七条，主要说明了"基金"的来源，管理机构、管委会的职责、项目实施原则以及制定经费绩效考评办法等内容。第二章共两条，严格规定了"基金"支持的方向与项目资助经费的具体开支范围。第三章共五条，详细阐明了项目资助经费的申请、审批与拨付等环节和基本要求。第四章共六条，规定了受资助单位的职责与项目负责人使用经费的权限，同时要求国家自然科学基金委对项目资助经费的管理和使用情况进行中期检查和监督，项目完成后进行评估与验收。第五章为附则三条。新办法自发布之日起，原《国家基础科学人才培养基金实施管理暂行办法》同时废止。

为了进一步加强国家基础科学人才培养基金实施工作，根据新的《国家基础科学人才培养基金项目经费管理办法》和《国家基础科学人才培养基金（基地）工作会议及国家基础科学人才培养基金第二届管委会第一次会议纪要》精神，2002年7月，国家自然科学基金委、教育部制定了新的《国家基础科学人才培养基金实施细则》（国科金发计〔2002〕45号）。新《基金实施细则》共五章三十七条。第一章总则五条，与新《管理办法》基本相同。第二章共十条，严格规定了申请者的身份、基本条件，同时组织专家对申请者前期（"九五"）建设的成绩与经验，以及新申请项目的计划与经费预算内容、培养措施、预期目标等方面都要进行认真的评审，自然科学基金根据评审结果，再提出资助方案，报管委会批准执行。第三章共十一条，详细规定了经费使用范围以及各分项经费的比例，同时对实施管理的过程亦作了严格规定。第四章共九条，专门规定了教学研究专项（每年400万）的申请、评审与实验管理。主要用于教育部立项的"国家理科基地教改项目""国家理科基地创建名牌课程项目"的研究与实践。第五章附则两条，规定新细则自发布之日起，原《国家基础科学人才培养基金实施细则》同时废止。

2004年12月，国家自然科学基金委发文（国科金发计〔2004〕77号）对第二届管委会组成人员进行调整，新管委会成员中增加副主任1名为曲钦岳，其他人员没有变动。

2005年1月22日，第二届管委会在北京召开了第三次会议。会议审定并通过了国家基础科学人才培养基金"十五"中期评估结果及2003—2005年度国家基础科学人才培养基金项目资助经费分配方案。对国家自然科学基金委计划局和教育部高教司共同组织的国家基础科学人才培养基金（基地）现场评估和综合评估工作给予了充分肯定。会议审议了国家基础科学人才培养基金骨干教师培训计划2004年度执行情况。会议还讨论了国家基础科学人才培养基金"十一五"规划框架。

2006年1月，第二届管委会在北京召开了第四次会议。会议全面总结了"九五""十五"以来，"基地"在"基金"支持下取得的成绩，公布了"十五"经费拨付情况，审定了管委会提交的"基金""十一五"发展计划纲要。《纲要》中首次提出：为了建立长效、稳定、公平竞争的育人环境，"十一五"期间，国家基础科学人才培养基金纳入国家自然科学基金常规管理和资助范围，与国家理科基地建设不再是简单捆绑，而是有机结合，按科学基金管理的特点，实行"围绕本科定位，人才培养核心，逐步开放式申请，择优立项"的资助模式。鼓励合作、支持创新、共建平台，促进人才培养基金与基地建设有机结合，促进研究与教育有机结合，发挥"基金"的导向与辐射作用，发挥"基金"培育基地和推动基础学科发展的作用。会议还讨论并通过了"基金""十一五"工作方案。

2006年3月，国家自然科学基金委发文：经与有关部门协商，并通过国家自然科学基金委员会2006年第二次委员会批准，成立国家基础科学人才培养基金第三届管理委员会（国科金发计〔2006〕16号）。成员名单见表4-4：

表4-4　国家基础科学人才培养基金第三届管理委员会成员名单

主任			
	陈宜瑜	院士	国家自然科学基金委员会
副主任			
	朱道本	院士	国家自然科学基金委员会
	张礼和	院士	北京大学
	龚昌德	院士	南京大学
秘书长			
	孟宪平	副局长	国家自然科学基金委员会计划局
委员			
	赵　路	副司长	财政部教科文司
	葛道凯	副司长	教育部高等教育司
	张先恩	司长	科技部基金研究司
	刘应明	院士	四川大学
	赵光达	院士	北京大学
	周其凤	院士	吉林大学
	郑兰荪	院士	厦门大学
	张国伟	院士	西北大学
	施蕴渝	院士	中国科学技术大学
	郑光美	院士	北京师范大学
	尹伟伦	院士	中国林业大学
	程国栋	院士	中国科学院寒区旱区环境与工程研究所
	陈　旭	院士	中国科学院南京地质古生物研究所

2007年9月14日,"基金"管委会在北京召开三届二次会议。会议听取并审议了国家自然科学基金委计划局孟宪平同志所作的《2007年度国家基础科学人才培养基金工作报告》。经会议讨论,同意2007年度国家基础科学人才培养基金项目评审结果及其拨款方式;批准2008年度国家基础科学人才培养基金项目实施方案;同意计划局提出的适时补充基地的建议;充分肯定了2007年度教师培训工作所获实效;会议同意修订《国家基础科学人才培养基金实施细则》,责成计划局尽快完成修订工作。

2008年9月23日,"基金"管委会在北京召开三届三次会议。会议听取并审议了国家自然科学基金委计划局董尔丹同志所作的《2008年度国家基础科学人才培养基金工作报告》。经会议讨论,(1)同意2008年度国家基础科学人才培养基金项目评审结果。(2)批准2009年度国家基础科学人才培养基金项目资助计划。2009年暂停对国家基础科学人才培养基地的资助工作;拟资助特殊学科点人才培养项目7项,金额1470万元;教师培训10项,金额140万元;金额共计1610万元。(3)同意计划局提出的全国大学生化学实验邀请赛资助工作纳入国家基础科学人才培养基金项目资助工作范畴的建议,每二年资助一次,每次资助20万元。(4)充分肯定了2008年度教师培训工作的成效。

(二) 理科基地评估

到1994年,第一批国家理科基地已建点三年。1994年6月8日,国家教委下发了《关于开展对"国家理科基础科学研究和教学人才培养基地"建设进行检查性评估的通知》(教高司〔1994〕122号)。《通知》决定1994年对第一批15个专业点进行一次检查评估,初次采用由南京大学制定的《国家理科基础科学研究与教学人才培养基地建设检查性评估方案》(试用稿),同时要求在评估过程中,依据实际情况和问题,请学校和专家组对《评估方案》(试用稿)提出修改意见,以便进一步修订、完善,做好今后"基地"专业点的评估工作。

《通知》指出:专家评估按学科分为5个组。数学组由复旦大学数学系负责组织，组长请谷超豪教授担任；物理组由南京大学物理系负责组织，组长请龚昌德教授担任；化学组由北京大学化学系负责组织，组长请童沈阳教授担任；生物组由北京大学生物系负责组织，组长请陈守良教授担任；地学组（包括地理、海洋）请南京大学地理系负责组织，组长请王颖教授担任。并要求各校先自评，然后专家组再进行检查评估。

这是第一次对"基地"的检查评估，当时"国家基础科学人才培养基金"还没有建立。

1997年国务院批准设立"国家基础科学人才培养基金"后，国家教委会同国家自然科学基金委、财政部、科技部共同颁布了《国家基础科学人才培养基金实施管理暂行办法》，并成立了由唐敖庆院士为主任，国内有关著名高校校长、知名学者和有关部委领导组成的国家基础科学人才培养基金管理委员会，负责对基地建设进行总体规划和指导。各高校也成立了相应的"基金"管理机构，构建了由主管学校教学的副校长为组长的"基地"建设领导小组，并制定了支持"基地"建设的相关政策。

1998年3月，教育部印发了《关于进一步加强"国家基础科学人才培养基地"和"国家工科基础课程教学基地建设"的若干意见》（教高〔1998〕2号），进一步明确了"基地"的地位、作用和今后工作的重点，再次强调了基地的人才培养与教学改革、教师队伍建设、"硬件"建设、经费投入、评估验收、领导和管理等方面的要求。

1998年下半年，国家自然科学基金委进行了基地建设的首次评比工作，从83个"基地"选出23个优秀基地点，并给予了重点支持。

1998年，教育部委托南京大学在广泛调查研究的基础上，制定了《国家基础科学研究和教学人才培养基地评估检查指标体系》。

1999年3月2日，教育部下发了《关于委托全国高等学校教学研究中心进行"国家理科基础科学研究与教学人才培养基地"评估工作的通知》（教高司函〔1999〕17号）。

1999年，教育部组织召开了"基地"建设专家研讨会，会议明确了按照"以评促建、评建结合，重在改革与建设"的指导思想，对第一批15个基地点进行了验收评估，并对第二、第三批46个基地点进行了中期检查工作，起到了"诊断、交流、促进、提高"的作用。

2000年3月2日，教育部正式下发了《关于公布国家理科基础科学研究和教学人才培养基地第一批专业点验收评估结果的通知》（教高厅〔2000〕2号）。第一批15个"基地"全部通过验收评估。同时评出优秀基地点10个，合格基地点5个，详见表4-5、表4-6。

表4-5　2000年国家理科基础科学研究和教学人才培养基地
第一批专业点优秀基地

北京大学物理学	复旦大学生物学
南京大学化学	厦门大学化学
青岛海洋大学海洋学	武汉大学数学
中国科学技术大学数学	四川大学数学
吉林大学数学	南开大学化学

表4-6　2000年国家理科基础科学研究和教学人才培养基地
第一批专业点合格基地

清华大学物理学	中山大学生物学
浙江大学数学	兰州大学地理学
山东大学数学	

2000年2月25日，教育部高教司下发了《关于公布国家理科基础科学研究和教学人才培养基地第二、三批专业点中期检查评估结果的通知》（教高司〔2000〕13号）。评出优秀基地点16个，合格基地点30个，详见表4-7、表4-8。

表4-7　2000年国家理科基础科学研究和教学人才培养基地
第二、三批专业点优秀基地

北京大学数学	西北大学地质学
北京大学化学	南开大学数学
南京大学地质学	复旦大学数学
吉林大学化学	南京大学物理学
复旦大学物理学	北京大学生物学
清华大学生物学	北京大学地质学
南京大学理科班	中国科学技术大学物理学
中国科学技术大学力学	浙江大学心理学

表4-8　2000年国家理科基础科学研究和教学人才培养基地
第二、三批专业点合格基地

兰州大学化学	武汉大学生物学
南京大学天文学	中国地质大学地质学
北京大学大气科学	北京大学力学
南京大学地理学	内蒙古大学生物学
厦门大学生物学	兰州大学物理学
吉林大学物理学	浙江大学数学
武汉大学化学	苏州大学数学
福州大学化学	北京大学地理学
南京大学生物学	西北大学化学
中山大学化学	中山大学物理学
复旦大学化学	四川大学生物学
兰州大学生物学	南开大学物理学
西北大学物理学	山西大学物理学
云南大学生物学	浙江大学化学
山东大学物理学	郑州大学化学

"基地"的运行主要由教育部主管，"基金"则由国家自然科学基金委实施管理。管理程序包括项目申请受理、专家评审、择优支持以及执行中与结束时的检查验收等主要环节。

评审工作分数学与力学、物理学与天文学、化学、生物学与心理学、地学、基础农学、基础医学、大科学工程及特殊学科等8个学科评审组进行。在贯彻科学基金的评审原则的同时，采取了一些适合人才培养特点的作法，做了有益的尝试：试行了评审组由各参评基地推荐一位专家组成，组长由管理委员会选定的专家担任。评审专家既是教育家又是科学家；评审中尽量排除各基地间由于原有实力和条件差距较大造成起点不一的影响；评审指标体系力求做到简洁明了、重点突出、便于操作；评审工作5年中进行两次，减轻"基地"的负担。

2000年是"九五""基金"实施的最后一年，国家自然科学基金委为了全面了解"九五"期间"基金"在"基地"人才培养中的作用、取得的成绩、存在的问题，以及"十五"建设重点，便委托兰州大学对西部12个"基地""九五"建设情况进行调研，兰州大学认真组织人员进行了广泛深入的调研，由课题负责人王根顺教授撰写的《西部国家理科基地"九五"建设成绩、存在问题以及"十五"建设重点》的调研报告，对西部12个"基地"的历史以及"基金"资助后所取得的成绩进行了全面总结与评价。调研报告获得了国家自然科学基金委与诸多专家好评，成为"十五""基金"向西部"基地"倾斜的主要依据。同时委托南京大学对全国其他"基地""九五"发展状况也做了调研，并撰写了调研报告。这两个调研报告对国家自然科学基金委了解"九五""基金"使用状况，以及制定"十五"规划起到了一定导向作用。

2002年2月1日—2日，教育部、国家自然科学基金委共同组织召开国家基础科学人才培养基金（基地）工作会议，第二届管委会第一次会议也同时召开。会议总结、交流"九五"期间国家基础科学人才培养基地建设和国家基础科学人才培养基金实施工作的成绩和经验，表彰在"基地"建设和"基金"实施工作中涌现出来的优秀基地和先进工作者，研讨了"十五"期间"基地"建设和"基金"实施工作。

这是一次承上启下的重要会议，与会代表形成以下共识：

1.会议高度评价了党和国家领导人以及老一辈科学家对基础科学人才培养的关注和支持，充分肯定了"九五"期间第一届基金管理委员会对于"基金"实施工作所发挥的重要作用，基地、学科点及其所在单位对基金实施工作的高度重视以及广大师生员工所付出的辛勤劳动。

2.会议认为："九五"期间"基金"的设立是落实科教兴国战略的重要举措，该项基金的实施对保护和加强中国基础科学人才培养工作发挥了极其重要的作用，并取得显著效果。例如：基地办学条件明显改善，建设和改造了一批适应学科发展的实验室，新建了机房和多媒体教室，增加了图书资料的订购数量，教学改革取得进展，一批优秀课程、教材、教学软件及教学改革方案已经产生并在教学实践中发挥了重要作用，基地师资队伍青黄不接的现象得到了缓解，"基地"在人才培养模式和高等教育改革方面起到了龙头作用并发挥了良好的示范、辐射作用，在探索大科学工程和特殊学科点人才培养的新途径方面也发挥了重要作用。

3.会议深入分析了2002年"基地"建设面临的新情况和新问题，特别是中国加入WTO之后基础科学人才培养工作面临的严峻挑战。会议重申了该项"基金"的定位，即"面向基础学科、面向教学、面向本科生的培养"，"基金"支持"少而精、高层次"的基础科学人才培养工作，而不是充作"基地"所在院、系的一般教学经费。会议认为：为了进一步保护、加强和提高基础科学人才培养，通过该项"基金"的支持以及"基金"匹配经费的投入，力争经过5年的努力，使"基地"成为教学改革的示范区，一批基础好的基地的办学条件争取达到世界先进水平。

4.会议提出"十五"期间"基地"建设的重点是：

（1）以质量和创新精神培养为重点，切实深化教学改革。

（2）加强教学基本建设。

（3）进一步发挥"基地"示范、辐射作用。

5.会议同意"基金"实施工作的重点是：进一步加强"基地"教学、实验和实习条件的建设；优化教师队伍结构，加强基地青年骨干教师的培养；深化教学改革，适时更新教材；加强基地、学科点人才培养工作的交流与研讨；"基金"实施工作适度向西部"基地"倾斜，并通过多种途径加强西部地区基础科学人才的培养。

6.按照工作会议和管委会的要求，"十五"期间，教育部、国家自然科学基金委将组织以下几项工作：

（1）"基金"将拨出教学改革专项经费用于组织实施"新世纪教改工程"项目、"国家理科基地创建名牌课程"和"国家理科基地教材"的研究、编著和出版工作。

（2）实施"国家基础科学人才培养基金骨干教师培训计划"。争取5年时间内，使"基地"的年轻骨干教师普遍得到培训。

（3）组织、支持"基地"和学科点人才培养工作的交流、研讨与实质性合作。

7."十五"期间，"基金"评审和"基地"评估相结合，由教育部和国家自然科学基金委共同组织实施。2002年3月布置申请，申请的主要内容是各"基地""九五"期间"基金"实施工作的全面总结、"十五"期间"基地"建设和"基金"实施总体计划和分年度计划。评审的主要内容是对"基地"改革、建设方案和"基金"实施计划的可行性进行论证。通过评审的"基地"可以得到第一、二年度的经费，对评审不合格的"基地"缓拨经费，这些"基地"需重新申请，直至通过评审；2003年组织现场评估并根据评估结果调整后三年的资助强度。"十五""基金"实施工作结束后，进行验收。

8.会议认为：基础科学人才培养工作是一项长期、重要的任务，因此"基地"建设需要长期支持，"十五""基金"经费的总额需要增加。

获表彰的34个优秀基地详见表4-9：

表4-9　2002年国家基础科学人才培养基金（基地）工作优秀基地名单
（共34个，排名不分先后）

北京大学	数学基地　物理学(含技术物理)基地　化学基地 地质学基地　生物学基地
北京师范大学	数学基地　物理学基地　地理学基地
复旦大学	数学基地　物理学基地　生物学基地　基础医学基地
华东师范大学	地理学基地
华中农业大学	生物学基地
华中师范大学	物理学基地
吉林大学	数学基地 化学基地
南京大学	物理学基地　化学基地　地质学基地　大理科班基地
南开大学	数学基地　化学基地
青岛海洋大学	海洋学基地
清华大学	生物学基地
西北大学	地质学基地
四川大学	数学基地
厦门大学	化学基地
武汉大学	数学基地
浙江大学	心理学基地
中国科学技术大学	数学基地　力学基地　物理学基地
中国药科大学	基础药学基地

2004年8—11月，由教育部高教司和国家自然科学基金委计划共同组织实施了"基金"对"基地"和"基金""十五"期间的第一次评估。专门制定了详细的《国家基础科学人才培养基金（基地）现场评估专家工作手册》。内容主要包括：

（1）"基金"概述；

（2）评估思想；

（3）评估工作依据；

（4）评估专家及其职责；

（5）评估工作程序；

（6）评估报告的撰写；

（7）评估指标体系及评分标准。

《工作手册》全面总结了以往评估的工作经验，构建了一套十分科学又切合实际的评估工作程序和评估指标体系与评分标准，详见表4-10。

表4-10　国家基础科学人才培养基金（基地）评估指标体系及评分标准

一级指标	二级指标	评估标准	
		A	C
1.人才培养	1-1　人才培养目标与思路	坚持科学发展观，遵循人才培养规律、人才培养目标明确、措施得力，可持续发展思路清晰，规划科学合理。	基本符合人才培养规律，人才培养目标明确、有措施，有可持续发展的思路。
	1-2　人才培养方案	人才培养方案科学合理、切实可行。	人才培养方案较为合理、具可操作性。
	1-3　学生科研训练情况及科学研究对人才培养的作用	基地(班)学生普遍参加科学研究活动，成效显著，综合素质与技能大幅度提高。	基地(班)学生普遍参加科学研究活动。
	1-4　学生攻读研究生情况（校内、校外及其比例）和毕业生一次就业情况	近5年应届毕业生录取研究生比例高（基地班≥75%，不设基地班≥45%）。	近5年应届毕业生录取研究生比例较高（基地班≥55%，不设基地班≥35%）。
	1-5　学生综合素质与技能及优秀人才培养情况（实例）	"基地"建设以来，培养出一批优秀人才。	"基地"建设以来，培养出多名优秀人才。
	1-6　人才培养特色	人才培养工作特色鲜明。	人才培养工作有特色。

续表 4-10

一级指标	二级指标	评估标准	
		A	C
2.硬件建设	2-1　基地教学实验室建设、设备及使用效率	教学实验室管理体制和运行机制合理有效,仪器设备先进、满足教学需要,实验室及仪器设备利用率高。	建立了教学实验室管理体制,教学仪器设备较先进、满足教学需要,实验室及仪器设备利用率较高。
	2-2　实习基地建设	实习基地建设效果显著。	实习基地建设有成效。
	2-3　教学辅助设备(含多媒体与网络建设)	电子出版物和网络教学资源丰富,网络、计算机和其他教学辅助设备先进。	教学辅助设备满足教学需要。
	2-4　图书资料(近3年年平均投入经费)	图书经费充足、藏书丰富。	教学图书资料满足教学需要。
3.教学改革	3-1　承担国家及省部级教学改革项目、获奖情况	近5年主持国家级教学改革项目多项,获得省部级一等奖及以上教学成果奖。	近5年有主持国家级教学改革项目,获得省部级教学成果奖。
	3-2　课程改革与建设情况(含名牌课与精品课建设情况)	课程体系与内容改革效果显著,近5年有省级及以上精品课程,课堂教学效果好、质量高。	课程体系与内容改革有成效,近5年有省级及以上精品课程,课堂教学质量较高。
	3-3　编写或使用国内外优秀教材情况	出版高质量教材多种,选用优秀教材。	有高质量教材出版,选用优秀教材。
	3-4　多媒体授课、网络教学及双语授课情况	合理使用,成效显著。	使用效果较好。
	3-5　实验(实习)教学改革及成效	改革成效显著。	改革有成效。

续表4-10

一级指标	二级指标	评估标准	
		A	C
4.师资队伍	4-1 师资队伍建设规划	基地有国家重点学科或重点实验室,有一级学科博士学位授权点,对基地人才培养发挥重要任用;基地师资队伍建设规划科学合理,引进优秀人才措施得力。	基地建设以来,学科建设有长足发展,具有省部级重点学科或重点实验室,有博士学位授权点,对基地人才培养发挥较好作用;基地师资队伍建设规划科学合理。
	4-2 师资队伍状况与教学激励机制	师资队伍结构合理,具有博士学位教师比例≥40%,教学激励机制健全。	师资队伍结构基本合理,具有博士学位教师比例≥30%,具有教学激励机制。
	4-3 基础课和专业主干课任课教师情况	基地基础课和专业主干课均由高级职称教师承担,其中教授比例≥70%。	基地基础课和专业主干课均由高级职称教师承担,其中教授比例≥50%。
	4-4 学生评教	学生对教师教学评价高。	学生对教师教学评价较高。
	4-5 教师培训	教师培训效果显著。	有教师培训机制。
5.管理与辐射作用	5-1 基金经费使用情况	基金经费使用合理、效益高,符合财务制度,有效保证了基地建设的顺利进行。	基金经费使用基本合理,符合财务制度。
	5-2 人才培养工作的辐射与示范作用	带动校内相关学科开展教学改革,人才培养工作成果和经验在全国范围内辐射与示范作用明显;为其他院校提供师资培训,成绩显著。	在校内和本地区有一定示范带动作用,为其他院校提供师资培训。
	5-3 管理工作规范及制度建设情况	管理科学规范、运作高效、规章制度健全,制定了基地可持续发展的政策与措施。	管理工作规范、有序、规章制度健全、教学档案齐全。

2004年8月国家自然科学基金委计划局首先组织了特殊学科点人才培养项目的现场评估工作。2004年9月会同教育部高教司共同组织了北京大学人才培养基金（理科基地）试评工作。在初步总结经验之后，确定了具体评估程序和注意事项（见《工作手册》），于2004年10月初至2004年11月底，完成了其余理科基地的现场评估工作。在各理科基地和特殊学科点的现场评估工作中共聘请专家418人次，评估了83个理科基地，15个试办理科基地和6个特殊学科点，共涉及50所大学和中国科学院4个研究所。

在现场评估的基础上，国家自然科学基金委计划局与教育部高教司聘请了相关学科领域的30位专家于2004年12月20—23日在北京组织了综合评审会。北京大学王义遒教授任综合评审专家组组长，四川大学刘应明教授任数学与力学组组长，北京大学王义遒兼任物理学组组长，厦门大学万惠霖教授任化学组组长，西北大学张国伟教授任地学组组长，南开大学耿运琪教授任生物学组组长，四川大学张志荣教授任医药学与心理学组组长。

综合评审会采取各学科组先分组讨论，根据分组讨论的结果在综合评审专家组全体会议上介绍并进行投票的程序，确定本次评估结果。为了使评估结果在档次上有所区别，在专家组（组长参加）预备会上确定了投票原则：各组A类理科基地不能多于预定个数，C类理科基地不能少于1个，每类之间的界限要清楚，两类之间不能有并列。各学科组参照现场评估情况，在充分讨论的基础上，采取无记名投票方式投票产生出各学科组理科基地的排名顺序名单；评审组全体专家根据学科组的基地排名顺序，以记名方式进一步投票产生本次人才培养基金（基地）评估结果。

通过这次评估，专家们普遍认为，理科基地的建设和人才培养基金的实施，为全面推动全国基础科学人才培养工作奠定了坚实的基础，体现了党和国家对基础科学人才培养工作的重视，是提高中国基础科学人才培养质量的重大举措，对中国基础科学的发展将产生重大而深远的影响。

通过"九五"和"十五"的连续投入，"基地"已经形成了较为完善和高效的管理运行机制，保证了人才培养基金实施的效果。在人才培养基金项目的执行过程中，充分体现了科学基金制管理的特点，贯彻了"依靠专家、发扬民主、择优支持、公正合理"的评审原则，同行专家从申请开始就介入人才培养基金实施的管理工作，通过检查评估及时诊断问题，交流基地建设经验，确保了人才培养基金实施的高效益。

2005年3月1日，国家自然科学基金委下发了《关于公布国家基础科学人才培养基金评估结果的通知》（国科金发计〔2005〕11号）。《通知》同时公布了"基金""十五"中期评估结果及2003—2005年资助经费分配方案，其中包括特殊学科点。还公布了7个转为正式理科基地的试办理科基地。

1. 评估结果

（1）国家基础科学人才培养基金实施情况优秀的基地（27个）

数学与力学	物理学与天文学
北京大学数学基地	北京大学物理学基地
复旦大学数学基地	南京大学物理学基地
四川大学数学基地	清华大学物理学基地
中国科学技术大学力学基地	中国科学技术大学物理学基地
南开大学数学基地	复旦大学物理学基地
化学	生物学
北京大学化学基地	北京大学生物学基地
南京大学化学基地	复旦大学生物学基地
吉林大学化学基地	清华大学生物学基地
厦门大学化学基地	武汉大学生物学基地
南开大学化学基地	华中农业大学生物学基地
地学	（中）医药基础与心理学
西北大学地质学基地	北京大学基础医学基地
北京大学地理学基地	浙江大学心理学基地
兰州大学地理学基地	中国药科大学基础药学基地
南京大学地质学基地	

（2）国家基础科学人才培养基金实施情况良好的基地（50个）

数学与力学	物理学与天文学
中国科学技术大学数学基地	南京大学多学科点基地
吉林大学数学基地	南京大学天文学基地
山东大学数学基地	兰州大学物理学基地
北京师范大学数学基地	南开大学物理学基地
北京大学力学基地	吉林大学物理学基地
武汉大学数学基地	中山大学物理学基地
浙江大学数学基地	北京师范大学物理学基地
华东师范大学数学基地	山西大学物理学基地
	华中师范大学物理学基地
	西北大学物理学基地
化学	**生物学**
武汉大学化学基地	厦门大学生物学基地
中山大学化学基地	南京大学生物学基地
复旦大学化学基地	北京师范大学生物学基地
兰州大学化学基地	浙江大学生物学基地
浙江大学化学基地	中国农业大学生物学基地
郑州大学化学基地	兰州大学生物学基地
西北大学化学基地	四川大学生物学基地
福州大学化学基地	中山大学生物学基地
	北京林业大学生物学基地
	东北师范大学生物学基地
	云南大学生物学基地
	陕西师范大学生物学基地
	南京师范大学生物学基地
地学	**(中)医药基础与心理学**
北京师范大学地理学基地	北京中医药大学中医基础学基地
华东师范大学地理学基地	复旦大学基础医学基地
南京大学地理学基地	上海中医药大学中医基础学基地
北京大学地质学基地	北京师范大学心理学基地
中国地质大学地质学基地	
中国海洋大学海洋学基地	
北京大学大气科学基地	

（3）国家基础科学人才培养基金实施情况优秀的特殊学科点

吉林大学现代考古学特殊学科点，中国科学院兰州寒区旱区环境与工程研究所冰川学与冻土学特殊学科点，中国科学院南京地质古生物所地质古生物学与古地层学特殊学科点。

（4）国家基础科学人才培养基金实施情况良好的特殊学科点

中国科学院动物研究所动物分类学特殊学科点，南开大学昆虫分类学特殊学科点，中国科学院古脊椎动物与古人类所古脊椎动物与古人类学特殊学科点。

（5）转为正式理科基地的试办理科基地

内蒙古大学数学物理学基地	福建师范大学地理学基地
东北林业大学生物学基地	沈阳药科大学基础药学基地
南京农业大学生物学基地	云南大学数学物理学基地
哈尔滨医科大学基础医学基地	

（6）其他基地

苏州大学数学基地	山东大学物理学基地
中国农业大学化学基地	内蒙古大学生物学基地
华东师范大学心理学基地	

2. 2003—2005年度国家基础科学人才培养基金项目资助经费分配方案

按照实施细则的要求，中期评估之后要调整"十五"后三年（2003—2005年）项目资助经费和适当向西部地区理科基地倾斜，根据管委会二次会议纪要的原则，没有被评为优秀和良好的基地按不予资助基地对待。但根据本次评估的实际情况，经与高教司商议，建议对原方案进行一些调整，把基地排序的差别体现在资助经费上。尤其在评估时，专家认为，人才培养项目需要相对长期的支持，不可能一蹴而就。要客观和辩证地对待评估排在后面的基地，这些基地的努力程度并不比排在前面的差，相反可能更加努力，其变化也是明显的，基地的学生还正在培养之中，特别是西部地区的学校，基础肯定不如北京上海的名校，如果取消资助，不但伤害了那些基地师生们的积极性，更会带来一些不安定的因素。因此，部分专家综合评审时不愿意给基地打C类。专家认为，各基地差别还是有的，在经费上有所区别即可起到激励和警示作用。此外，因经费有限，试办基地转正后，可以先给予少量经费资助以示鼓励和区别。北京大学大气科学基地是唯一的大气科学基地，归类在地学组评审有一定难度，从评审的情况和学科发展的整体布局出发，建议按良好基地资助经费。

教育部"理科基地名牌课程"建设经费：400万元/年，合计1200万元。

优秀基地（27个）：70万元/年，合计1890万元。

良好基地（西部地区8个）：65万元/年，合计520万元。

良好基地（其他地区42个）：55万元/年，合计2310万元。

其余基地（5个）：30万元/年，合计150万元。

优秀特殊学科点（3个）：50万元/年，合计150万元。

良好特殊学科点（3个）：40万元/年，合计120万元。

试办基地转为正式理科基地（7个）：10万元/年，合计70万元。

说明：

①北京大学物理学基地和中国海洋大学海洋学基地都按照1.5个基地计算资助经费。

②试办基地转为正式理科基地的7个基地须按要求报送人才培养基金项目申请书，具体事项另行通知。

国家基础科学
人才培养基金
的使用

（一）成立相应的行政管理机构

"基金"运行初期，国家自然科学基金委没有专门对口的管理机构，划归于综合计划局下面的实验室工作办公室来分管。后由于工作需要，在计划局下面增设人才处，专门管理"基金"的运作。

（二）制定了《国家基础科学人才培养基金管理费使用暂行规定》

该规定内容如下：

国家基础科学人才培养基金年度经费6000万元的3%计180万元作为该基金当年的管理费。管理费分两部分使用，一部分用于办公设备、办公用品的购置，将拨委办按规定使用。另一部分用于项目的组织实施与管理，将拨企管办财务办公室按规定使用。其使用范围如下：

1.管理委员会及专业评审组等评审会的会议费用。

2.项目实施的检查与验收费用。

3.向有关部门委托基金项目实施工作的相应管理费用。

4.基金实施中有关的调研工作与研讨活动及软课题开支。

5.业务接待费用。

6.日常办公费用。

7.项目实施管理中其他必需的开支。

每笔用款须经实验室工作办公室主任审核，由综合计划局局长批准。

（三）规定了第一笔"基金"的使用方向与分配原则

"基金"主要用于支持国家教委批准的"理科基地"的建设。其使用范围包括：本科基础课和专业课的教学设备购置、实验室和实习基地的建设、图书资料的购置、骨干教师的培训、教材建设和教学改革。特别明确了基金的三个面向，即要面向基础学科而不是应用学科，面向教学工作而不是科研工作，面向本科生培养而不是研究生培养。在经费的使用上强调不少于"基金"总额的90%应用于人才培养基地的建设，适当资助国家科委认定的特殊学科点和大科学工作的人才培养。项目管理费不超过3%，分别从各部分经费中提取。基金项目资助经费，由国家自然科学基金委按年度计划拨至受资助各个单位，专款专用。为了更加有效地保证"基金"的实施，要求受资助单位应设立项目领导小组，负责本单位项目实施工作的领导、监督和检查，并要求各"基地"所在地区、院校要有1：1的配套经费的投入。

"基金"的分配原则与指导思想：由于1996年首笔经费划拨较迟，即使从1997年2月份立即按照《暂行办法》规定着手受理申请、组织评审程序的准备工作，各"基地"获得1996年度经费的时间也要拖到1997年下半年。在11位科学家的殷切希望与这些"基地"急需经费支持的实际情况下，国家自然科学基金委与国家科委、国家教委有关部门协商，进行了认真慎重的研究，决定1996年度经费暂按平均资助强度，即除数学外，每个"基地"60万元下达给各基地。考虑到数学教学中对实验设备、实习条件的需求与其他学科的差别，每个数学"基地"下达40万元。

(四) 第一笔经费下拨

1997年2月28日国家自然科学基金委下发了《关于下达"国家基础科学人才培养基金"1996年度经费的通知》(国科金发计〔1997〕029号)。《通知》中说明了紧急下拨1996年度经费的原因，并要求各"基地"2个月内上报如下材料：

1.国家基础科学人才培养基地基本情况；

2.国家基础科学人才培养基地五年建设的思路框架；

3.国家基础科学人才培养基地1997年建设计划。

每个基地建设思路框架可按平均5年资助额度300万元（数学、心理学基地200万元），总经费的85%左右用于改善教学、实验、实习条件，10%左右用于图书资料的购置，5%左右用于青年教师的培训考虑，1997年建设计划也应参考这个经费比例提出。

《通知》还提出：1997年底和1999年底将两次布置申请工作，并组织专家就各基地的基本条件、改革建设措施和成绩、学校支持情况等因素进行评估，拉开档次，确定1999年—2003年的资助金额。

1997年3月10日，国家教委下发了《关于做好今年"理科基地"建设经费使用工作的通知》(教高司〔1997〕38号)，《通知》对各"理科基地"使用好第一批资助提出了5点要求：强调各校要建立基地建设的组织领导班子，加强对基地建设工作的统筹协调，定期对项目实施情况进行检查和督促，保证基地建设经费的专款专用，提高经费的使用效益。

(五) 国家自然科学基金委专门制定了关于"国家基础科学人才培养基金"使用的若干规定，用以强化管理

"国家基础科学人才培养基金"第一年度经费已下达各基地点，对这笔"基金"使用中的若干事项做如下规定：

1.下达的经费应专款专用，单独建账，不能挪做他用。

2.下达的经费应全部用于"基地"建设，不能从中提取管理费用。

3.经费使用计划是年度建设计划中重要的内容，各基地点在报送国家自然科学基金委年度建设计划时应同时报校内主管财务部门，以利财务部门做好服务和行使监督职能。

4.《关于下达国家基础科学人才培养基金1996年度经费的通知》对经费使用的比例做了规定，鉴于各基地点及每个基地点之间有较大差异，这个比例难以符合每个基地点建设的实际情况，各基地点可根据实际情况进行调整，确定相应比例。

5.年度实施计划到期时，各基地点主管财务部门向综合计划局提供经费使用情况汇总表，项目经费使用的决算在校内进行。综合计划局将对经费使用及决算进行抽查。

表5-1　国家基础科学人才培养基金第一年度资助经费

单位 \ 专业（金额）	数学	物理学	化学	生物学	地理学	地质学	大气科学	海洋学	天文学	力学	心理学	基础医学	中医基础学	基础药学	多学科综合点	教学教材	经费合计（万元）
北京大学	40	90	60	60	60	60	60			60							490
清华大学		60		60													120
南开大学	40	60	60														160
吉林大学	40	60	60														160
复旦大学	40	60	60	60													220
南京大学		60	60	60	60	60			60						60		420
浙江大学	40																40
杭州大学	40		60							60							160
厦门大学			60	60													120
中国科学技术大学	40	60								60							160

续表5-1

单位＼金额＼专业	数学	物理学	化学	生物学	地理学	地质学	大气科学	海洋学	天文学	力学	心理学	基础医学	中医基础学	基础药学	多学科综合点	教学教材	经费合计（万元）
山东大学	40	60															100
青岛海洋大学								90									90
武汉大学	40		60	60													160
中山大学		60	60	60													180
四川联合大学	40			60													100
西北大学		60	60			60											180
兰州大学		60	60	60		60											240
中国地质大学						60											60
山西大学		60															60
内蒙古大学				60													60
苏州大学	40																40
福州大学			60														60
郑州大学			60														60
云南大学				60													60
北京师范大学	40	60		60	60						60						280
东北师范大学				60													60
华东师范大学	40				60						60						160
华中师范大学		60															60
南京师范大学				60													60
陕西师范大学				60													60
中国农业大学			60	60													120
北京林业大学				60													60
华中农业大学				60													60

金额 专业 单位	数学	物理学	化学	生物学	地理学	地质学	大气科学	海洋学	天文学	力学	心理学	基础医学	中医基础学	基础药学	多学科综合点	教学教材	经费合计（万元）
浙江农业大学				60													60
北京医科大学												60					60
上海医科大学												60					60
上海中医药大学													60				60
北京中医药大学													60				60
中国药科大学														60			60
国家教委																400	400
合计	520	870	840	1140	300	240	60	90	60	120	180	120	120	60	60	400	5180

在"九五"期间，由于"基金"启动较晚，各项规章制度都未来得及制定，1996年的第一笔6000万元"基金"通过应急处理，2007年上半年才按平均每个基地60万元（数学40万元）拨下去，以解燃眉之急。"基金"如何使用，有一个实践过程，有关《国家基础科学人才培养基金项目资助经费管理办法》与《国家基础科学人才培养基金实施细则》制定工作，国家自然科学基金委与教育部邀请理科各学科领域的专家学者与管理者，召开了数十次会议，仅基金管理会就经过了二届数次会议讨论，上上下下几易其稿，直到2002年5—7月份两个文件才正式出台。所以在这期间，特别是"九五"期间，甚至"十五"的前两年，"基金"的划拨基本还是按照平均分配的原则，依据每年国家自然科学基金委给"基地"整体下达数额的不同，每年会略有差别，差值基本控制在5～10万元之间，大多数基地都一样，个别微调的"基地"除外。

通过"九五"期间"基金"的投入，83个"基地"均发生了变化，取得了一定成效。但由于基础的不同，各学校重视程度的不一样，东西部的地域差异，以及地方经济发展对所在高校支持力度的不同，"基地"的差距便拉开了，东西部"基地"的差距不断拉大，区域内部"基地"也有显著变化。

表5-2、表5-3、表5-4是国家自然科学基金委计划局下发的《关于下达国家基础科学人才培养基金"十五"第五年度项目资助经费的通知》（国科金计函〔2005〕94号）中各基地的资助经费数额。

表5-2 国家基础科学人才培养基金"十五"第五年度资助经费

单位：万元

单位 / 金额 / 专业	数学	物理学	化学	生物学	地理学	地质学	大气科学	海洋学	天文学	力学	心理学	基础医学	中医基础学	基础药学	多学科综合点	名牌课程
北京大学	70	105	70	70	70	55	55				55	70				
清华大学		70		70												
南开大学	70	55	70													
吉林大学	55	55	70													
复旦大学	70	70	55	70										55		
南京大学		70	70	55	55	70			55						55	
浙江大学	55		55	55							70					
厦门大学		70	55													
中国科学技术大学	55	70								70						
山东大学	55	30														
中国海洋大学								82.5								
武汉大学	55		55	70												
中山大学		55	55	55												
四川大学	86	7		65												

续表 5-2

单位\金额\专业	数学	物理学	化学	生物学	地理学	地质学	大气科学	海洋学	天文学	力学	心理学	基础医学	中医基础学	基础药学	多学科综合点	名牌课程
西北大学		65	65			70										
兰州大学		65	83	65	80											
中国地质大学						55										
山西大学		61														
内蒙古大学		6			30											
苏州大学	30															
福州大学			55													
郑州大学			55													
云南大学				77												
北京师范大学	55	55		55	55						55					
东北师范大学				55												
华东师范大学	55			55							30					
华中师范大学		55														
南京师范大学				55												
陕西师范大学				65												
中国农业大学			30	55												
华中农业大学				70												
北京林业大学				55												
北京中医药大学														55		
上海中医药大学														55		
中国医科大学															70	
宁夏大学				7												
教育部高教司																400

表5-3　国家基础科学人才培养基金"十五"第五年度资助经费（试办理科基地）

单位	专业	拨款金额（单位:万元）
内蒙古大学	数学物理学基地	30
云南大学	数学物理学基地	30
东北林业大学	生物学基地	30
南京农业大学	生物学基地	30
福建师范大学	地理学基地	30
沈阳药科大学	基础药学基地	30
哈尔滨医科大学	基础医学基地	30
浙江大学	基础医学基地	165

表5-4　国家基础科学人才培养基金"十五"第五年度资助经费（特殊学科点）

单位：万元

单位	学科	金额
吉林大学	现代考古学	50
中国科学院兰州寒区旱区环境与工程研究所	冰川学与冻土学	50
中国科学院南京地质古生物研究所	地质古生物学与古地层学	50
中国科学院动物研究所	动物分类学	40
南开大学	昆虫分类学	40
中国科学院古脊椎动物与古人类研究所	古脊椎动物与古人类学	40
兰州大学化学化工学院	放射化学	120

（六）国家基础科学人才培养基金"十五"经费拨付情况

1."十五"期间人才培养基金经费拨付情况

总计拨款：28984.5万元

其中：

数（力）学4246万元

地学3557.5万元

物理（天文）学5014万元

生物学5914万元

化学4278万元

基础医药学与心理学2565万元

教学改革2000万元

特殊学科点1410万元

各学科经费分配比例如图5-1所示。

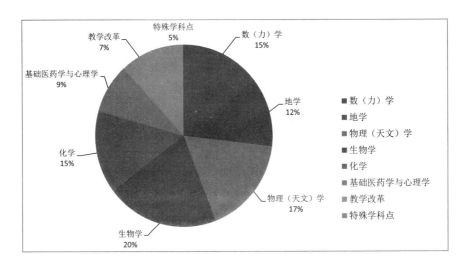

图5-1　国家基础学科人才培养基金各学科经费分配比例

2.“十五”期间教师培训与交流研讨

利用人才培养基金组织实施费资助教师培训60余门课程，资助经费260万元。

组织交流、研讨会28次，资助经费100余万元。

“九五”和“十五”期间，国家财政各专项拨款3亿元，共计6亿元，用于基础科学人才培养。十年来，在国家基础科学人才培养基金的支持下，基地点办学综合实力有了显著提高，教学环境和教学条件发生了较大变化，在此情况下，“十一五”期间适当调整国家基础科学人才培养基金的资助结构，从宏观上引导理科基地的发展方向，促进基础学科的发展和基础研究与教学人才培养工作再上一个新台阶。"十一五"期间重点资助以下方面：

（1）进一步完善和加强教学实践设施建设

前十年"基地"实验条件有了较大改善，解决了"从无到有"的问题，但起步水平低，用于基础技能训练的仪器设备尚不能满足基础科学人才培养的要求。特别是根据学科发展需要而必须开设的创新实验和综合所需的设备台套数缺口较大，致使一些重要的实验项目单人操作率极低，成为高质量人才培养过程中制约学生综合实验技能训练的瓶颈，亟待进一步完善。

（2）加大对实验室运行和图书资料的投入

基础学科的快速发展要求实验教学内容不断更新。目前，理科基地面临的共性问题之一，是实验运行经费不足，实验消耗费短缺，甚至导致设备闲置和资源浪费，严重影响了实验教学工作的正常运行。图书资料是学生进行自主设计实验不可缺少的工具，"十一五"期间应该得到足够重视。

（3）有针对性加强野外实习基地的建设

野外实习基地是生物学和地学等学科不可缺少的实践教学环节，但"十五"期间由于经费所限，野外实习基地建设一直未能落实。为此，"十一五"期间应加强野外实习基地建设，这是基础学科发展的客观要求，也是提高学生解决实际问题能力的有效措施之一。

（4）支持以人才培养质量为核心的教学改革

教学改革是提高基础科学人才培养质量的必然要求和有效措施。在本科低年级实施通识教育，高年级实施宽口径的专业教育；在教学内容上要加快知识更新、优化知识结构以适应学科发展要求；在教学方式上倡导研究型教学和探究式教学；在实践中不断优化课程体系，注重对学生创新能力的培养，使理科基地成为教学改革与研究中心。

（5）推动科研与教育的结合及本科生科研能力训练

基础科学人才培养基金是国家人才培养资助体系的组成部分，基础科学人才的培养基金可以依据国家科学基金的整体优势，借助研究项目资助体系和人才培养资助体系推动科研与教育的结合，促进本科生科研能力的提高。充分利用重点实验室等已有科研平台，加强学生的科研素质训练和科研技能培养，使学生的知识、能力、素质相辅相成，全面发展。

（6）鼓励学科之间的交叉和特色学科建设

学科交叉研究孕育着新的学科生长点，是人才培养基金应当关注的领域之一。所以，选择具有良好基础和学科优势的综合大学和理工科院的基地点，鼓励他们在理科之间、理科与其他学科之间的交叉领域进行探索与研究。同时，有选择地支持一些有鲜明特色的学科进行建设，进一步完善"基地"的学科布局。

（7）进一步加强师资培训与交流，提高师资队伍水平

高水平师资队伍建设是提高"基地"办学质量的第一要素，鼓励年轻教师到国外交流访问和进修培训，有利于尽快提高师资队伍的水平；组织骨干教师在国内进修和集中培训不仅有利于提高基地整体教学效果，还可以为其他院校，尤其是西部地区和边远地区的高校培训理科师资力量。"基金"一直把师资培训作为资助方向之一，"十五"期间取得良好效果。"十一五"期间需继续支持，不断总结经验，使理科基地在基础学科骨干师资培训中发挥辐射与示范作用。

（8）保持特殊学科队伍的稳定，加强特殊学科点的人才建设

特殊学科点对国家稳定资金支持的依赖性是由学科性质决定的。"九五"和"十五"期间培养形成的特殊学科点的精干队伍，目前仍处于发展时期，一旦离开国家支持，有可能前功尽弃、重蹈覆辙，并再次因人才流失造成队伍断档。"十一五"期间，应继续加强特殊学科点的人才培养，保证一支精干的特殊学科点队伍适度发展，并不断产生前沿科学成果。

（9）研究基础科学后备人才培养规律，探索人才培养基金资助工作的新机制

从理论上揭示和总结基础科学人才成长的规律，从实践上探索基础科学后备人才培养的新模式，是"十一五"基金资助工作的重要内

容之一。

以上内容是第二届管委会第三次会议讨论的《国家基础科学人才培养基金"十一五"发展规划（征求意见稿）》中"十一五"期间"基金"应重点支持和资助的几个方面。

《征求意见稿》经过近一年时间修改，2006年1月21日在北京召开了第二届管委会第四次会议，讨论通过了《国家基础科学人才培养基金"十一五"发展计划纲要》（审定稿）。其中"十一五"期间"基金"资助的范围与重点由原来的九点归纳为七点。主要为：

1.加强基础科学人才培养支持条件建设。

2.促进研究与教育的结合，加强本科生科研能力训练和综合素质的提高。

3.师资培训与国际交流。

4.支持交叉学科和特色学科建设。

5.野外实习基地的建设（根据不同生态及地质条件，在全国范围内选择10～15个实习基地）。

6.继续支持特殊学科点的能力建设。

7.基础科学人才培养规律与国家基础科学人才培养基金资助模式和管理机制的探索与研究。

《计划纲要》还有一个重要的内容，就是"十一五"期间国家基础科学人才培养基金在资助模式上要发生新的改革与变化。

为了建立长效、稳定、公平竞争的育人环境，"十一五"期间，国家基础科学人才培养基金纳入国家自然科学基金常规管理和资助范畴，与国家理科基地建设不再是简单捆绑，而是有机结合。按科学基金管理的特点，实行"围绕本科定位，人才培养核心，逐步开放式申请，择优立项"的资助模式。鼓励合作、支持创新、共建平台，促进人才培养基金与基地建设有机结合，促进研究与教育有机结合，发挥国家基础科学人才培养基金的辐射和导向作用，发挥国家基础科学人才培养基金培育基地和推动基础学科发展的作用。

这一资助模式的转变，首次引入了竞争机制，打破了凡是"基地"

就可以获得资助的旧机制，逐步向优胜劣汰过渡。同时是以项目资助为主要方式，改变了以往以"基地"为单位的资助形式。项目与竞争是有机结合的，有竞争力的项目才能获得资助。这一改革，在"基地"内引起不小震动，使每个"基地"都有了危机感与紧迫感。后来实践证明这是一项非常成功的改革。

新的改革还有一点就是扩大了申报范围。根据国家基础科学人才培养基金"十一五"定位和目标，除特殊学科点之外，建议在经费未增长的情况下，申请资助范围为国家基础科学人才培养基地；在经费增长后，申请资助范围适当放宽至基础学科一级学科博士学位授权点所在的院（系）；在经费有了较大增长后，全国高等学校设置基础学科的院（系）都可以申请。后来由于"十一五"经费没有增加，这一条也就没有执行。

本次会议还讨论了《国家基础科学人才培养基金"十一五"工作方案》。共三部分，第一部分为总则，第二部分为"基金"项目申请资格。（1）经教育部认定的国家基础科学人才培养基地（包括试办"基地"）；（2）经国家自然科学委认定的特殊学科点。第三部分是基础科学人才培养基金的资助范围与项目类别。"十一五"期间，采取按照不同类别分别申请的方式择优资助理科基地和特殊学科点，将"基金"与"基地"单纯捆绑的模式改变为有机结合、发挥特色、分项支持的模式，突出各人才培养基地的特点，按照原管理办法的资助范围规定，对其内容进行一定调整，设立5类项目，采用按年度预算，每年发布指南受理申请。数学类项目的资助经费按照国家自然科学基金委惯例比实验科学减少三分之一。

同时拟定了"十一五"期间资助的五大类项目及资助强度。它们分别是：

1.人才培养支撑条件建设项目

本项目将在国家基础科学人才培养基地范围内，择优支持一批理科基地（生物、物理、化学、数学、天文及地学、心理学及基础医学），继续加强人才培养支撑条件建设，构建具有优势和特色的创新型人才培养平台。

项目内容：支持本科生综合性、研究型实验与实习仪器和设备、实验材料、教学的软件与课件、图书资料等。

资助项数：2006年拟资助50项。

资助强度：每项30万元～50万元/年，共3年。

2. 能力提高项目

能力提高项目包括两部分：一是理科基础学科本科生的科研训练及特殊学科点研究生科研能力的提高；二是支持地学及生物学野外实践能力的提高。

（1）科研训练及科研能力提高项目

旨在促进研究与教育的结合，加强本科生科研能力训练和综合素质的提高。申请单位应充分利用国家及省部级重点实验室、实验教学中心等已有科研平台，鼓励一线教师通过科研立项并结合SRT项目，加强理科基础学科本科生的科研训练及科研能力的提高，使学生的知识能力、素质全面协调发展。

项目内容：本科生科研训练所需要的文献查阅及资料购置、测试及样品分析、消耗材料、学术活动、试剂和药品等。

资助项数：2006年拟资助50项。

资助强度：每项40万元～70万元/年，共3年。

（2）野外实践能力提高项目

面向地学和生物学2个学科，旨在提高学生野外实践能力及解决实际问题的能力。该项目鼓励校际间资料共享，联合培养，发挥地域和院校间优势互补，主申报单位应具备接受其他单位学生实习的能力。

项目内容：野外实习基地的基础性工作，如野外实习基地数据库、多媒体课件、影像资料等的建设与制作等；野外实习基地对其他基地学生的适度开放。

资助项数：2006年拟资助4项。

资助强度：每项60万元/年，共3年。

3.师资培训项目

在"十五"基础上，继续支持高水平师资队伍建设工作，通过基础课程研讨班、培训班等方式，提高骨干教师学校及教学水平。鼓励面向西部地区和边远地区的师资培训，加大辐射效应。

项目内容：包括数学、物理学、化学、地学及生物学基础课（或实验课）青年骨干教师的培训、交流和研讨。

项目要求：该项目实行委托制，主要依托上述学科教学指导委员会并指定相关人员负责项目的具体实施及总结。

资助项数：每年拟资助10项。

资助强度：每项10万元/年，共3年。

4.人才培养模式及规律研究与示范交流项目（含教材建设）

（1）人才培养规律研究与示范交流项目

在总结"十五"工作的基础上，针对"十一五"基础科学人才培养基金的实施设立该项研究，重点是探索和研究基础科学人才培养模式、评价体系及成才规律，以利更好地发挥国家基础科学人才培养基金的效益，加快人才培养与社会经济发展的结合，促进人才培养质量的提升，及时总结基金实施过程中的经验、组织交流与推广。

项目内容：包括理科不同基础科学人才培养的追踪调查、培养模式的比较与探索、评价体系、人才培养基金成果交流与示范推广情况等。

项目要求：该项目采取自由申请的方式，申请人所在单位必须是具有申请本基金资格的单位。

资助项数：拟资助规律研究6项、交流项目6项。

资助强度：每项10万元/年，共2年。

（2）教材建设项目

面向基础科学本科专业基础课，组织具有丰富教学经验和较高学术造诣的教师修订或编写优秀精品教材，以高质量的教材资源满足教学内容的优化和知识更新的需要，使更多的学生受益。

项目内容：国内外调研、资料采集、素材（图片）制作或购买，审稿校对、劳务补贴以及出版等。

项目要求：该项目实行单位申报，人才培养基金资助，申报单位补贴，主编负责制。

资助项数：拟资助13项。

资助强度：每项10万元/年，共2年。

5.特殊学科点项目

特殊学科是指基础性强、具有长远的社会效益、对"基金"依赖性高、需要国家持续支持的某些学科。包括冰川学与冻土学、地质古生物学、古脊椎动物与古人类学、动物分类学、昆虫分类学和现代考古学等在"十五"期间已经获得人才培养基金专项资助的特殊学科。重点支持特殊学科点的能力建设，以固化与拓展其取得的研究成果，稳定、优化和培养特殊和濒危学科人才队伍。资助经费主要应用于学科带头人和后备人才培养所需的科研业务费。

资助项数：拟资助7项。

资助强度：每项70万元/年，交流项目10万元，共3年。

2006年3月3日，国家自然科学基金委下发了《关于印发国家基础科学人才培养基金"十一五"实施工作方案的通知》（国科金发计〔2006〕11号）。"基金"新的"十一五"《方案》开始实施。

2006年7月17日，国家自然科学基金委按照《国家基础科学人才培养基金"十一五"实施工作方案》（国科金发计〔2006〕11号）文件精神，下发了《关于发布2006年度国家基础科学人才培养基金申报指南及受理申请有关事项的通知》（国科金发计〔2006〕46号）。到截止日期，国家基础科学人才培养基地92个（含0.5个北京大学技术物理学基地和0.5个中国海洋大学海洋化学基地），91个"基地"按时提交了申请书（90份），1个"基地"未在网上提交申请书；试办"基地"共7个，其中4个按时提交了申请书；特殊学科点7个，都按时提交了申请书。根据《关于提交国家基础科学人才培养基金项目结题报告的通知》

（国科金计函〔2005〕110号），未按时提交《国家基础科学人才培养基金项目"十五"结题报告》的"基地"不得申请2006年度国家基础科学人才培养基金项目，有2个"基地"未按时提交结题报告，予以初筛；1个基地未在网上提交项目申请书，予以初筛。

初筛后有效申请书98份，共申请国家基础科学人才培养基金项目资助经费35175.1万元。

13个数学基地共申请"基金"项目资助经费4479.9万元，占2006年申请项目经费总额的12.7%。

18个物理学基地（含天文学、数学物理学基地和大理科班）共申请"基金"项目资助经费6612万元，占2006年申请项目经费总额的18.8%。

15个化学基地（含化学生物学试验基地）共申请"基金"项目资助经费5140.5万元，占2006年申请项目资助经费总额的14.6%。

11个地学基地申请"基金"项目资助经费4837.7万元，占2006年申请项目经费总额的13.8%。

22个生物学基地申请"基金"项目资助经费8409.6万元，占2006年申请项目经费总额的23.9%。

9个基地（中）医（药）学及心理学基地共申请"基金"项目资助经费4082.2万元，占2006年申请项目经费总额的11.6%。

此外，特殊学科点申请人才培养经费1600万元，占2006年申请经费总额的4.6%。

首先进行同行专家通讯评议，然后各学科进行会议评审，各学科评审组在组长主持下，对本学科基地申请的各类项目进行了认真的研究和讨论。在项目同行评议结果的基础上，本着发扬民主、公平竞争、择优支持的原则，经反复比较进行了记名投票产生拟资助的项目。

2006年会议评审结果共98项通过立项。其中拟批准条件建设项目31项，能力提高（科研训练）项目31项，能力提高（野外实践）项目4项，人才培养模式与规律研究项目6项，教材建设项目14项，教师培训项目5项，特殊学科点项目7项。项目资助总经费11400万元，分2～3年划拨。"十一五"期间第一批"基金"项目资助与经费，在2007年第三届管委会第一次会议讨论通过，会议还建议通过了2007年国家基础科学人才培养基金项目实施方案。

2007年，国家基础科学人才培养基金的项目申请与受理工作首次纳入国家自然科学基金项目集中受理工作范围，仍由计划局负责组织。这次共接受并受理了国家基础人才培养基金项目申请书76份。其中，正式基地74份，试办基地2份。

2007年初，教育部批准北京大学核物理基地正式单列，使国家基础科学人才培养基地成为91.5个（含0.5个中国海洋大学海洋化学基地），其中76个"基地"提交了申请书。除项目已满额不能再申请的9个"基地"，还有2006年未申请到项目的4个正式"基地"，已经获得1项资助的2个"基地"未提交申请书，放弃了这次申请。

申请项目经过同行专家通讯评议，学科组会议讨论评审，然后提交2007年7月召开的第三届管委会第二次会议讨论通过。2007年度拟资助条件建设项目29项，能力提高（科研训练）项目31项，能力提（野外实践）项目4项，人才培养模式与规律研究项目1项，教师培训项目8项。项目资助总经费9930万元。

2007年9月14日，国家自然科学科基金委下发了《关于批准资助2007年度国家基础科学人才培养基金项目的通知》（国家科金计项〔2007〕20号），批准资助2007年度国家基础科学人才培养基金项目60项，资助金额合计9930万元。批准项目数有所合并与压缩，总经费不变，分三年划拨。

项目类型：人才培养基金　　　　合计：项目数 60 项

表 5-5　2007 年度资助项目清单

总经费 9930.00 万元

序号	项目批准号	项目名称	负责人	依托单位	起止年月	批准金额（万元）	2007（审批当年）	2008（第二年）	2009（第三年）	2010（第四年）	2011（第五年）
									年度经费计划（万元）		
1	J0730101	吉林大学数学基地	李勇	吉林大学	2008.01－2010.12	120.00	60.00	0.00	36.00	24.00	0.00
2	J0730102	山东大学数学基地	刘建亚	山东大学	2008.01－2010.12	180.00	90.00	0.00	54.00	36.00	0.00
3	J0730103	复旦大学数学基地	楼红卫	复旦大学	2008.01－2010.12	180.00	90.00	0.00	54.00	36.00	0.00
4	J0730104	华东师范大学数学基地	柴俊	华东师范大学	2008.01－2010.12	120.00	60.00	0.00	36.00	24.00	0.00
5	J0730105	中国科学技术大学数学基地	陈发来	中国科学技术大学	2008.01－2010.12	180.00	90.00	0.00	54.00	36.0	0.00
6	J0730106	北京师范大学数理科基地	保继光	北京师范大学	2008.01－2010.12	120.00	60.00	0.00	36.00	24.00	0.00
7	J0730107	武汉大学数学基地	陈化	武汉大学	2008.01－2010.12	180.00	90.00	0.00	54.00	36.00	0.00

续表 5-5

序号	项目批准号	项目名称	负责人	依托单位	起止年月	批准金额（万元）	年度经费计划（万元）					
							2007（审批当年）	2008（第二年）	2009（第三年）	2010（第四年）	2011（第五年）
8	J0730108	四川大学数学基地	彭联刚	四川大学	2008.01–2010.12	160.00	100.00	0.00	36.00	24.00	0.00
9	J0730209	中国科学技术大学力学基地	何陵辉	中国科学技术大学	2008.01–2010.12	180.00	90.00	0.00	54.00	36.00	0.00
10	J0730310	复旦大学物理学基地	金晓峰	复旦大学	2008.01–2010.12	300.00	150.00	0.00	90.00	60.00	0.00
11	J0730311	吉林大学物理学基地	王文全	吉林大学	2008.01–2010.12	180.00	90.00	0.00	54.00	36.00	0.00
12	J0730312	内蒙古大学数学物理学基地	班士良	内蒙古大学	2008.01–2010.12	120.00	60.00	0.00	36.00	24.00	0.00
13	J0730313	中山大学物理学基地	李志兵	中山大学	2008.01–2010.12	180.00	90.00	0.00	54.00	36.00	0.00
14	J0730314	兰州大学物理学基地	谢二庆	兰州大学	2008.01–2010.12	120.00	60.00	0.00	36.00	24.00	0.00
15	J0730315	南开大学物理学基地	李川勇	南开大学	2008.01–2010.12	300.00	150.00	0.00	90.00	60.00	0.00

续表 5-5

序号	项目批准号	项目名称	负责人	依托单位	起止年月	批准金额（万元）	年度经费计划（万元）					
							2007（审批当年）	2008（第二年）	2009（第三年）	2010（第四年）	2011（第五年）	
16	J0730316	北京大学核物理基地	许甫荣	北京大学	2008.01－2010.12	300.00	150.00	0.00	90.00	60.00	0.00	
17	J0730317	山西大学物理学基地	郜江瑞	山西大学	2008.01－2010.12	180.00	90.00	0.00	54.00	36.00	0.00	
18	J0730318	山东大学物理学基地	解士杰	山东大学	2008.01－2010.12	300.00	150.00	0.00	90.00	60.00	0.00	
19	J0730419	复旦大学化学基地	徐华龙	复旦大学	2008.01－2010.12	180.00	90.00	0.00	54.00	36.00	0.00	
20	J0730420	中山大学化学基地	童叶翔	中山大学	2008.01－2010.12	180.00	90.00	0.00	54.00	36.00	0.00	
21	J0730421	吉林大学化学基地	宋天佑	吉林大学	2008.01－2010.12	120.00	60.00	0.00	36.000	24.00	0.00	
22	J0730422	南京大学化学基地	童林	南京大学	2008.01－2010.12	140.00	80.00	0.00	36.00	24.00	0.00	
23	J0730423	浙江大学化学基地	吕萍	浙江大学	2008.01－2010.12	120.00	60.00	0.00	36.00	24.00	0.00	

续表 5-5

序号	项目批准号	项目名称	负责人	依托单位	起止年月	批准金额(万元)	年度经费计划(万元)				
							2007(审批当年)	2008(第二年)	2009(第三年)	2010(第四年)	2011(第五年)
24	J0730424	南开大学化学基地	程鹏	南开大学	2008.01-2010.12	120.00	60.00	0.00	36.00	24.00	0.00
25	J0730425	兰州大学化学基地	王春明	兰州大学	2008.01-2010.12	200.00	110.00	0.00	54.00	36.00	0.00
26	J0730426	武汉大学化学基地	程功臻	武汉大学	2008.01-2010.12	180.00	90.00	0.00	54.00	36.00	0.00
27	J0730527	北京大学地理学基地	陈效逑	北京大学	2008.01-2010.12	120.00	60.00	0.00	36.00	24.00	0.00
28	J0730528	中国地质大学(武汉)地质学基地	杨坤光	中国地质大学(武汉)	2008.01-2010.12	120.00	60.00	0.00	36.00	24.00	0.00
29	J0730529	南京大学地质学人才培养基地	胡文瑄	南京大学	2008.01-2010.12	180.00	90.00	0.00	54.00	36.00	0.00
30	J0730530	中国海洋大学海洋学基地	江文胜	中国海洋大学	2008.01-2010.12	180.00	90.00	0.00	54.00	36.00	0.00
31	J0730531	南京大学地理学基地	高抒	南京大学	2008.01-2010.12	120.00	60.00	0.00	36.00	24.00	0.00

续表 5-5

序号	项目批准号	项目名称	负责人	依托单位	起止年月	批准金额（万元）	年度经费计划（万元）					
							2007（审批当年）	2008（第二年）	2009（第三年）	2010（第四年）	2011（第五年）
32	J0730532	西北大学地质学基地	华洪	西北大学	2008.01-2010.12	190.00	100.00	0.00	54.00	36.00	0.00
33	J0730533	北京大学地质学基地	张立飞	北京大学	2008.01-2010.12	120.00	60.00	0.00	36.00	24.00	0.00
34	J0730534	华东师范大学地理学理科基地	郑祥民	华东师范大学	2008.01-2010.12	180.00	90.00	0.00	54.00	36.00	0.00
35	J0730535	北京师范大学地理学基地	葛岳静	北京师范大学	2008.01-2010.12	180.00	90.00	0.00	54.00	36.000	0.00
36	J0730536	兰州大学地理学基地	王乃昂	兰州大学	2008.01-2010.12	190.00	100.00	0.00	54.00	36.00	0.00
37	J0730637	东北师范大学生物学基地	王丽	东北师范大学	2008.01-2010.12	120.00	60.00	0.00	36.00	24.00	0.00
38	J0730638	中山大学生物学基地	王金发	中山大学	2008.01-2010.12	180.00	90.00	0.00	54.00	36.00	0.00
39	J0730639	中国农业大学生物学基地	巩志忠	中国农业大学	2008.01-2010.12	180.00	90.00	0.00	54.00	36.00	0.00

续表 5-5

序号	项目批准号	项目名称	负责人	依托单位	起止年月	批准金额（万元）	2007（审批当年）	2008（第二年）	2009（第三年）	2010（第四年）	2011（第五年）
40	J0730640	陕西师范大学生物学基地	李金钢	陕西师范大学	2008.01-2010.12	180.00	90.00	0.00	54.00	36.00	0.00
41	J0730641	南京大学生物学人才培养基地	沈萍萍	南京大学	2008.01-2010.12	180.00	90.00	0.00	54.00	36.00	0.00
42	J0730642	厦门大学生物学基地	陈小麟	厦门大学	2008.01-2010.12	130.00	70.00	0.00	36.00	24.00	0.00
43	J0730643	北京师范大学生物学基地	王英典	北京师范大学	2008.01-2010.12	120.00	60.00	0.00	36.00	24.00	0.00
44	J0730644	浙江大学生物学基地	蒋德安	浙江大学	2008.01-2010.12	180.00	90.00	0.00	54.00	36.00	0.00
45	J0730645	四川大学生物学人才培养基地	陈放	四川大学	2008.01-2010.12	200.00	110.00	0.00	54.00	36.00	0.00
46	J0730646	武汉大学生物学基地	王建波	武汉大学	2008.01-2010.12	120.00	60.00	0.00	36.00	24.00	0.00
47	J0730647	南京农业大学生物学基地	沈振国	南京农业大学	2008.01-2010.12	180.00	90.00	0.00	54.00	36.00	0.00

续表 5-5

序号	项目批准号	项目名称	负责人	依托单位	起止年月	批准金额（万元）	年度经费计划（万元）					
							2007（审批当年）	2008（第二年）	2009（第三年）	2010（第四年）	2011（第五年）
48	J0730648	内蒙古大学生物学基地	王迎春	内蒙古大学	2008.01-2010.12	180.00	90.00	0.00	54.00	36.00	0.00
49	J0730649	华中农业大学生物学基地	张启发	华中农业大学	2008.01-2010.12	180.00	90.00	0.00	54.00	36.00	0.00
50	J0730650	南京师范大学生物学国家基础科学人才培养基地建设	袁生	南京师范大学	2008.01-2010.12	120.00	60.00	0.00	36.00	24.00	0.00
51	J0730651	兰州大学生物学基地	陈强	兰州大学	2008.01-2010.12	120.00	60.00	0.00	36.00	24.00	0.00
52	J0730652	云南大学生物学基地	肖蘅	云南大学	2008.01-2010.12	140.00	80.00	0.00	36.00	24.00	0.00
53	J0730753	浙江大学心理学基地	张智君	浙江大学	2008.01-2010.12	120.00	60.00	0.00	36.00	24.00	0.00
54	J0730754	华东师范大学心理学理科基地	吴庆麟	华东师范大学	2008.01-2010.12	180.00	90.00	0.00	54.00	36.00	0.00

续表5-5

序号	项目批准号	项目名称	负责人	依托单位	起止年月	批准金额（万元）	年度经费计划（万元）				
							2007（审批当年）	2008（第二年）	2009（第三年）	2010（第四年）	2011（第五年）
55	J0730855	北京大学基础医学基地	顾江	北京大学	2008.01—2010.12	120.00	60.00	0.00	36.00	24.00	0.00
56	J0730856	浙江大学基础医学基地	李继承	浙江大学	2008.01—2010.12	180.00	90.00	0.00	54.00	36.00	0.00
57	J0730857	沈阳药科大学基础药学基地	毕开顺	沈阳药科大学	2008.01—2010.12	120.00	90.00	0.00	36.00	24.00	0.00
58	J0730858	哈尔滨医科大学国家理科基础科学研究和教学人才（医药学）培养基地	张凤民	哈尔滨医科大学	2008.01—2010.12	180.00	60.00	0.00	54.00	36.00	0.00
59	J0730859	北京中医药大学中医学基地	王庆国	北京中医药大学	2008.01—2010.12	120.00	60.00	0.00	36.00	24.00	0.00
60	J0730860	复旦大学基础医学基地	鲁映青	复旦大学	2008.01—2010.12	180.00	90.00	0.00	54.00	36.00	0.00
		合计				9930.00	5040.00	0.00	2934.00	1956.00	0.00

　　2008年9月23日，第三届管委会第三次会议讨论了2008年度国家基础科学人才培养基金项目评审结果和2009年度国家基础科学人才培养基金项目资助计划。

　　2008年9月24日，国家自然科学基金发下发了2008年国家基础科学人才培养基金《项目批准通知》（国科金计项〔2008〕51号），同意资助2008年度国家基础科学人才培养基金项目37项，资助金额合计5180.00万元，分两年划拨。

表5-6 2008年度资助项目清单

项目类型：国家基础科学人才培养基金　　合计：项目数37项　　　　　　　　总经费5180.00万元

序号	项目批准号	项目名称	负责人	依托单位	起止年月	批准金额(万元)	2008(审批当年)	2009(第二年)	2010(第三年)	2011(第四年)	2012(第五年)
								年度经费计划(万元)			
1	J0830101	南京大学数学基地	尤建功	南京大学	2009.01－2011.12	180.00	108.00	0.00	72.00	0.00	0.00
2	J0830102	复旦大学数学基地	楼红卫	复旦大学	2009.01－2011.12	120.00	72.00	0.00	48.00	0.00	0.00
3	J0830103	浙江大学数学基地	陈杰诚	浙江大学	2009.01－2011.12	180.00	108.00	0.00	72.00	0.00	0.00
4	J0830104	大连理工大学数学基地	王仁宏	大连理工大学	2009.01－2011.12	30.00	30.00	0.00	0.00	0.00	0.00
5	J0830105	西安交通大学数学基地	徐宗本	西安交通大学	2009.01－2011.12	120.00	72.00	0.00	48.00	0.00	0.00
6	J0830306	清华大学物理基地	吴念乐	清华大学	2009.01－2011.12	130.00	78.00	0.00	52.00	0.00	0.00
7	J0830307	南京大学多学科综合点(大理科试验班)	许望	南京大学	2009.01－2011.12	120.00	72.00	0.00	48.00	0.00	0.00
8	J0830308	四川大学物理学基地	朱建华	四川大学	2009.01－2011.12	180.00	108.00	0.00	72.00	0.00	0.00

续表 5-6

序号	项目批准号	项目名称	负责人	依托单位	起止年月	批准金额（万元）	年度经费计划（万元）				
							2008（审批当年）	2009（第二年）	2010（第三年）	2011（第四年）	2012（第五年）
9	J0830309	北京师范大学物理学基地	郑志刚	北京师范大学	2009.01–2011.12	180.00	108.00	0.00	72.00	0.00	0.00
10	J0830310	武汉大学物理学基地	刘正猷	武汉大学	2009.01–2011.12	180.00	108.00	0.00	72.00	0.00	0.00
11	J0830311	西北大学物理学基地	白晋涛	西北大学	2009.01–2011.12	120.00	72.00	0.00	48.00	0.00	0.00
12	J0830412	郑州大学化学基地	廖新成	郑州大学	2009.01–2011.12	180.00	108.00	0.00	72.00	0.00	0.00
13	J0830413	浙江大学化学基地	吕萍	浙江大学	2009.01–2011.12	190.00	114.00	0.00	76.00	0.00	0.00
14	J0830414	福州大学化学基地	陈建中	福州大学	2009.01–2011.12	120.00	72.00	0.00	48.00	0.00	0.00
15	J0830415	湖南大学理科化学基地	旷亚非	湖南大学	2009.01–2011.12	180.00	108.00	0.00	72.00	0.00	0.00
16	J0830416	四川大学化学基地	胡常伟	四川大学	2009.01–2011.12	120.00	72.00	0.00	48.00	0.00	0.00
17	J0830417	西北大学化学基地	王尧宇	西北大学	2009.01–2011.12	200.00	120.00	0.00	80.00	0.00	0.00
18	J0830518	华东师范大学地理学理科基地	郑祥民	华东师范大学	2009.01–2011.12	180.00	108.00	0.00	72.00	0.00	0.00

续表 5-6

序号	项目批准号	项目名称	负责人	依托单位	起止年月	批准金额（万元）	2008（审批当年）	2009（第二年）	2010（第三年）	2011（第四年）	2012（第五年）
									年度经费计划（万元）		
19	J0830519	西北大学地质学基地	华洪	西北大学	2009.01–2011.12	130.00	78.00	0.00	52.00	0.00	0.00
20	J0830520	中国地质大学（武汉）地质学基地	杨坤光	中国地质大学（武汉）	2009.01–2011.12	180.00	108.00	0.00	72.00	0.00	0.00
21	J0830521	福建师范大学地理学基地	曾从盛	福建师范大学	2009.01–2011.12	190.00	114.00	0.00	76.00	0.00	0.00
22	J0830522	地质学野外实习基地建设	胡文瑄	南京大学	2009.01–2011.12	180.00	108.00	0.00	72.00	0.00	0.00
23	J0830623	云南大学生物学基地	肖蘅	云南大学	2009.01–2011.12	20.00	20.00	0.00	0.00	0.00	0.00
24	J0830624	厦门大学生物学基地	陈小麟	厦门大学	2009.01–2011.12	180.00	108.00	0.00	72.00	0.00	0.00
25	J0830625	华中农业大学生物学基地	张启发	华中农业大学	2009.01–2011.12	120.00	72.00	0.00	48.00	0.00	0.00
26	J0830626	东北林业大学生物学基地	李玉花	东北林业大学	2009.01–2011.12	120.00	72.00	0.00	48.00	0.00	0.00

续表 5-6

序号	项目批准号	项目名称	负责人	依托单位	起止年月	批准金额（万元）	年度经费计划（万元）					
							2008（审批当年）	2009（第二年）	2010（第三年）	2011（第四年）	2012（第五年）	
27	J0830627	东北师范大学生物学基地	王丽	东北师范大学	2009.01-2011.12	240.00	144.00	0.00	96.00	0.00	0.00	
28	J0830628	山东大学生物学基地	曲音波	山东大学	2009.01-2011.12	10.00	10.00	0.00	0.00	0.00	0.00	
29	J0830629	四川大学生物学人才培养支撑条件建设	林宏辉	四川大学	2009.01-2011.12	120.00	72.00	0.00	48.00	0.00	0.00	
30	J0830630	北京师范大学生物学基地	王英典	北京师范大学	2009.01-2011.12	180.00	108.00	0.00	72.00	0.00	0.00	
31	J0830631	兰州大学生物学基地	陈强	兰州大学	2009.01-2011.12	180.00	108.00	0.00	72.00	0.00	0.00	
32	J0830732	心理学本科生科研与创新能力培养体系的构建与实践	车宏生	北京师范大学	2009.01-2011.12	180.00	108.00	0.00	72.00	0.00	0.00	

续表 5-6

序号	项目批准号	项目名称	负责人	依托单位	起止年月	批准金额(万元)	年度经费计划(万元)				
							2008(审批当年)	2009(第二年)	2010(第三年)	2011(第四年)	2012(第五年)
33	J0830833	浙江大学基础医学理科基地	李继承	浙江大学	2009.01-2011.12	120.00	72.00	0.00	48.00	0.00	0.00
34	J0830834	哈尔滨医科大学国家理科基础科学研究和教学人才(医药学)培养基地	张凤民	哈尔滨医科大学	2009.01-2011.12	10.00	10.00	0.00	0.00.	0.00	0.00
35	J0830835	基础医学人才培养基地建设	郑煜	四川大学	2009.01-2011.12	120.00	72.00	0.00	48.00	0.00	0.00
36	J0830836	北京大学药学基地	刘俊义	北京大学	2009.01-2011.12	180.00	108.00	0.00	72.00	0.00	0.00
37	J0830837	中国药科大学药学创新性人才综合培养实验平台	姚文兵	中国药科大学	2009.01-2011.12	10.00	10.00	0.00	0.00	0.00	0.00
		合计				5180.00	3140.00	0.00	2040.00	0.00	0.00

2008年9月27日，国家自然科学基金委计划局下发了《关于印发〈国家基础科学人才培养基金第三届管理委员会第三次会议纪要〉的通知》。主要内容如下：

会议听取并审议了国家自然科学基金委计划局董尔丹同志所作的"2008年度国家基础科学人才培养基金工作报告"。经讨论：（1）同意2008年度国家基础科学人才培养基金项目评审结果。批准资助条件建设项目12项，1440万元；能力提高（科研训练）项目14项，2520万元；能力提高（野外实践）项目6项，1080万元；教师培训12门次，130万元。此外，批准资助第六届全国大学生化学实验邀请赛10万元。以上共计5180万元。（2）批准2009年度国家基础科学人才培养基金项目资助计划。2009年度暂停对国家基础科学人才培养基地的资助工作；拟资助特殊学科点人才培养项目7项，1470万元；教师培训10项，140万元；共计1610万元。同意计划局提出的全国大学生化学实验邀请赛资助工作纳入国家基础科学人才培养基金项目资助工作范畴的建议，每2年资助一次，每次资助20万元。（4）充分肯定了2008年度教师培训工作的成效。

"十一五"前三年（实际经费划拨延续至2010年，因为大多数资助项目需2～3年才能完成），国家基础科学人才培养基金将资助国家基础科学人才培养基地95个，试办基地1个，特殊学科点7个，共资助项目200多个，资助项目经费26510万元。

按项目类型，共资助条件建设项目72项，能力提高90项（其中科研训练项目76项，野外实践项目14项），人才培养模式与规律研究7项，教材建设14项，教师培训31门次；特殊学科点人才培养项目7项。各类型项目所占项目经费比例如图5-2。

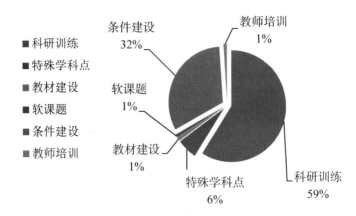

图5-2 "十一五"前三年国家基础科学人才培养基金各类型项目占比图

按基地类型,共资助基地96个,占基地总数(包括试办基地)的77.4%。资助教育部直属高校所属基地80个,科学院直属高校所属基地3个,地方院校所属基地13个。其中,得到条件建设项目和科研训练项目2项以上的基地56个,占基地总数的约45.2%。但是还有22个正式基地,6个试办基地没有得到资助。此外,还资助科学院所属研究所的4个特殊学科点。

按学科分布,资助了数学(含力学)、物理学(含天文学、数学物理学和大理科班)、化学、地学(含地质学、地理学、海洋学、大气科学)、生物学、基础(中)医(药)学和特殊学科点。各学科项目资助经费比例如图5-3。经费占比和基地数量分布基本吻合。

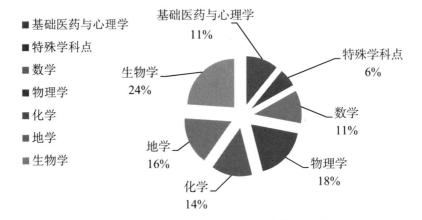

图5-3 "十一五"前三年国家基础科学人才培养基金各学科占比图

资助金额：万元

表5-7 2007—2015年度已获资助项目总汇

序号	项目批准号	学科代码	项目名称	负责人	职称	依托单位	合作人数	起止年月	状态	资助金额
1	J0630102	J0101	北京大学数学基地	张继平	教授	北京大学	1	2007.01—2009.12	在研	210
2	J0630107	J0101	四川大学数学基地	彭联刚	教授	四川大学	1	2007.01—2009.12	在研	120
3	J0630108	J0101	武汉大学数学基地	陈化	教授	武汉大学	1	2007.01—2009.12	在研	10
4	J0630201	J0102	中国科学技术大学力学基地	何陵辉	教授	中国科学技术大学	1	2007.01—2009.12	在研	10
5	J0630210	J0101	中国科学技术大学数学基地	陈发来	教授	中国科学技术大学	1	2007.01—2009.12	在研	90
6	J0630317	J0103	清华大学物理学基地	吴念乐	教授	清华大学	1	2007.01—2009.12	在研	200
7	J0630319	J0103	中国科学技术大学物理学基地	尹民	教授	中国科学技术大学	1	2007.01—2009.12	在研	300

续表 5-7

序号	项目批准号	学科代码	项目名称	负责人	职称	依托单位	合作人数	起止年月	状态	资助金额
8	J0630427	J0104	西北大学化学基地	王尧宇	教授	西北大学	1	2007.01—2009.12	在研	10
9	J0630537	J0105	西北大学地质学基地	华洪	研究员	西北大学	1	2007.01—2009.12	在研	210
10	J0630538	J0105	中国地质大学（武汉）地质学基地点	杨坤光	教授	中国地质大学（武汉）	1	2007.01—2009.12	在研	180
11	J0630641	J0106	北京林业大学生物学基地	尹伟伦	教授	北京林业大学	1	2007.01—2009.12	在研	120
12	J0630647	J0106	清华大学生物学基地	张荣庆	教授	清华大学	1	2006.01—2009.12	在研	320
13	J0630650	J0106	云南大学生物学基地	叶辉	教授	云南大学	1	2007.01—2009.12	在研	180
14	J0630651	J0106	浙江大学生物学基地	杨卫军	教授	浙江大学	1	2007.01—2009.12	在研	120

续表 5-7

序号	项目批准号	学科代码	项目名称	负责人	职称	依托单位	合作人数	起止年月	状态	资助金额
15	J0630760	J0107	浙江大学心理学基地	沈模卫	教授	浙江大学	1	2007.01—2009.12	在研	180
16	J0630854	J0108	北京中医药大学中医学基地	王庆国	教授	北京中医药大学	1	2007.01—2009.12	在研	180
17	J0630855	J0108	成都中医药大学中药基础基地	彭成	教授	成都中医药大学	1	2007.01—2009.12	在研	120
18	J0630857	J0108	上海中医药大学中医基础医学基地	李其忠	教授	上海中医药大学	1	2007.01—2009.12	在研	140
19	J0630961	J0109	吉林大学现代考古学特殊学科点	朱泓	教授	吉林大学	1	2007.01—2009.12	在研	220
20	J0730101	J0101	吉林大学数学基地	李勇	教授	吉林大学	91	2008.01—2010.12	在研	120

续表 5-7

序号	项目批准号	学科代码	项目名称	负责人	职称	依托单位	合作人数	起止年月	状态	资助金额
21	J0730102	J0101	山东大学数学基地	刘建亚	教授	山东大学	10	2008.01~2010.12	在研	180
22	J0730103	J0101	复旦大学数学基地	楼红卫	教授	复旦大学	10	2008.01~2010.12	在研	180
23	J0730104	J0101	华东师范大学数学基地	柴俊	副教授	华东师范大学	47	2008.01~2010.12	在研	120
24	J0730105	J0101	中国科学技术大学数学基地	陈发来	教授	中国科学技术大学	24	2008.01~2010.12	在研	180
25	J0730106	J0101	北京师范大学数学理科基地	保继光	教授	北京师范大学	10	2008.01~2010.12	在研	120
26	J0730107	J0101	武汉大学数学基地	陈化	教授	武汉大学	54	2008.01~2010.12	在研	180
27	J0730108	J0101	四川大学数学基地	彭联刚	教授	四川大学	6	2008.01~2010.12	在研	160

续表 5-7

序号	项目批准号	学科代码	项目名称	负责人	职称	依托单位	合作人数	起止年月	状态	资助金额
28	J0730209	J0102	中国科学技术大学力学基地	何陵辉	教授	中国科学技术大学	47	2008.01～2010.12	在研	180
29	J0730310	J0103	复旦大学物理学基地	金晓峰	教授	复旦大学	10	2008.01～2010.12	在研	300
30	J0730311	J0103	吉林大学物理学基地	王文全	教授	吉林大学	340	2008.01～2010.12	在研	180
31	J0730312	J0103	内蒙古大学数学物理学基地	班士良	教授	内蒙古大学	14	2008.01～2010.12	在研	120
32	J0730313	J0103	中山大学物理学基地	李志兵	教授	中山大学		2008.01～2010.12	在研	180
33	J0730314	J0103	兰州大学物理学基地	谢二庆	教授	兰州大学	81	2008.01～2010.12	在研	120
34	J0730315	J0103	南开大学物理学基地	李川勇	教授	南开大学	131	2008.01～2010.12	在研	300

续表 5-7

序号	项目批准号	学科代码	项目名称	负责人	职称	依托单位	合作人数	起止年月	状态	资助金额
35	J0730316	J0103	北京大学核物理基地	许甫荣	教授	北京大学	70	2008.01–2010.12	在研	300
36	J0730317	J0103	山西大学物理学基地	郜江瑞	教授	山西大学	98	2008.01–2010.12	在研	180
37	J0730318	J0103	山东大学物理学基地	解士杰	教授	山东大学	9	2008.01–2010.12	在研	300
38	J0730419	J0104	复旦大学化学基地	徐华龙	教授	复旦大学	8	2008.01–2010.12	在研	180
39	J0730420	J0104	中山大学化学基地	童叶翔	教授	中山大学	12	2008.01–2010.12	在研	180
40	J0730421	J0104	吉林大学化学基地	宋天佑	教授	吉林大学	10	2008.01–2010.12	在研	120
41	J0730422	J0104	南京大学化学基地	董林	教授	南京大学	125	2008.01–2010.12	在研	140
42	J0730423	J0104	浙江大学化学基地	黄飞鹤	教授	浙江大学	587	2008.01–2010.12	在研	120

续表 5-7

序号	项目批准号	学科代码	项目名称	负责人	职称	依托单位	合作人数	起止年月	状态	资助金额
43	J0730424	J0104	南开大学化学基地	程鹏	教授	南开大学	7	2008.01~2010.12	在研	120
44	J0730425	J0104	兰州大学化学基地	梁永民	教授	兰州大学	5	2008.01~2010.12	在研	200
45	J0730426	J0104	武汉大学化学基地	程功臻	教授	武汉大学	144	2008.01~2010.12	在研	180
46	J0730527	J0105	北京大学地理学基地	邓辉	副教授	北京大学	10	2008.01~2010.12	在研	120
47	J0730528	J0105	中国地质大学（武汉）地质学基地	杨坤光	教授	中国地质大学（武汉）	10	2008.01~2010.12	在研	120
48	J0730529	J0105	南京大学地质学人才培养基地	胡文瑄	教授	南京大学	32	2008.01~2010.12	在研	180
49	J0730530	J0105	中国海洋大学海洋学基地	江文胜	教授	中国海洋大学	20	2008.01~2010.12	在研	180

续表 5-7

序号	项目批准号	学科代码	项目名称	负责人	职称	依托单位	合作人数	起止年月	状态	资助金额
50	J0730531	J0105	南京大学地理学基地	高抒	教授	南京大学	23	2008.01–2010.12	在研	120
51	J0730532	J0105	西北大学地质学基地	华洪	研究员	西北大学	34	2008.01–2010.12	在研	190
52	J0730533	J0105	北京大学地质学基地	张立飞	教授	北京大学	8	2008.01–2010.12	在研	120
53	J0730534	J0105	华东师范大学地理学理科基地	郑祥民	教授	华东师范大学	430	2008.01–2010.12	在研	180
54	J0730535	J0105	北京师范大学地理学基地	葛岳静	教授	北京师范大学	426	2008.01–2010.12	在研	180
55	J0730536	J0105	兰州大学地理学基地	王乃昂	教授	兰州大学	46	2008.01–2010.12	在研	190
56	J0730637	J0106	东北师范大学生物学基地	王丽	教授	东北师范大学	10	2008.01–2010.12	在研	120

续表 5-7

序号	项目批准号	学科代码	项目名称	负责人	职称	依托单位	合作人数	起止年月	状态	资助金额
57	J0730638	J0106	中山大学生物学基地	王金发	教授	中山大学	70	2008.01-2010.12	在研	180
58	J0730639	J0106	中国农业大学生物学基地	巩志忠	教授	中国农业大学	6	2008.01-2010.12	在研	180
59	J0730640	J0106	陕西师范大学生物学基地	李金钢	教授	陕西师范大学	10	2008.01-2010.12	在研	180
60	J0730641	J0106	南京大学生物学人才培养基地	卢山	教授	南京大学	149	2008.01-2010.12	在研	180
61	J0730642	J0106	厦门大学生物学基地	陈小麟	教授	厦门大学	8	2008.01-2010.12	在研	130
62	J0730643	J0106	北京师范大学生物学基地	王英典	教授	北京师范大学	39	2008.01-2010.12	在研	120

续表 5-7

序号	项目批准号	学科代码	项目名称	负责人	职称	依托单位	合作人数	起止年月	状态	资助金额
63	J0730644	J0106	浙江大学生物学基地	杨卫军	教授	浙江大学	158	2008.01－2010.12	在研	180
64	J0730645	J0106	四川大学生物学人才培养基地	陈放	教授	四川大学	10	2008.01－2010.12	在研	200
65	J0730646	J0106	武汉大学生物学基地	王建波	教授	武汉大学	22	2008.01－2010.12	在研	120
66	J0730647	J0106	南京农业大学生物学基地	沈振国	教授	南京农业大学	10	2008.01－2010.12	在研	180
67	J0730648	J0106	内蒙古大学生物学基地	王迎春	教授	内蒙古大学	10	2008.01－2010.12	在研	180
68	J0730649	J0106	华中农业大学生物学基地	张启发	教授	华中农业大学	17	2008.01－2010.12	在研	180

续表 5-7

序号	项目批准号	学科代码	项目名称	负责人	职称	依托单位	合作人数	起止年月	状态	资助金额
69	J0730650	J0106	南京师范大学生物学国家基础科学人才培养基地建设	袁生	教授	南京师范大学	148	2008.01–2010.12	在研	120
70	J0730651	J0106	兰州大学生物学基地	陈强	教授	兰州大学	5	2008.01–2010.12	在研	120
71	J0730652	J0106	云南大学生物学基地	肖蘅	教授	云南大学	10	2008.01–2010.12	在研	140
72	J0730753	J0107	浙江大学心理学基地	沈模卫	教授	浙江大学	33	2008.01–2010.12	在研	120
73	J0730754	J0107	华东师范大学心理学理科基地	吴庆麟	教授	华东师范大学	322	2008.01–2010.12	在研	180
74	J0730855	J0108	北京大学基础医学基地	管又飞	教授	北京大学	10	2008.01–2010.12	在研	120

续表 5-7

序号	项目批准号	学科代码	项目名称	负责人	职称	依托单位	合作人数	起止年月	状态	资助金额
75	J0730856	J0108	浙江大学基础医学基地	欧阳宏伟	教授	浙江大学	136	2008.01–2010.12	在研	180
76	J0730857	J0108	沈阳药科大学基础药学基地	毕开顺	教授	沈阳药科大学	41	2008.01–2010.12	在研	120
77	J0730858	J0108	哈尔滨医科大学国家理科基础学科科研和教学人才(医药学)培养基地	张凤民	教授	哈尔滨医科大学	10	2008.01–2010.12	在研	180
78	J0730859	J0108	北京中医药大学中医学基地	王庆国	教授	北京中医药大学	22	2008.01–2010.12	在研	120
79	J0730860	J0108	复旦大学基础医学基地	鲁映青	教授	复旦大学	7	2008.01–2010.12	在研	180

续表 5-7

序号	项目批准号	学科代码	项目名称	负责人	职称	依托单位	合作人数	起止年月	状态	资助金额
80	J0830101	J0101	南京大学数学基地	尤建功	教授	南京大学	22	2009.01—2011.12	在研	180
81	J0830102	J0101	复旦大学数学基地	楼红卫	教授	复旦大学	10	2009.01—2011.12	在研	120
82	J0830103	J0101	浙江大学数学基地	陈杰诚	教授	浙江大学	107	2009.01—2011.12	在研	180
83	J0830104	J0101	大连理工大学数学基地	王仁宏	教授	大连理工大学	411	2009.01—2009.12	在研	30
84	J0830105	J0101	西安交通大学数学基地	徐宗本	教授	西安交通大学	10	2009.01—2011.12	在研	120
85	J0830306	J0103	清华大学物理基地	吴念乐	教授	清华大学	10	2009.01—2011.12	在研	130
86	J0830307	J0103	南京大学多学科综合点（大理科试验班）	许望	教授	南京大学	9	2009.01—2011.12	在研	120
87	J0830308	J0103	四川大学物理学基地	朱建华	教授	四川大学	68	2009.01—2011.12	在研	180

续表 5-7

序号	项目批准号	学科代码	项目名称	负责人	职称	依托单位	合作人数	起止年月	状态	资助金额
88	J0830309	J0103	北京师范大学物理学基地	郑志刚	教授	北京师范大学	81	2009.01－2011.12	在研	180
89	J0830310	J0103	武汉大学物理学基地	刘正猷	教授	武汉大学	40	2009.01－2011.12	在研	180
90	J0830311	J0103	西北大学物理学基地	白晋涛	教授	西北大学	104	2009.01－2011.12	在研	120
91	J0830412	J0104	郑州大学化学基地	廖新成	教授	郑州大学		2009.01－2011.12	在研	180
92	J0830413	J0104	浙江大学化学基地	黄飞鹤	教授	浙江大学	20	2009.01－2011.12	在研	190
93	J0830414	J0104	福州大学化学基地	陈建中	教授	福州大学	10	2009.01－2011.12	在研	120
94	J0830415	J0104	湖南大学理科化学基地	旷亚非	教授	湖南大学	10	2009.01－2011.12	在研	180
95	J0830416	J0104	四川大学化学基地	胡常伟	教授	四川大学	114	2009.01－2011.12	在研	120

续表 5-7

序号	项目批准号	学科代码	项目名称	负责人	职称	依托单位	合作人数	起止年月	状态	资助金额
96	J0830417	J0104	西北大学化学基地	王尧宇	教授	西北大学	20	2009.01–2011.12	在研	200
97	J0830518	J0105	华东师范大学地理学理科基地	郑祥民	教授	华东师范大学	434	2009.01–2011.12	在研	180
98	J0830519	J0105	西北大学地质学基地	华洪	研究员	西北大学	37	2009.01–2011.12	在研	130
99	J0830520	J0105	中国地质大学（武汉）地质学基地	杨坤光	教授	中国地质大学（武汉）	10	2009.01–2011.12	在研	180
100	J0830521	J0105	福建师范大学地理学基地	杨玉盛	教授	福建师范大学	96	2009.01–2011.12	在研	190
101	J0830522	J0105	地质学野外实习基地建设	胡文瑄	教授	南京大学		2009.01–2011.12	在研	180
102	J0830624	J0106	厦门大学生物学基地	陈小麟	教授	厦门大学	22	2009.01–2011.12	在研	180

续表 5-7

序号	项目批准号	学科代码	项目名称	负责人	职称	依托单位	合作人数	起止年月	状态	资助金额
103	J0830625	J0106	华中农业大学生物学基地	张启发	教授	华中农业大学		2009.01–2011.12	在研	120
104	J0830626	J0106	东北林业大学生物学基地	李玉花	教授	东北林业大学	10	2009.01–2011.12	在研	120
105	J0830627	J0106	东北师范大学生物学基地	王丽	教授	东北师范大学	10	2009.01–2011.12	在研	240
106	J0830628	J0106	山东大学生物学基地	曲音波	教授	山东大学	10	2009.01—2009.12	在研	10
107	J0830629	J0106	四川大学生物学人才培养支撑条件建设	林宏辉	教授	四川大学	9	2009.01–2011.12	在研	120
108	J0830630	J0106	北京师范大学生物学基地	王英典	教授	北京师范大学	56	2009.01–2011.12	在研	180

续表 5-7

序号	项目批准号	学科代码	项目名称	负责人	职称	依托单位	合作人数	起止年月	状态	资助金额
109	J0830631	J0106	兰州大学生物学基地	冯虎元	教授	兰州大学	8	2009.01—2011.12	在研	180
110	J0830732	J0107	心理学本科生科研与创新能力培养体系的构建与实践	车宏生	教授	北京师范大学	63	2009.01—2011.12	在研	180
111	J0830833	j0108	浙江大学基础医学理科基地	欧阳宏伟	教授	浙江大学	7	2009.01—2011.12	在研	120
112	J0830834	J0108	哈尔滨医科大学国家科学基础科学研究和教学人才(医药学)培养基地	张凤民	教授	哈尔滨医科大学	7	2009.01—2009.12	在研	10
113	J0830835	J0108	基础医学人才培养基地建设	郑煜	教授	四川大学	199	2009.01—2011.12	在研	120

续表 5-7

序号	项目批准号	学科代码	项目名称	负责人	职称	依托单位	合作人数	起止年月	状态	资助金额
114	J0830836	J0108	北京大学药学基地	刘俊义	教授	北京大学	10	2009.01–2011.12	在研	180
115	J0910001	J0108	细胞生物学教学改革与创新实验教学培训项目	欧阳宏伟	教授	浙江大学	4	2009.10–2009.11	在研	10
116	J0910002	J0106	东北林业大学生物学基地	李玉花	教授	东北林业大学	10	2009.04–2009.12	在研	10
117	J0910005	J0108	"药剂学"师资培训项目	潘卫三	教授	沈阳药科大学	11	2010.01–2011.12	在研	10
118	J0910010	J0105	巢湖地质学基地野外实践教学培训项目	胡文瑄	教授	南京大学	3	2010.01–2010.12	在研	10
119	J0930002	J0109	吉林大学现代考古学特殊学科点	朱泓	教授	吉林大学	10	2010.01–2012.12	在研	210

续表 5-7

序号	项目批准号	学科代码	项目名称	负责人	职称	依托单位	合作人数	起止年月	状态	资助金额
120	J0930003	J0109	中国科学院寒区旱区环境与工程研究所冻土学特殊学科点	张耀南	研究员	中国科学院寒区旱区环境与工程研究所		2009.03–2012.12	在研	210
121	J0930004	J0109	中国科学院动物研究所动物分类学特殊学科点	张润志	研究员	中国科学院动物研究所	160	2010.01–2012.12	在研	210
122	J0930005	J0109	南开大学昆虫分类学特殊学科点	卜文俊	教授	南开大学	62	2010.01–2012.12	在研	210
123	J0930006	J0109	中国科学院南京地质古生物研究所古生物学与地层学特殊学科点	李一军	高级工程师	中国科学院南京地质古生物研究所	10	2010.01–2012.12	在研	210

续表 5-7

序号	项目批准号	学科代码	项目名称	负责人	职称	依托单位	合作人数	起止年月	状态	资助金额
124	J0930007	J0109	古脊椎动物与古人类学特殊学科点	张翼	高级工程师	中国科学院古脊椎动物与古人类研究所	10	2010.01—2012.12	在研	210
125	J1030101	J0101	吉林大学数学基地	李勇	教授	吉林大学	10	2011.01—2012.12	在研	200
126	J1030102	J0101	南开大学数学基地	王曰生	教授	南开大学	97	2011.01—2012.12	在研	200
127	J1030103	J0101	北京大学数学基地	柳彬	教授	北京大学	6	2011.01—2012.12	在研	200
128	J1030104	J0101	西部高校数学教师培训	彭联刚	教授	四川大学	5	2010.09—2010.12	在研	20
129	J1030205	J0102	北京大学力学基地	黄克服	副教授	北京大学	7	2011.01—2012.12	在研	200
130	J1030306	J0103	清华大学物理学基地	阮东	教授	清华大学	8	2011.01—2012.12	在研	200
131	J1030307	J0103	南京大学物理学基地	王炜	教授	南京大学	116	2011.01—2012.12	在研	200

续表 5-7

序号	项目批准号	学科代码	项目名称	负责人	职称	依托单位	合作人数	起止年月	状态	资助金额
132	J1030308	J0103	中国科学技术大学物理学基地	尹民	教授	中国科学技术大学	135	2011.01-2012.12	在研	120
133	J1030309	J0103	华东师范大学物理学基地	张卫平	教授	华东师范大学	44	2011.01-2012.12	在研	200
134	J1030310	J0103	北京大学物理学基地	刘玉鑫	教授	北京大学	939	2011.01-2012.12	在研	200
135	J1030311	J0103	山西大学物理学基地	郜江瑞	教授	山西大学	96	2010.09-2010.12	在研	10
136	J1030412	J0104	中国科学技术大学化学基地	汪志勇	教授	中国科学技术大学	27	2011.01-2012.12	在研	200
137	J1030413	J0104	国家基础科学人才培养基金——支撑条件建设项目和能力提高科研训练项目	裴坚	教授	北京大学		2011.01-2012.12	在研	200

续表 5-7

序号	项目批准号	学科代码	项目名称	负责人	职称	依托单位	合作人数	起止年月	状态	资助金额
138	J1030414	J0104	武汉大学化学基地	程功臻	教授	武汉大学	95	2010.09~2010.12	在研	20
139	J1030415	J0104	厦门大学化学基地	朱亚先	教授	厦门大学	10	2011.01~2012.12	在研	220
140	J1030416	J0104	建立兰州大学化学化工学院化学生物学实验平台	梁永民	教授	兰州大学	10	2011.01~2012.12	在研	120
141	J1030517	J0105	西北大学地质学基地	华洪	教授	西北大学	46	2011.01~2012.12	在研	200
142	J1030518	J0105	中国地质大学(武汉)地质学基地	杨坤光	教授	中国地质大学(武汉)	10	2011.01~2012.12	在研	120
143	J1030519	J0105	兰州大学地理学基地	王乃昂	教授	兰州大学	31	2011.01~2012.12	在研	120

续表 5-7

序号	项目批准号	学科代码	项目名称	负责人	职称	依托单位	合作人数	起止年月	状态	资助金额
144	J1030520	J0105	庐山地理学野外实践教学骨干教师培训	高抒	教授	南京大学	6	2010.09～2010.12	在研	10
145	J1030521	J0105	福建师范大学地理学基地	曾从盛	研究员	福建师范大学	16	2010.09～2010.12	在研	10
146	J1030622	J0106	清华大学生物学基地	张荣庆	教授	清华大学	10	2011.01～2012.12	在研	200
147	J1030623	J0106	国家基础科学人才培养基金	许崇任	教授	北京大学	10	2011.01～2012.12	在研	200
148	J1030624	J0106	内蒙古大学生物学基地	王迎春	教授	内蒙古大学	10	2011.01～2012.12	在研	120
149	J1030625	J0106	云南大学生物学基地	肖蘅	教授	云南大学	54	2011.01～2012.12	在研	130

续表 5-7

序号	项目批准号	学科代码	项目名称	负责人	职称	依托单位	合作人数	起止年月	状态	资助金额
150	J1030626	J0106	厦门大学生物学基地	陈小麟	教授	厦门大学	26	2011.01−2012.12	在研	200
151	J1030627	J0106	复旦大学生物学基地	乔守怡	教授	复旦大学	6	2011.01−2012.12	在研	200
152	J1030628	J0106	兰州大学生物学基地	陈强	教授	兰州大学	3	2010.09−2010.12	在研	10
153	J1030729	J0107	华南师范大学心理学基地	莫雷	教授	华南师范大学	10	2011.01−2012.12	在研	200
154	J1030830	J0108	大学生创新药物研制能力提高项目	姚文兵	教授	中国药科大学	9	2011.01−2012.12	在研	200
155	J1030831	J0108	北京大学基础医学基地	管又飞	教授	北京大学	8	2011.01−2012.12	在研	200
156	J1030932	J0109	放射化学	吴王锁	教授	兰州大学	51	2011.01−2012.12	在研	140

续表 5-7

序号	项目批准号	学科代码	项目名称	负责人	职称	依托单位	合作人数	起止年月	状态	资助金额
157	J1103101	J0101	南京大学数学基地	尤建功	教授	南京大学	40	2012.01~2015.12	在研	200
158	J1103102	J0101	北京师范大学数学基地	保继光	教授	北京师范大学	77	2012.01~2015.12	在研	400
159	J1103103	J0101	浙江大学数学基地人才培养支撑条件建设项目	包刚	教授	浙江大学	101	2012.01~2015.12	在研	200
160	J1103104	J0101	苏州大学数学基地	曹永罗	教授	苏州大学	381	2012.01~2015.12	在研	200
161	J1103105	J0101	复旦大学数学基地	楼红卫	教授	复旦大学	10	2012.01~2015.12	在研	400
162	J1103106	J0101	1.人才培养支撑条件建设项目;2.科研训练及科研能力提高项目	林亚南	教授	厦门大学	73	2012.01~2015.12	在研	200

续表 5-7

序号	项目批准号	学科代码	项目名称	负责人	职称	依托单位	合作人数	起止年月	状态	资助金额
163	J1103107	J0101	四川大学数学基地	彭联刚	教授	四川大学	159	2012.01–2015.12	在研	400
164	J1103108	J0101	新疆大学数学基地	孟吉翔	教授	新疆大学	5	2012.01–2015.12	在研	200
165	J1103109	J0101	中国科学技术大学数学基地	李嘉禹	教授	中国科学技术大学	86	2012.01–2015.12	在研	110
166	J1103110	J0101	大连理工大学数学基地	卢玉峰	教授	大连理工大学	66	2012.01–2015.12	在研	400
167	J1103111	J0101	中山大学数学基地	姚正安	教授	中山大学	10	2012.01–2015.12	在研	400
168	J1103112	J0101	山东大学数学基地	刘建亚	教授	山东大学	10	2012.01–2015.12	在研	400
169	J1103113	J0101	清华大学数学基地	周坚	教授	清华大学	441	2012.01–2015.12	在研	400

续表 5-7

序号	项目批准号	学科科代码	项目名称	负责人	职称	依托单位	合作人数	起止年月	状态	资助金额
170	J1103114	J0102	科研训练及科研能力提高项目	何陵辉	教授	中国科学技术大学	25	2012.01~2015.12	在研	400
171	J1103201	J0103	北京师范大学物理学基地	夏钶	教授	北京师范大学	93	2012.01~2015.12	在研	200
172	J1103202	J0103	吉林大学物理学基地	王文全	教授	吉林大学	298	2012.01~2015.12	在研	400
173	J1103203	J0103	南京大学多学科综合点(大理科试验班)	许望	教授	南京大学	10	2012.01~2015.12	在研	400
174	J1103204	J0103	复旦大学物理学基地	沈健	教授	复旦大学	339	2012.01~2015.12	在研	600
175	J1103205	J0103	北京大学物理学基地	刘玉鑫	教授	北京大学	939	2012.01~2015.12	在研	200

续表 5-7

序号	项目批准号	学科代码	项目名称	负责人	职称	依托单位	合作人数	起止年月	状态	资助金额
176	J1103206	J0103	北京大学核物理基地	许甫荣	教授	北京大学	242	2012.01-2015.12	在研	375
177	J1103207	J0103	中国科学技术大学物理学基地	尹民	教授	中国科学技术大学	145	2012.01-2015.12	在研	400
178	J1103208	J0103	南开大学物理学基地	李川勇	教授	南开大学	145	2012.01-2015.12	在研	400
179	J1103209	J0103	四川大学物理学基地	龚敏	教授	四川大学	54	2012.01-2015.12	在研	155
180	J1103210	J0103	山西大学物理学基地	郜江瑞	教授	山西大学	110	2012.01-2015.12	在研	400
181	J1103211	J0103	中山大学物理学基地能力提高项目	陈敏	教授	中山大学	9	2012.01-2015.12	在研	400
182	J1103212	J0103	山东大学物理学基地	梁作堂	教授	山东大学	63	2012.01-2015.12	在研	400

续表 5-7

序号	项目批准号	学科代码	项目名称	负责人	职称	依托单位	合作人数	起止年月	状态	资助金额
183	J1103213	J0103	兰州大学物理学基地	谢二庆	教授	兰州大学	73	2012.01-2015.12	在研	200
184	J1103214	J0103	内蒙古大学数学物理学基地可持续发展条件建设	班士良	教授	内蒙古大学	12	2012.01-2015.12	在研	200
185	J1103301	J0104	浙江大学化学基地	王彦广	教授	浙江大学	7	2012.01-2015.12	在研	200
186	J1103302	J0104	吉林大学化学基地	徐家宁	教授	吉林大学	9	2012.01-2015.12	在研	400
187	J1103303	J0104	强化实践环节,提高化学基地本科生科研综合素质	王绪绪	教授	福州大学	60	2012.01-2015.12	在研	400

续表 5-7

序号	项目批准号	学科代码	项目名称	负责人	职称	依托单位	合作人数	起止年月	状态	资助金额
188	J1103304	J0104	复旦大学化学基地	徐华龙	教授	复旦大学	9	2012.01–2015.12	在研	400
189	J1103305	J0104	中山大学化学基地	巢晖	教授	中山大学	34	2012.01–2015.12	在研	400
190	J1103306	J0104	南开大学化学基地	程鹏	教授	南开大学	6	2012.01–2015.12	在研	400
191	J1103307	J0104	兰州大学化学基地	梁永民	教授	兰州大学	7	2012.01–2015.12	在研	400
192	J1103308	J0104	武汉大学化学基地	程功臻	教授	武汉大学	121	2012.01–2015.12	在研	400
193	J1103309	J0104	郑州大学化学基地	杨贯羽	教授	郑州大学		2012.01–2015.12	在研	200
194	J1103310	J0104	南京大学化学人才培养	朱成建	教授	南京大学	10	2012.01–2015.12	在研	400
195	J1103311	J0104	西北大学化学基地	申烨华	教授	西北大学	8	2012.01–2015.12	在研	200
196	J1103312	J0104	湖南大学理科化学基地	旷亚非	教授	湖南大学	10	2012.01–2015.12	在研	200

续表 5-7

序号	项目批准号	学科代码	项目名称	负责人	职称	依托单位	合作人数	起止年月	状态	资助金额
197	J1103313	J0104	中国海洋大学化学（海洋化学）基地	李铁	副教授	中国海洋大学	30	2012.01–2015.12	在研	200
198	J1103314	J0104	山东大学化学基地	宋其圣	教授	山东大学	116	2012.01–2015.12	在研	200
199	J1103315	J0104	四川大学化学基地能力提高项目	李梦龙	教授	四川大学	75	2012.01–2015.12	在研	400
200	J1103401	J0105	南京大学地质学基地创新人才科研训练	胡文瑄	教授	南京大学	42	2012.01–2015.12	在研	400
201	J1103402	J0105	中国海洋大学海洋学基地	江文胜	教授	中国海洋大学	49	2012.01–2015.12	在研	400
202	J1103403	J0105	北京师范大学地理学基地	杨胜天	教授	北京师范大学	10	2012.01–2015.12	在研	400
203	J1103404	J0105	国家基础科学人才培养基金	胡永云	教授	北京大学	4	2012.01–2015.12	在研	400

序号	项目批准号	学科代码	项目名称	负责人	职称	依托单位	合作人数	起止年月	状态	资助金额
204	J1103405	J0105	南京大学仙林新校区地球科学实验教学中心建设	胡文瑄	教授	南京大学	14	2012.01–2015.12	在研	200
205	J1103406	J0105	科研训练及科研能力提高项目	邓辉	副教授	北京大学	17	2012.01–2015.12	在研	400
206	J1103407	J0105	基础地质学实验教学设备添置与多媒体数字显微互动教学系统改造	杨坤光	教授	中国地质大学(武汉)	10	2012.01–2015.12	在研	200
207	J1103408	J0105	南京大学地理学基地	高抒	教授	南京大学	60	2012.01–2015.12	在研	400
208	J1103409	J0105	武汉大学地理科学理科基地	刘耀林	教授	武汉大学	26	2012.01–2015.12	在研	400

续表 5-7

序号	项目批准号	学科代码	项目名称	负责人	职称	依托单位	合作人数	起止年月	状态	资助金额
209	J1103410	J0105	南京大学大气科学基地人才培养支撑条件建设和能力提高	王体健	教授	南京大学	46	2012.01-2015.12	在研	400
210	J1103411	J0105	厦门大学海洋科学人才培养基地	曹文清	教授	厦门大学	16	2012.01-2015.12	在研	200
211	J1103412	J0105	华东师范大学地理学理科基地	郑祥民	教授	华东师范大学	469	2012.01-2015.12	在研	200
212	J1103413	J0105	西北大学	华洪	教授	西北大学	36	2012.01-2015.12	在研	400
213	J1103414	J0105	兰州大学地理学基地	王乃昂	教授	兰州大学	61	2012.01-2015.12	在研	220

续表 5-7

序号	项目批准号	学科代码	项目名称	负责人	职称	依托单位	合作人数	起止年月	状态	资助金额
214	J1103415	J0105	创新型地质学人才科研能力的培养与野外实习基地建设	张立飞	教授	北京大学		2012.01—2015.12	在研	400
215	J1103501	J0106	浙江大学生物学基地	杨卫军	教授	浙江大学	88	2012.01—2015.12	在研	400
216	J1103502	J0106	兰州大学生物学基地	冯虎元	教授	兰州大学	10	2012.01—2015.12	在研	400
217	J1103503	J0106	南开大学生物学人才培养基地	刘方	教授	南开大学	83	2012.01—2015.12	在研	400
218	J1103504	J0106	北京师范大学生物学基地	王英典	教授	北京师范大学	141	2012.01—2015.12	在研	400
219	J1103505	J0106	国家基础科学人才培养基金	许崇任	教授	北京大学	10	2012.01—2015.12	在研	200
220	J1103506	J0106	清华大学生物学基地	张荣庆	教授	清华大学	10	2012.01—2015.12	在研	200

续表 5-7

序号	项目批准号	学科代码	项目名称	负责人	职称	依托单位	合作人数	起止年月	状态	资助金额
221	J1103507	J0106	科研训练及科研能力提高项目	袁生	教授	南京师范大学	67	2012.01-2015.12	在研	400
222	J1103508	J0106	东北林业大学生物学基地	李玉花	教授	东北林业大学	9	2012.01-2015.12	在研	200
223	J1103509	J0106	东北师范大学生物学基地	王丽	教授	东北师范大学	10	2012.01-2015.12	在研	200
224	J1103510	J0106	华中农业大学生物学理科基地生科研能力提高项目	熊立仲	教授	华中农业大学	9	2012.01-2015.12	在研	400
225	J1103511	J0106	陕西师范大学生物学基地	李金钢	教授	陕西师范大学	10	2012.01-2015.12	在研	400
226	J1103512	J0106	南京大学生物学人才培养基地	孔令东	教授	南京大学	178	2012.01-2015.12	在研	400

续表 5-7

序号	项目批准号	学科代码	项目名称	负责人	职称	依托单位	合作人数	起止年月	状态	资助金额
227	J1103513	J0106	武汉大学生物学基地	王建波	教授	武汉大学	56	2012.01–2015.12	在研	400
228	J1103514	J0106	华中科技大学生物科学基地	周艳红	教授	华中科技大学	68	2012.01–2015.12	在研	400
229	J1103515	J0106	山东大学生物学基地	曲音波	教授	山东大学	7	2012.01–2015.12	在研	400
230	J1103516	J0106	北京林业大学生物学基地	张志翔	教授	北京林业大学	9	2012.01–2015.12	在研	400
231	J1103517	J0106	内蒙古大学生物学基地	王迎春	教授	内蒙古大学	10	2012.01–2015.12	在研	200
232	J1103518	J0106	四川大学国家生物学人才培养基地	赵云	教授	四川大学	8	2012.01–2015.12	在研	400
233	J1103519	J0106	云南大学生物学基地	叶辉	教授	云南大学	8	2012.01–2015.12	在研	200
234	J1103520	J0106	中国农业大学生物学基地	刘国琴	教授	中国农业大学	10	2012.01–2015.12	在研	400

续表 5-7

序号	项目批准号	学科代码	项目名称	负责人	职称	依托单位	合作人数	起止年月	状态	资助金额
235	J1103521	J0106	东北农业大学生物学理科基地	胡宝忠	教授	东北农业大学	10	2012.01-2015.12	在研	200
236	J1103601	J0107	面向创新型人才的心理学本科实验实践教学条件的建设	许燕	教授	北京师范大学	90	2012.01-2015.12	在研	200
237	J1103602	J0107	北京大学心理学基地	吴艳红	教授	北京大学	9	2012.01-2015.12	在研	400
238	J1103603	J0108	浙江大学基础医学基地	欧阳宏伟	教授	浙江大学	660	2012.01-2015.12	在研	400
239	J1103604	J0108	四川大学基础医学人才基地	侯一平	教授	四川大学	9	2012.01-2015.12	在研	380
240	J1103605	J0108	北京大学基础医学基地	管又飞	教授	北京大学	8	2012.01-2015.12	在研	200

续表 5-7

序号	项目批准号	学科代码	项目名称	负责人	职称	依托单位	合作人数	起止年月	状态	资助金额
241	J1103606	J0108	沈阳药科大学基础药学基地	毕开顺	教授	沈阳药科大学	60	2012.01–2015.12	在研	400
242	J1103607	J0108	中医学专业本科生科研创新能力训练体系建设与优化	叶进	教授	上海中医药大学	10	2012.01–2015.12	在研	400
243	J1103608	J0108	本科生认知药物成药性的实践教学平台建设	尤启冬	教授	中国药科大学	7	2012.01–2015.12	在研	200
244	J1103609	J0108	哈尔滨医科大学国家理科基地—创新研究型实践教学	张凤民	教授	哈尔滨医科大学	10	2012.01–2015.12	在研	160

续表 5-7

序号	项目批准号	学科代码	项目名称	负责人	职称	依托单位	合作人数	起止年月	状态	资助金额
245	J1103701	J0101	中国东北部数学骨干教师培训	李勇	教授	吉林大学		2011.07~2011.12	在研	20
246	J1103702	J0101	西部高校数学教师培训	彭联刚	教授	四川大学	4	2011.05~2011.12	在研	20
247	J1103703	J0103	2011年暑期计算机理课程骨干教师培训	阮东	教授	清华大学		2011.04~2011.12	在研	20
248	J1103704	J0103	2011年暑期物理实验课程骨干教师培训	阮东	教授	清华大学		2011.04~2011.12	在研	20
249	J1103705	J0104	厦门大学化学基地	朱亚先	教授	厦门大学		2011.06~2011.12	在研	40
250	J1103706	J0106	"细胞生物学"骨干教师培训与交流	王喜忠	教授	四川大学	3	2011.03~2011.12	在研	20

续表 5-7

序号	项目批准号	学科代码	项目名称	负责人	职称	依托单位	合作人数	起止年月	状态	资助金额
251	J1103707	J0106	复旦大学生物学人才培养基地	乔守怡	教授	复旦大学	8	2012.01-2012.12	在研	20
252	J1103708	J0106	哈尔滨医科大学国家理科基地—师资培训项目	张凤民	教授	哈尔滨医科大学	10	2012.01-2012.12	在研	20
253	J1103709	J0108	2011年药学类院校中青年骨干教师培训项目	姚文兵	教授	中国药科大学		2011.03-2011.12	在研	20

六

国家基础科学
人才培养基地
与国家基础科
学人才培养基
金取得的巨大
成绩

（一）各理科基地采取新的招生办法，生源质量显著提高

20世纪80年代中后期，理科教育遇到的第一个问题就是招不到优秀高中毕业生，好的生源大多去报考应用学科与热门学科专业，理科基础学科专业受到冷落，连委属重点综合性大学的理科基础学科都招不到优秀学生。这严重影响到中国科学事业与高等教育的发展。这是新中国建立以来，理科教育遇到的最严峻挑战，同时说明中国理科教育本身存在问题。于是有个别高校从20世纪80年代后期开始，试办理科基地，这也为1990年理科兰州会议以后国家建立理科基地提供了范式。

为了招收到优秀学生，鼓励他们报考"基地"专业，各有关高校首先在招生宣传方面加强了宣传推介力度，让社会、家长、学生了解基础科学研究的重要地位和

作用。同时制定了相应优惠政策措施,吸引优秀生源报考基地专业。

在招生模式方面有以下几种:

1.提前招生,专列招生指标(如西北大学)。

2.统一招生,进校后进行二次选拔(如兰州大学)。

3.所招学生全部为基地班(如北京大学)。

采取的优惠政策措施主要有:

1.对报考基地专业的学生提供优厚的奖学金、助学金。

2.进校后可以优先二次选择基地专业。

3.优秀学生可以提前攻读研究生,大幅度提高推免研究生比例。

4.优先获得有关科研与创新活动方面的资助。

5.可以使用研究生阶段才能进入的诸如实验室、资料室等地方。

经过大力推介与宣传,理科基地专业招生情况一年比一年好,生源质量大幅度提升。特别是在"基金"的大力支持下,"基地"办学环境与条件发生了巨大变化,一流的实验设备、高水平的师资队伍、日益显现的科研成果使"基地"专业从衰落逐步走向辉煌。

"基地"第一批专业点是1991年确定的,少数学校1991年采取了措施,吸引了一批优秀学生到"基地"专业学习。多数学校是从1992年开始招收"基地"专业学生的。到1994年初,第一批15个"基地"专业点约有600名在校学生。由于各校都采取了有力措施,招生质量有了很大提高,其中有约三分之一是全国奥林匹克数、理、化竞赛的优胜者和重点中学保送的优秀生、三好学生,从高考中录取的学生高考成绩在600分以上的占了很大比例。特别是数学、物理学、地学专业,建"基地"前报名考生少、第一志愿少,招进学生平均分数在全校各专业中多数属于中下或倒数几名。自建立"基地"后,这些专业多数学生平均分数上升为正数前几名。

随着"基地"影响力的扩大,凡建有"基地"的学校,"基地"专业招收的学生绝大多数为全校分数最高的学生。"基地"专业已成为优秀高中毕业生首推、首选专业,有高校自主招生权的学校,"基地"专业也成为热门专业。许多学生以成为"基地班"的学生而自豪。

"基地"专业生源质量的明显改善与提升，为基础科学优秀人才脱颖而出奠定了坚实的基础，为中国科学事业发展提供了源源不断的高质量人才。

（二）在"基金"的支持下，"基地"办学条件得到显著改善

改革开放以后，高等教育快速发展，但由于教育经费投入不足，严重影响了高等教育的改革与发展。中国基础科学研究和教学人才培养的现状与科学发展和国家建设不相适应，十分令人担忧。

主要表现为：教学经费严重短缺，实验仪器、教学设备老化，图书资料难以为继。正如中科院生物学部71位院士向中央提出的报告中指出的那样，高校生物学教学经费逐年下降，如复旦大学生物系，本科生均教育经费在1980年至1992年间由1000元减至300多元，有些学校不足200元。不仅如此，高校物理系、化学系、地学系、数学系等，一般性教学经费均不足实际需要的一半。教学实验仪器、设备比同专业的科研机构、行业落后数十年，且数量严重不足。许多学校订购书刊的经费十分困难，国内外书刊的订数也大幅下降。例如北京大学数学系订阅期刊数1985年17本，1986年1本，1987年没有订购。复旦大学数学系由于经费问题，一些外文图书曾一度停购。在建立"基地"前中国最好的大学都如此，其他大学的状况就可想而知了。

据估算，要在当时（90年代初）的基础上，建设一个比较现代化的满足培养基础性人才需要的物理、化学、生物、地学等专业，大约需要400万元经费，这还不包括一定数量的教学经费和奖学金。

随着国家基础科学人才培养基金的设立，"九五""十五"期间向83个"基地"投入6.0亿元，其中80%以上经费用于基础办学条件的改善。经过"九五""十五""基金"支持，"基地"人才培养的基础办学条件发生了很大变化，中东部特别是东部的"基地"变化更明显一些，基本摆脱了办学困境，并发生了质的变化；西部"基地"由于基础较差，发展缓慢一些，但比建立"基地"前仍有了较大变化。

首先，本科实验条件得到了明显改善，实验室建设成绩很大。

按照"基金"使用要求,各"基地"首先把经费投入到实验室特别是基础教学实验室的建设上。

例如:北京大学大气科学基地进行了多媒体可视化实验室、大气仿真模拟实验室、大气遥感与探测实验室以及天气诊断与分析实验室的建设。

青岛海洋大学海洋学基地对海洋调查实验室、流体力学实验室、海洋数值模拟实验室扩大了使用面积,添置部分设备、增加计算机台数,实现全天开放,对"基地"学生免费开放。

中国地质大学地质学基地建成36座岩石偏光显微镜室2个,建成岩石薄片显微投影显示室1个,补充装配物质成分化学分析室1个。

北京大学地理学基地在原地貌与第四纪沉积实验室和自然地理实验室基础上,集中投入,扩充和组建具有一定规模的地表系统实验室,购置了一批新设备。如磁化率分析仪,价值25万元;X光颗粒分析仪,价值32万元;同位素质谱仪,价值8万元;全球定位系统,12万元;同时投入3万元将原有的热释光年代分析实验室升档为光释光实验室。投入20万元,购置了6台1/万电子天平及多套离心机、PH计、水浴锅、搅拌器、振荡器及大量玻璃器皿等,使得多年未能更新的常规设备得到了更新,增加了套数,可以让更多的学生同时进行实验。并利用原CIS研究与应用实验室部分设备,新组建了人地系统分析与模拟实验室。

浙江大学生物学基地,对生物显微实验室、现代生物学(细胞分子)实验室、遗传学实验室、生物技术实验室、生物学教学计算机实验室投入90万元,改善了各自的实验和教学条件,在改善原始实验室的同时,还筹建了新的实验室。

南京大学地质学基地,建设完善了浦口校区基础地质综合实验室,改造了岩石矿物实验室,新建地球物理实验室。

中山大学生物学基地,从1999年开始投入150万元对原来的8个生物科学基础教学实验室进行了进一步改革与调整,按功能和实验项目分为四个分室:基础生物学实验分室、生理功能实验分室、细胞遗传实验分室、微生物与生物化学分室，每个分室同时可容纳60人进行同一项目的实验。在此基础上又投入100万元，购置了许多现代化先进仪器设备，建设新的生物学中心实验室。这些实验室在规模、效益和档次上达到国内同类实验室的先进水平。

上海医科大学基础医学基地，投入180万元建设完善了分子生物学实验室，该实验室可供细胞生物学、生物化学、免疫学、分子遗传学和分子病毒学等学科共用，可为基地班学生开设DNA提取与纯化等10组实验，使学生基本掌握当代分子生物学常用技术。投入85万元，改建了电脑化生理学科教学实验，可使生理学、药理学和病理生理学等学科进行有关动物的实验教学，以提高实验的可操作性和实验结果的可靠性。

吉林大学物理学基地，投入200多万元，首先大幅度改善了力学、热学电磁学、光学等几个基础实验室的环境、仪器条件，各项指标均达到国家教委颁布的教学实验室标准。其次是进一步改善近代物理实验条件，购置一定数量新仪器设备，支持实验课教师排出一些与科学研究结合，具有一定应用价值的设计性近代综合实验，第三是将原演示实验室扩建成物理演示与实习实验基地，扩大了实验室面积，自制仪器达130余种。该基地建设成绩显著，影响广泛，荣获1997年国家级优秀教学成果一等奖。

北京大学地质学基地，为了提高实验教学质量，把原来分散的各个教研室的实验室集中起来成立了地质学教学实验中心，投资建设了若干教学实验室；建立了面积约1800平方米的亚洲最大的地质博物档案馆，与教学实验中心各实验室相配合，组成了室内地质学系教学基地；在建教学实验室的同时，还建立了一批以科研为主的实验室，如以ICP-ms质谱仪为主题的实验室，其他科研类实验室的电子探针分析仪（Jeol 8400）是当时国内最先进的探针分析仪，全自动全时标激光显微探针定年系统是当时世界上第4台，国内唯一的全自动全时激光显微探针定年系统。

南京大学物理学基地，利用基金专项经费，对教学实验室条件进行改善，建立了一批新的实验室，淘汰了许多破损、陈旧的仪器设备，扩充了实验仪器，同时，把学科发展中新的科研成果引入本科实验教学。开设了普物设计性实验；用现代化的技术对已有的部分实验进行改造，使实验数字化和微机化。

山西大学物理学基地，利用"基金"重点加强基地教学设施建设，办学条件得到显著改善。新建了电子线路实验教学中心，完善了高频、低频、模拟、数字、数模转移等电子技术实验内容，增建了计算机室、多媒体室和外语语音室，扩建了近代物理实验室，新开了微波技术、X光技术、全相显微技术、激光技术、核物理等实验内容。改建了光电子技术实验室，并利用学校激光器的研究成果，建成了Nd：YAG激光实验室、半导体泵浦激光实验、光纤信号传输实验、光学傅显叶变换及光调制与解调实验等，极大地丰富了实验教学内容。

陕西师范大学生物学基地，利用"基金"与学校配套经费共1000万元，将原来归属于各教研室的13个一次仅能容纳15个学生用的实验室，按照学科的相关性、仪器设备的通用性及实验方法技术的相融性等，合并为院级管理的4个可容纳35～40个学生用的综合实验室，新建了生物技术实验室和8个设计研究室，并购置了大批仪器设备。

在国家基础科学人才培养基金的支持下，基地学校多方筹措配套经费，使理科基地的教学环境得到了很大改善。基地单位新建和改造了一批教学实验室，购置了大量先进的实验教学仪器设备，基本普及了多媒体教学。统计结果表明，1999—2004年，全国理科基地设备总资产翻了一番，从7530万元增加到15000万元；基地学校先后改建教学实验室741间，新建683间，实验室总数由1999年的1159间增加到1842间。理科基地教学条件和育人环境从整体上得到显著改善，面貌焕然一新。国家基础科学人才培养基金为提高理科基地办学质量和人才培养工作奠定了重要的物质基础。

（三）基础学科专业建设取得巨大成绩

"基地"学科专业建设可分三个阶段，"九五"期间是第一阶段，主要工作是保护与抢救。由于20世纪80年代中后期，中国理科基础学科专业遇到了来自社会各方面的冲击，面临难以为继的困境，处于历史最低谷。理科基础学科专业办学资源匮乏，教学内容、课程体系陈旧，实验实习条件落后，优秀教师流失，基础学科专业无人报考，招不到优秀高中毕业生等问题，严重影响了中国科学事业发展和基础科学人才培养。"基金"的设立，真是雪中送炭，有学者比喻为"久旱逢甘霖"。在"九五"期间第一批国家基础科学人才培养基金的支持下，中国基础科学人才培养基本上摆脱了困境，走出了低谷，尤其是挽救了一些濒临危险边缘的基础学科。中国的冰川冻土、地质古生物学、动物学、昆虫分类学、古脊椎动物与古人类学等濒危学科因此而获得新生。"保护"是成功的，而且大部分基础学科因保护而复苏。

"十五"期间是第二阶段，理科基地的人才培养，教学环境和学科建设由复苏而发展，一批基础学科的发展被有效地激活。各"基地"学校通过强有力的推介与宣传，理科基础学科专业的地位与作用，逐渐为社会、家长和考生认可，再加上"基金"和其他经费的可持续投入，理科基地面貌焕然一新，成为各高校中最好的学科专业。无论其基础教学条件、实验实习条件、科研条件，还是师资队伍条件，都是所在学校最优质的。理科基地不仅在专业建设上取得显著成绩，而且在学科建设上获得了更优异的成绩。"九五"一期建设完成时，83个"基地"专业绝大部分获得了博士点，50%以上获得博士后流动站。到"十五"时期，100%的理科基地都有博士点和博士后流动站。

"十一五"期间是第三阶段，从学科建设来说，是高水平阶段。在"十五"保护—复苏—发展的基础上，完成了"十一五"期间"巩固、提高和创新"的目标，使中国基础学科发展到一个新水平，缩小了与世界一流基础学科的差距，有些基础学科基本接近或达到了世界先进水平。50%以上的理科基地学科有国家重点实验室，100%的理科基地学科有省部级重点实验室（实验中心），100%的理科基地获得了一级学科博士学位授予权，86%的基地专业拥有国家重点学科。全国理科（数、理、化、天、地、生）有重点学科总数为161个，其中分布在理科基地点的重点学科数为124个，占国家重点学科总数的2/3，化学方向的24个重点学科全部集中在理科基地单位。国家基础科学人才培养基金对基础学科的发展起到了较大的推动作用。

"基金"的投入，使基础学科走过了"抢救—保护—复苏—发展—巩固—提高—创新"的历程，使其从最弱变为最强，从最落后发展为最先进。高水平的基础学科为基础科学人才培养提供了优越的条件与很好的平台。

（四）稳定、吸收和培养了一支高水平师资队伍，师资队伍素质显著提升

"基地"建立前，基础学科教师队伍断层、青黄不接；优秀中青年教师大量流失，年轻的硕士、博士毕业生留校甚少，高水平教师严重缺乏，个别学校基础学科到了难以为继的状况，教师队伍的年龄结构、职称结构、知识结构、学历结构、来源结构严重失调。

"基地"建立后，随着"基金"和其他经费的可持续投入，"九五"期间，基础学科教师队伍状况得到初步改善。首先是加强对青年教师的培养与提拔，制定青年教师的培养规划。例如清华大学物理学基地，对于破格提拔的青年教授和副教授，要做跟踪调查，提职后三年内，每年要向职称评审领导小组汇报一年工作，根据工作情况分A、B、C、D四档，评为C档的要给黄牌警告，连续两次黄牌警告或一次被评为D档的取消高级职称。到1998年，45岁以下教师中高级职称29人，占全系高级职称教师的36.7%，从事基础课教学工作的具有高级职称的45岁以下的青年教师的比例达到60%以上。

吉林大学化学基地，通过选留、培养、出国访问、进修、读学位，提高教师的业务、学术水平。特别是通过在职攻读博士学位来提高和稳定青年教师，到1998年有8位在职青年教师获得博士学位。

北京师范大学生物学基地，采取多项措施加强队伍建设。一是加大引进年轻学术带头人的力度。1998年一年内引进具有博士学位年轻教师6人，其中1名获英国剑桥大学博士学位；吸引国外博士后回国3

人。二是选送优秀青年教师出国进修学习，鼓励青年教师报考博士研究生，1998年本院在职博士生已达到9名。三是设立优秀青年教师奖励基金，提高青年教师的教学水平。

兰州大学地理学基地，在师资队伍建设上采取以下措施：（1）新增年轻教师具有硕士学位以上学生。（2）鼓励年轻教师攻读在职博士。（3）返聘已退休的老教师，平稳过渡人才断层期。（4）聘用科学院和兄弟单位人才，加强基地实验及教学力量，聘任国内外知名学者为客座教授。（5）以相对优惠的工作待遇吸引具有博士学位的优秀人才来"基地"工作。（6）设立"长江学者计划"特聘教授岗位，招聘青年学术带头人。到1998年，40岁以下的青年教师占教师队伍总数的93%，100%具有硕士学位，其中10人已获博士学位，4人在职攻读博士学位，高级职称占53.5%。教师队伍趋向于年轻化、高学历化、高职称化。

复旦大学化学基地，在师资队伍建设上贯彻"稳定队伍、优化结构、提高水平"指导思想，在具体操作上执行引进、选留和培养相结合，国内与国外相结合，稳定与合理流动相结合，思想教育与严格管理相结合的办法。1998年从国外引进物理化学教授1名，公派出国留学回国人员1名。

北京大学大气科学基地，主要采取以下几方面措施：（1）竞争上岗。配合学校的教学改革，向学校申请从国内外招聘优秀杰出人才，充实基地师资队伍。（2）优选师资。从大气科学博士后流动站出站人员中择优留用，补充基地师资力量。到1998年已有11名博士后留基地从事大气科学的教学和科研工作。（3）培养在职年轻教师。凡以前留校没有博士学位的青年教师，安排分期攻读在职博士学位，到2000年，45岁以下的教师已全部具有博士学位。

南京大学地质学基地，南京大学地球科学系的教学、教师队伍问题十分突出，为了加快师资队伍建设，采取了多项有力措施：（1）选留、引进高学历人才。从1995年以后，选留和引进教师绝大部分为博士和博士后，或少量硕士，到1998年，有博士学位者达到30人，占教师队伍的70%。（2）对无研究生学历的中青年教师，鼓励他们通过在职攻读研究生，到1998年，有11名教师在职获得博士学位。（3）有计划派遣中青年教师出国进修，全系93名教师中，有53人以不同形式出过国，占教师总数的57%，青年教师出国进修占比更高。

"基地"教师队伍建设亦经历了三个阶段，"九五"期间是稳定与培养阶段。各"基地"制定了各种有利于青年教师专业化发展的政策与措施。

第一，留住现有中青年教师，在生活待遇、工作环境、科研条件等方面给予他们较优惠的照顾，做到感情留人、事业留人、待遇留人。同时对这部分教师中高职称、高学历者，公派他们到国外著名高校进修讲学，使他们尽快更新教学理念、更新知识结构，接触本学科最新研究成果。

第二，制定青年教师的培养规划，加强青年教师的培养工作。主要内容就是鼓励、要求、支持青年教师到国内外高水平大学在职攻读博士学位。

第三，加快优秀青年博士学位获得者引进速度。各"基地"制定了一系列较为优惠的政策，吸引优秀博士毕业生到高校从教。

第四，有博士学位点的"基地"，一方面自己培养博士生，另一方面从已毕业的博士生中选留优秀者留校任教。

经过"九五"师资队伍建设，"基地"教师队伍从结构到素质方面都有了一定变化。特别是东部高校"基地"变化比较显著。

"十五"期间为"基地"师资队伍建设的第二阶段，这一时期主要是吸收与提升阶段。通过"九五"一期的大力宣传推介与建设，"基地"知名度日渐增高，部分国内外著名高校毕业的博士生，很多首选高校"基地"专业来任教，再加上"九五"期间"基地"在职攻读博士学位的青年教师学成后纷纷返回，使得"基地"教师有博士学位的比例大幅度提高（到"十五"末期，北京大学、清华大学、复旦大学等著名高校的部分"基地"，教师具有博士学位比例达到90%以上，个别"基地"达到100%）。同时，由于"基金"在师资队伍建设中比重的增加，再加上"基地"采取的其他优惠措施，逐渐吸引了一批国内外知名学者到"基地"专业来从事教学与科研工作，使"基地"师资队伍在质量上有了一个较快的提升。据初步统计，到"十五"末，理科"基地"专业吸纳了全国本专业领域内最优秀的专家学者，理科"基地"专业集中了"基地"高校60%～80%的两院院士，部分高校100%的两院院士都集中在"基地"专业。

到"十五"末，"基地"师资队伍来源结构多元化，年龄结构年轻化，学位结构博士化，师资队伍结构进一步优化。当然，由于这一时期社会经济发展的不平衡，东西部"基地"在队伍建设方面的差距仍然是比较大的。

"十一五"期间为"基地"师资队伍建设的第三阶段，是一个进一步优化结构，建立现代化教学管理制度的时期。经过两个"五年"计划，十年时间的建设，各"基地"师资队伍素质显著提升，大批高学历、高职称的著名专家集聚到"基地"，"基地"从过去的流失、缺人，到这一时期的挑人、选才。东部"基地"45岁以下教师具有博士学位者达到100%，具有国外留学或博士后工作经历者，亦高达70%～80%，个别"基地"高达90%以上。到"十五"后期，如果没有国外留学经历的博士学位获得者，想到东部"基地"高校当教师，已是不可能的。西部"基地"高校教师，从来源结构上虽然还达不到东部"基地"水平，但中青年教师具有博士学位者，大都达到90%以上，个别"基地"达到100%。

"基地"师资队伍年龄结构进一步趋于合理，有相当一部分是"基地"自行培养的优秀青年学科带头人。例如，北京大学心理学基地，教师队伍中没有60岁以上的教师，80%都是45岁以下的中青年教师。北京大学的中青年教师已成为"基地"师资队伍的主体，许多成长为国内外著名学者、学科带头人，青年教师逐渐成长为"基地"的骨干力量。

"基地"师资队伍的数量、质量得到提升后，如何提高教师的教学水平成为师资管理的主要问题。培养和引进教师的科研能力很强，但如何将其科研能力转化为教学能力，提高教学质量，提高人才培养质量，成为"基地"建设的新问题。各"基地"学校首先从制度建设入手，引入竞争机制，提高教师的教学能力和水平。第一是设立讲席教授制度或主讲教授制度，鼓励学术水平高、教学经验丰富的知名教授为"基地"班学生上基础课。例如中国科技大学物理学基地规定：在基础物理课程设立讲席教授和主讲教授；讲席教授由全国教学名师和学校教学名师等资深教授担任，主讲教授由教学效果好的教师担任。学校提供讲席教授和主讲教授特别津贴。同时还建立基础物理学科课程组，由著名教授和教学卓有成效的教师担任课程组长，课程组开展的主要活动有教学研讨、交流、教材编写筹划等。第二是建立教师竞争上岗制度，"基地"设立不同的教学岗位，通过竞争来选择最优秀、最适合的教师到不同岗位授课。例如中国地质大学地质学基地分别设立了特聘教授岗位、主讲教师岗位、骨干教师岗位、英语化教学岗位让教师竞争上岗。第三是聘请国内外著名专家教授为"基地"专业本科生授课，大多被聘为"长江学者特聘教授"和"讲席教授"。此项制度各个"基地"都有。第四是提高待遇。对"基地"班授课的教师，大多数学校都制定了教学奖励基金和特殊教学津贴，以鼓励优秀教师为"基地"本科生授课。

通过制度建设，不仅优化了师资队伍，而且提高了教师的教学水平，使基础科学人才培养质量不断得到提升。据统计，至"十一五"末，理科基地拥有"长江学者特聘教授"172人，占全国各学科总数的1/3，占全国理科总数的82%。理科基地拥有国家杰出青年科学基金获得者328位，占全国总数的28%，占高校总数的46%。全国最优秀的青年教师大多都集中在理科基地。

（五）理科基地已经成为中国出高水平科学研究成果的一支生力军，成为中国基础科学研究的重要平台

据初步统计，1995—2004年，中国在 *Nature* 和 *Science* 上分别累计发表研究论文120篇和122篇，其中理科基地点单位（包括高校和特殊学科点）分别发表49篇（占总数的41%）和47篇（占总数的39%）。从高校情况看，基地点学校在 *Nature* 和 *Science* 上分别发表论文 38 篇和 33 篇，占高校发表总数的 84% 和 73%。理科基地高水平的科研平台，为培养高素质创新的人才提供了支撑条件，成为中国基础科学研究的一个不可缺少的环节。

厦门大学生命科学基地，仅三年就承担国家"973"项目、"863"项目、国家自然基金项目、国家科技攻关项目、省部级项目共 200 多项，发表 SCI 论文 300 多篇，在 *Science*、*Nature Immunology*、*Nature Cell Biology*、*Demelopmental Cell*、*Genes&Development*、*EMBOJ* 等国际一流刊物上发表的学术论文多篇。其中 2009 年发表影响因子 5.0 以上的 SCI 论文 16 篇，获得授权专利 30 项，出版专著教材 20 部。

厦门大学化学基地，仅 5 年就发表 2500 余篇 SCI/EI/ISTP 收录论文，获批国家发明专利 178 项。自 2004 年以来，以厦门大学化学化工院为第一完成单位在 *Nature* 和 *Science* 上发表论文 3 篇，仅 2009 年，以第一完成单位在国际一流刊物 *Angew*、*Chem*、*In*、*Ed*（影响因子 10.879）发表论文 11 篇，*Am*、*Chem*、*Soc*（影响因子 8.091）上发表论文 10 篇。

四川大学数学基地，依托基地的支撑，在科研方面取得了巨大的成绩。自 1991 年以来，获得国家级项目 152 项，省部级项目 83 项，其他项目 93 项；科研经费达 4000 多万元，其中纵向科研经费 3576 万余元；科研奖励数十项，其中国家级 2 项；在 SCI 发表论文 903 篇，其他论文 1238 篇；举办国际学术会议 32 次，参加国际学术会议 420 人/次。

山东大学生物学基地，自 2008 年获得批准理科基地的 5 年来，承担各类科研课题 450 余项，其中国家重大重点项目 20 多项；到位科研经费 17000 余万元；发表 SCI 论文 500 余篇；5 项成果获省部级二等奖以上奖励；获得国家发明专利证书 46 项；获得国家新药证书 1 份、国家重点新产品证书 1 份。部分成果具有明显的创新性和特色，有较大的国际影响。

南京大学数学基地近年来获得国家自然科学二等奖 1 项，晨兴数学奖 1 项，求是杰出青年学者奖 2 项，中国高校自然科学一等奖 1 项、二等奖 2 项，江苏省科技进步一等奖 1 项；基地 2/3 以上的教师主持着国家级科研项目，目前主持有包括"973"项目在内的国家重大项目、国家自然科学基金项目近70项；每年在具有国际影响的学术杂志上发表高质量的论文近百篇，做出了一系列原创性的科学研究工作。

北京大学心理学专业，自2009年3月批准设立基地以来，获国家级科研项目2项，科研经费4000余万元，国家级科研奖2项，发表SCI论文214篇，参加国际学术会议353人/次。

理科基地是中国基础科学研究状况的缩影。自理科基地设立以来，中国基础科学研究取得了巨大的成绩。衡量基础科学研究水平的几个重要指标：国家"973"项目、"863"项目、国家自然科学基金项目、国家自然科学奖、SCI发表论文数量与质量、纵向科研经费等方面，理科基地都走在各学科前列。

笔者只举证了几个学科点的例子，实际很多基地学科取得的成绩要显著得多。由于科研水平的不断提高，科研力量的不断加强，有力地推动学科建设上层次、增实力。有些学科达到了世界一流水平，绝大部分达到国内一流水平。高水平的科研又带动了高水平的教学，使得基础科学人才培养水平不断提高，这就是"基金"带来的科研效应。可以认为，理科基地已经成为中国出高水平研究成果的一支生力军，成为中国基础科学研究的重要战略平台。

（六）基础科学人才培养质量整体水平显著提高，培养了一批优秀的基础科学研究与教学人才

国家理科基地依据于较强的科研平台，已成为中国基础学科高层次人才培养的主要渠道，是中国基础学科培养优秀后备人才的一支生力军。基地教学与科研平台的建设为培养高质量高素质创新人才提供了重要的支撑条件。

1.基地学校为国家培养和输送了一大批从事基础科学研究和优秀教学人才后备力量

仅1999—2004五年间，国家理科基地共培养本科毕业生17300人，其中2004年理科基地（班）毕业本科生4680人，继续深造攻读研究生

者3630人，基地（班）毕业生读研率（包括推免）高达78%，部分基地学校读研比例高达90%以上，比普通班本科生高30%~50%。例如：兰州大学化学基地班自1994年正式招生以来，到2011年共招基地专业学生909人，已本科毕业学生728人，尚在校学生人数为181人。近年来该基地班学生的就业率达到95%以上，读研率保持在80%以上，其中2006年读研率达到100%。

北京大学核物理学基地，年招生80人，本科毕业生就业率达100%，其中，升学率达到98%，其中到国外读研率比例达50%。

四川大学数学专业自1991年建基地以来，年平均招生35.5人（2008年以前30人/年，2008年起40人/年），总招生数710人，已本科毕业542人，一次就业率95%，半年内就业达100%，读研率达72%。

厦门大学生物学基地，本科生读研究生的比例为88%，其中41%的学生录取到校外或国外攻读研究生，而生物学院普通班考取研究生的比例不足60%。

每个理科基地虽有差距，但在本地区、本校基本都是最优秀的。仅从人才培养的视角计算，以83个基地为基数，每个基地平均每年招生40人，以15年算，总招生数超50000多人，本科毕业生人数亦超过40000人。如果把122个理科基地都算上，实际人数远远超过这个数量。目前中国的理科基地招生和培养的基础学科人才，比刚建立"基地"学校的所有理科学生人数还多。

同时，由于"基金"和其他经费的可持续投入，理科基地的生源素质、教师素质、教学基本条件、科研环境、实验实习条件、实践性教学环境等方面的软硬条件都得到极大改善，整体力量集合，推动基础科学人才培养质量逐年提高。仅从一次性就业率来看，绝大多数基地达到90%以上，有的高达95%，甚至100%。

再从读研究生的比例来看，最低的基地专业都超过50%，高的达到90%以上，在地区分布上呈现东高、西低，并且不同专业读研究生的比例亦有一定差距。无论如何比较，同专业中基地班学生读研究生的比例要比普通班高30%~60%。

2.基础科学人才培养的整体素质是高的，尤其在科研能力方面更为突出

在"基地"模式的培养下，许多理科基地本科生及来自基地的研究生已相继在有重要影响的国际学术刊物和顶尖杂志上发表研究成果。例如：清华大学2001届本科毕业，留校读研的苏颖同学作为第一作者，在 Science 杂志上发表了《斑马鱼 Dpr2 通过促进 Nodal 受体的降解掏中胚层诱导作用》的研究论文。

厦门大学生命科学基地班毕业生柳振峰2004年以第一作者在 Nature 发表题为 Crystal structure of spinachmajor light-harresting complex at 2.72 A resolution 的研究论文，论文有关结构彩图被选作本期杂志封面照片；"基地"毕业生张端午2009年以第一作者在 Science 发表题为 RIP3， an energy metabolism regulator that switches TNF-induced cell death from apoptosisto necrosis 的研究论文。"基地"毕业生史大林2010年作为第一作者在 Science 发表题为 Effect of ocean acidification on iron availability to marine phytoplankton 的研究论文。柳振峰同学在接受《厦门日报》记者采访时说："厦大为我打下科研的基础。现在看来，本科四年是打基础的过程。当我参与科研工作时，这些基础都派上了用场。"厦门大学生命科学基地"十一五"期间学生发表核心期刊和SCI论文74篇，获得省部级和国家级奖励31项。厦门大学化学基地班本科生基础扎实、实验动手能力强、科研素质好。仅2007—2009三年本科生在国内外学术刊物发表论文179篇，2008年全国大学生化学实验邀请赛中叶克卯同学获一等奖。

四川大学物理学基地，2007级本科生叶还春由于在等离子天线的设计理论方面做出的突出成绩，2011年获得英国伦敦大学全额奖学金出国深造。

北京大学核物理基地2004级本科生王新炜在研究带电纳米孔的离子输运不对称特征（对称纳米流体二级管）方面，得到了非常有意义的结果。其研究成果王新炜作为第一作者发表在国际刊物：Phys.D：Appl. Phys. 40（2007）7077。由于出色的科研工作，该同学获得多项荣

誉：（1）2007年12月获北京大学物理科基地优秀论文一等奖；（2）2008年4月获北京大学本科生校长基金"优秀论文奖"；（3）2008年5月获北京大学第十六届"挑战杯"五四青年科学竞赛特等奖；（4）2008年被评为北京大学优秀毕业生。北京大学化学基地，仅"十一五"期间，本科生在本科期间的研究工作共发表了241篇SCI收录论文，其中第一作者53篇，第二作者90篇。包括 *J. Am. Chem. Soc.*，*Macromolecules*， *J. Org. Chem. J. PHys. Chem. B*， *Chem. Mater.* 等化学类国际一流杂志。

南京大学大理科班本科生培养取得优异成绩。仅2003级、2004级、2005级本科生到2009年就发表SCI论文80篇，其中第一作者有10篇，国内期刊15篇。韩汛同学在有机合成领域发表4篇SCI论文，其中2篇为第一作者。吴梦昊同学在理论物理方面的研究中以第一作者发表2篇SCI论文，尤亦庄同学的《二维紧束缚电子系统中交错磁通驱动德量子相变》、蔡量汉同学的《穿透金属薄膜小孔陈列的异常适射效应》分别获2008和2009年度江苏省优秀本科论文一、二等奖。

基地本科生由于质量高，到研究生阶段也表现出了很好的潜质。例如南京大学基地本科毕业的吴雪峰（2000届）、孙飞（2001届）和狄增峰（2001届）同学分别获得2007年度和2008年度的全国百篇优秀博士论文奖。

中国科学技术大学物理学基地，2003级王进纪同学设计的"基于PX1总线的高精度时间间隔测量仪"，获2007年第二届"挑战杯"安徽省大学生课外学术科技作品竞赛特等奖，获2007年第一届"挑战杯"全国大学生课外学术科技作品赛一等奖。该同学同时获得免试硕博连读的资格，继续从事这方面的研究工作。

四川大学化学基地，从2008年以来，仅基地本科生参与发表的SCI论文达37篇。2008级本科生王震同学在 *J. Am. Chem. Soc* 以第一作者发表2篇论文，在 *Chem. Commun. Chem. Lur.*、*Org. Len* 等国内外学术刊物发表论文10余篇，获得第二届教育博士新人奖。2011届本科毕业生吴茜同学在大四时以第一作者在 *Chem. Commun* 发表论文，2008届本科毕业生张愉同学在本科学习期间，在 *Bioorg*、*Med*，*Chem* 等杂志上发表论文3篇。

中山大学理科基地，有66人在国内和美国数学建模竞赛中获奖；2007年国家自然科学二等奖（其中本科为第三、第四完成人）及第十届"挑战杯"全国大学生课外学术科技作品竞赛特等奖并获优胜杯；2006年获得"广州市青年科技创新奖"最具推广价值奖与社会效应奖等，本科生参与研发的数十项成果获国家发明专利；化学基地自2005年以来有本科生196人/次在国际期刊独立或合作发表学术论文143篇。

兰州大学地理学基地，1997届王臻同学参与的课题"纳类有序自由组装复合结构的制备、物性及其应用研究"获甘肃省高校科技进步一等奖，2001年荣获全国"五四奖学金"。基地班的李维宽同学获2000年全国大学生化学实验竞赛特等奖，2000届陆梅同学获二届"中国青少年科技创新奖"，2001届孙鹏同学的论文获全国挑战杯科技作品竞赛一等奖。2004届李育同学的《河西走廊晚期第四纪古湖泊学研究》论文获甘肃省大学生创新大赛自然科学类一等奖。2006届付颖昕同学，2003年她的研究论文被哈佛大学选中，基地从建设经费拨专款资助她参加在韩国举办的哈佛大学哈佛亚洲与国际关系会议。在会议上，她以流利的英语和较强的表达能力，得到与会代表一致认可，并被美国耶鲁大学接受为特别培养学生，于2005年7月赴美交流。2011届张宝同学获第七届全国大学化学实验邀请赛一等奖，2012届游正同学在2010年全国英语竞赛中获全国一等奖。多年来兰州大学化学基地培养出来的学生已遍布世界各地。

理科基地班的本科学生，综合素质、科研能力确实比较强。一方面招收学生质量较高，另一方面是单独培养，各方面环境与条件比较好，使得一些有创新思维和创新能力的学生脱颖而出。据初步统计，本科生期间，在国内外高水平学术期刊发表论文的数量、获国家级各种奖励的数量、参与科研项目与承担各类科研项目的数量等诸多方面，基地班学生比普通班学生要高很多。而且基地学科专业在国内水平越高，学生在以上方面呈现的数量和质量会更高。

3.理科基地优秀毕业生经过深造，不断充实到高校教师队伍中

部分年轻人已成为不同学科领域的佼佼者，开始崭露头角，逐渐成为高校教师的骨干力量。据初步调查，基地高校教师来源结构中，东西部有差距，西部比例高，可达70%，主要为国内与本校毕业生；东部部分基地国内、本校、国外几乎各占1/3。30岁以下青年教师来自于基地专业（本科和研究生阶段）占到80%以上，最高者达到90%以上。东部基地反而低一些，主要是引进国外优秀人才较多。

理科基地培养出来的教师，30~40岁之间的基地青年教师，100%具有博士学位，具有正高职称者60%以上，具有副高以上职称者90%以上，他们中已有很大一部分成为"基地"学科的学科带头人、学术带头人和学术骨干。95%甚至100%，40岁以上的教师具有正高级职称，具有博导资格者比例与此相同，这部分教师已成为各理科基地学科的学科带头人和学术带头人，成为教师队伍的中坚力量。

同时，还呈现出这样一个趋势：（1）新补充聘任的青年教师，本科毕业于基地专业的比例越来越高（无论是国内还是国外回来的）；（2）学历呈高层次化，而且大多都有国外留学（或读博士后）的经历；（3）高水平人才呈年轻化趋势，即"基地"毕业的学生，成为优秀人才的时间比过去要短一些，成长更快一些。

例如，复旦大学生物学基地，2000届本科毕业的李辉同学，2005年成为新中国培养的第一位人类生物学博士，2005—2009年在美国耶鲁大学医学院博士后工作，2011年被聘任为复旦大学生命学院教授、博导。他在基地班读本科期间，通过对人类指间区纹的遗传规律及其进化的研究，在1999年获全国第六届"挑战杯"一等奖。目前是这一研究领域国内外著名专家。他通过群体遗传学分析，发现全球人口主要源于人类走出非洲后的"亚洲扩张"；通过Y染色体谱系研究，建立了东亚人群形成的"两阶段两路线"假说，通过基因地理学分析，发现东亚特异性乙醇代谢基因变异随农业发展而迅速扩张。他在 Science，Nature，J. Am Hum Genet，AJPA 等国际一流期刊发表SCI论文48篇，其中第一或通讯作者32篇。总影响因子244，被他引501次。主持多项国

家自然科学基金，在多次国际会议上作主题报告，任多种国际学术期刊编委和审稿并任国内外多种学术兼职。

兰州大学物理学基地1998届毕业生彭勇，2001年推免读完本校硕士，2001—2004年在英国索尔福德大学凝聚态物理专业读博士，2005年开始在英国谢菲尔德大学做博士后研究，同时作为英国索菲尔德大学的访问研究员和实验室主管。主要从事用于电子显微镜的纳米机器人制造，特种功能的纳米材料精确操纵、组装和纳米焊接、纳米材料电学、机械性能的精确测量，以及纳米电子器件与传感器的制备。先后发表论文60余篇，其中SCI论文25篇，被SCI他引超过300次。其中关于铁纳米线磁矩取向分布研究论文 *J. Appl. Ptys.* 87，7405（2000），被SCI文章引用112次。2007年度获教育部高校自然科学二等奖。

兰州大学物理学基地2001届毕业生刘玉孝，2001—2006年在兰州大学理论物理专业硕博连续，获博士学位，并留校任教，2008年被聘为教授、博士生导师。主要从事规范场论、弦理论和广义相对论等方面的研究。2004年研究了非临界W（2，S）弦的旋量场实现，构造了非临界W（2，S）弦的旋量场BRST荷。2005年利用W代数可线性化的性质研究了W弦的二分量旋量场实现。2006年至今研究了膜世界上各种物质场的局域化，给了各种自旋粒子的质量谱。多次参加国内国际学术会议并多次作学术报告，在SCI上发表论文40篇，其中SCI-1区论文12篇。2006年获第三届"中国青少年科技创新奖"，2008年获全国优秀博士论文提名奖，2009年入选教育部"新世纪优秀人才支持计划"，2009年被评选为"甘肃省十大杰出青年"。

厦门大学化学基地1994级学生郑南峰，2000年赴美国留学，2005年6月在加州大学获化学专业的哲学博士学位，2005年8月—2007年在加州大学芭芭拉分校从事博士后研究，2006年获美国化学会的无机杰出青年科学家奖，2007年8月被聘任为厦门大学特聘教授，2009年获国家杰出青年基金资助，2009年聘为长江学者特聘教授。目前已在国际高水平期刊上发表研究论文38篇，其中 *Science* 1篇，*J. Am. Chem. Soc.* 8篇，*Angew. Chem. Int. Bd.* 3篇，*Small* 1篇。相关研究工作先后被美国《商业周刊》《化学工程新闻》《每日太空》和英国的《今日材料》等多家新闻媒体追踪报道。

据初步统计，2000届以前理科基地毕业的本科生，60%以上都获得进一步深造去读研究生。继续从事本学科专业的毕业生由于学科专业不同，差距还是比较大，地学专业继续从事本专业的最高，达80%以上，其他专业也都超过50%。进入国内外大学与科研机构的比例最大，目前这部分理科基地学生，绝大多数已成为国内外知名专家教授、学科带头人、长江学者、特聘教授等。

2005届以前理科基地毕业的本科生，凡是读研留到国内高校和科研机构的，100%都具有博士学位，很多都已成为本学科专业的学科带头人、学术骨干，相当一部分已聘为教授、博导，不少人获得"国家杰出青年奖""跨世纪学术带头人""青年成才奖"等奖励。

例如，南京大学数学基地，多年来为国家培养了大批数学人才，活跃在国内外数学研究与教学的舞台上，活跃在国家工业、经济、金融、政府、国防等国家建设的主战场。该基地毕业的学生中曾涌现出田刚、戴建岗等国际一流数学家或应用数学家，国际知名计算数学家陈志明等优秀人才。每年有超过30%的本科毕业生进入国际知名大学攻读研究生。

总的来说，理科基地人才培养质量是高的，综合素质和科研能力也显著高于普通班。基地班学生的成才比率也是比较高的，可以认为是中国高等精英教育模式的缩影。

（七）理科教学改革不断深化，取得优异成绩

中国理科教学改革一直走在前面，引领着中国高等学校教学改革的方向。自20世纪80年代中期理科教育在中国商品经济大潮的冲击下，出现了诸多不适应社会发展的问题，基础科学人才培养面临着严峻挑战。主要问题：一是人才培养模式单一僵化，20世纪50年代初建立起来的以苏联为蓝本的理科教学体系与人才培养模式，几乎没有多大的变化。"文革"前17年一直贯彻这个体系与模式，"文革"后，20

世纪80年代初基本上是在恢复这个传统，显然是不能适应这个时代了。二是培养目标没有变。20世纪50年代在计划经济体制下构建的理科人才培养目标，主要是为科研机构培养研究人员和为高等学校培养教师。这种单一的过于狭窄的培养目标，造成了当时理科毕业生结构性分配困难，以至影响到理科招生困难。三是教学内容陈旧，课程体系落后。20世纪80年代中国基础科学的教材体系大体形成于20世纪30年代，那时候相对论和量子力学都才刚刚形成和开始发展。随着科学技术的进步，新的理论和技术不断涌现，粒子物理的发展、凝聚态物理的兴起、超导体和超导理论的建立、现代物理化学和结构理论的发展、分子生物学的产生、计算机科学技术的兴起及其应用，以及系统论、控制论和信息论的诞生等等，为基础学科的基础课程教材增添了丰富的新内容。然而，中国当时的基础课教材大多仍然为20世纪50年代初学习苏联的体系，内容比较陈旧、落后，新的科学知识没有在教材中体现。四是教学方法手段落后。20世纪80年代，世界上发达国家甚至一些发展中国家在高等学校教学中都普遍采用了计算机辅助教学，再加上网络信息化方式的渗透，拓展了教学的空间，提高了教学的效率。在那个时代，计算机在中国高校还非常稀少，且价格不菲。教学要改革，面临着现代化方法与手段的严峻挑战，再好的课程计划，如果没有好的方法与手段，就不可能收到好的效果。五是实践性教学环节问题突出。重视理论教学是中国的传统，但理科是一个实验学科，除了理论教学外，主要还是要通过实验、实习、野外考察等多种实践性教学环节来验证理论学习，并由此来提高学生的实践动手能力、创新思维和科研素养。长期以来，重理论轻实践的教学思想与理念，严重影响了中国大学生实践动手能力的培养，再加上实验条件落后，实验实习经费不足，野外实习基地缺乏等诸多问题，影响了基础科学人才培养质量。"理论行，动手能力差"成了那个时代中国人才培养的写照。以上只是理科教学与基础科学人才培养中的一些主要问题。教学是一个十分复杂的系统工程，涉及到教学目标、人才培养规模、教学过程、教学环节、教材建设、课程设置、科研训练、教师与学生，还涉及到教学管理、教学思想、教学模式、教学经费、教学资源配置等诸多软硬环境与条件，牵一发而动全身。学校以教学为主是一条教育规律，教学改革是学校教育永恒的主题和主旋律。只有不断地深化教学改革，人才培养质量才能得到保证。

针对理科教学中存在的诸多问题，20世纪80年代中期，教学改革首先从部分理科院校进行试点，并且进行了自下而上的较为广泛的理科教学改革。同时南京大学、兰州大学、武汉大学等高校进行了理科基地模式的试验改革，这也为理科兰州会议以后国家理科基地的建立提供了范式。理科基地的建立，实际上就是构建了一种全新的基础科学人才培养模式，可提高人才培养质量，尽快培养出国家急需的基础理论性研究人才与教学人才。

为了加快高等理科教育教学改革，1992年底国家教委高教司下达了《关于下发高等学校自然科学教学研究计划项目及经费安排的通知》，安排了45个教学研究项目，50万元研究经费，其中有一批改革教学内容和课程体系的研究项目。在理科部分学科和课程改革试验的基础上，1994年初高教司报送了《关于制定和实施"高等教育面向21世纪改革教学内容和课程体系规划"的意见》。1994年7月，在青岛召开的全国理科教学指导委员会主任联系会议上，印发了《关于制定和实施"高等理科教育面向21世纪教学内容和课程体系改革研究计划"的通知》、会议纪要、项目指南和项目申请书等（高教司〔1994〕177号）。会后共有76所学校申请了360多个改革研究项目。与此同时，理科部分学科召开了21世纪学科发展和教学改革研讨会，具体研讨各学科教学内容和课程体系改革问题。

理科基地建立初期的几年内，教学改革不能深入的一个很大原因就是缺少经费。直到"基金"设立后，这方面的问题逐渐缓解，而且随着"基金"不断投入和其他经费的大力支持，理科教学改革也在不断深入，取得显著成绩。1997年2月28日，国家自然科学基金委下发了第一笔"基金"，并印发了《关于下达"国家基础科学人才培养基金"1996年度经费的通知》（国科金发计字〔1997〕第029号）。文件对各基地经费使用的范围与比例，提出了总经费的85%左右用于改善教学、实验、实习条件，10%左右用于图书资料的购置，5%左右用于骨干教师的培训的要求。按平均5年资助额度300万元计算（数学、心理学基地200万元）。

随后，1997年3月10日，国家教委下发了《关于做好今年"理科基地"建设经费使用工作的通知》（教高司〔1997〕38号）。文件要求：各校在经费的使用上，既要着重于"硬件"建设，也要重视"软件"建设的投入。"硬件"建设主要包括基础课和专业课的教学设备、实验室、实习基地等建设和图书资料的购置。"软件"建设主要包括教学研究和改革、教师队伍建设和培训、教材（包括CAI）建设等。要适当增加教学改革研究经费的投入。各基地点要在转变教育思想、观念和改革人才培养模式方面起带头作用，要采取有效措施加大"面向21世纪教学内容和课程体系改革"的力度，在优化本专业的教学内容和课程体系的同时，要对其他相关专业和课程起到带头、辐射和示范作用。同时要求投入一部分经费，设立教学改革项目，鼓励有条件的教师编写教材，并对基础课、专业基础课及其实验课给予适当倾斜；设立"基础课杰出教师项目"，支持从事基础课教学的优秀教师开设出全国名牌课程。国家教委文件不仅指出了理科基地教学改革的方向，而且还细化到教学改革的内容。后来基地教改实践证明，其指导思想是正确的。

从学校教育的视野看，学校的一切建设与改革，都可以纳入到教学建设与改革中来。因为学校的一切软硬件都与教学有关，都与人才培养有关。因此，可以把教学基础设施的建设，作为教学改革的一部分。同时，随着硬件环境的不断改革，教师素质和结构的优化，基地学生对教学软环境和教学质量与水平提出了更高要求。理科基地的教学改革，就是在这种软硬教学环境变革中，不断地深入。教学改革从过去的被动改革逐渐变为主动改革，由上面下达到主动争取教改项目，并由教学改革实践提升到研究教学规律、科学研究规律、人才培养规律、人才成长规律等教学理论层面上来。这应该是基础科学人才培养的最高境界。

下面笔者就从这些方面总结在"基金"支持下基础科学人才培养与理科基地在教学改革方面取得的成绩。

1. 转变观念，加强教学改革研究

长期以来，教学改革、教学改革研究成果在中国高等学校得不到重视，特别是一些名牌大学和部分专家教授，认为教学方法手段是雕虫小技，教学研究不能算科学研究。高等学校制定的多项制度，也是重科研、轻教学。这种思想观点、管理理论深刻影响着高等学校的教学。个别教授还认为自己的讲授内容就是课程，根本不需要制定课程与课程内容。教学改革的滞后，严重影响了中国高等教育人才培养质量。实际上在国外，每隔10年左右高等学校就要进行一次大的课程与教学改革。20世纪第一次大规模课程改革起始50年代后期，是由苏联卫星上天引发的。第二次大学课程改革是20世纪70年代由美国引领的，主要是针对新技术革命对高等教育带来挑战所引起的世界性的大学课程改革。

这两次大学课程改革，由于各种原因，中国都没有赶上，直到20世纪80年代中后期，由于中国社会经济发生变化，对外交流、尤其是科技教育方面日益频繁的交流后，才发我国在高等教育质量方面与国外有很大的差距，再加上高等教育在快速发展中带来的一系列问题需要改革，迫使我们不得不深入研究高等学校的教学改革问题。80年代中后期主要关注的还是高等教育管理体制改革的问题。直到1990年理科兰州会议以后，教学改革、人才培养才提到国家层面的议事日程上来。20世纪90年代初国家教委提出了"转变观念是前提，体制改革是关键，教学改革是核心，提高质量是目的"的高等教育改革思路，改革终于深入到教学层面上。

改革思路有了，但始终深入不下去，国家教委有关部门经过调研发现是观念问题，由于长期不重视教学研究所引起的。因而当时在全国范围内的高等学校（主要是重点大学）展开了教育思想大讨论的活动。时任国家教委副主任的周远清说，如果观念不转变、思想认识不提高，教学改革没办法深入下去。同时他还认为，教学改革是高等学校永恒的主题，是主旋律。

同时，中国学者在国外讲学、留学，进行国际学术交流的过程中，发现自己所掌握的知识远远落后于世界发展水平，这与中国长期与世隔绝，与我们陈旧落后的高等教育教学内容与课程体系是完全吻合的。通过比较后发现，中国高等学校大多数教师所掌握的知识，只相当于国外20世纪五六十年代的水平。破旧的实验设备与实验室，落后的教学方法与手段几乎与国外相差半个世纪。理科是中国发展最好的学科，数学又是中国理科中最好的学科，当时中国著名学者王义遒先生问国际知名数学家邱成桐，中国的数学在国际上能排到什么位置？邱成桐回答："不入流。"这种状况不改革能行吗？

通过多个层面的研讨，大家终于认识到，如果不进行深入的教学改革，中国高等教育的发展就是死路一条。观念转变了，问题也就好解决了，随后国家出台的一系列教学改革政策与项目，都能顺利进行并取得显著成果，都与此有关。

2. 构建理科基地人才培养新模式

从20世纪50年代初以苏联为蓝本建立起来的理科人才培养体系，是一种单一僵化的传统人才培养模式。这种模式一直延续到1990年。自1990年理科兰州会议提出基础理论性与应用性两种不同的人才培养模式以后，20世纪90年代中国波澜壮阔的高等教育改革才拉开了序幕。在这一改革浪潮中，高等理科教育的改革始终走在前面，引领着改革的方向。

理科基地就是以培养基础理论研究人才与教学人才为目的，构建一种与传统人才培养完全不同的基础科学人才培养新模式。

（1）成立理科基地领导小组，制定各种管理条例

为了使基地得到科学化管理，各基地自批准之日起，就成立基地专业领导小组，同时制定有利于强化管理的规章制度与条件。

例如，四川大学化学基地，化学院成立了相应的化学基地班选拔领导小组，负责有关选拔文件的制定；又成立选拔工作小组，按照学

校的相关精神和学院的选拔文件细则负责学院选拔工作的组织、考核、审定及数据的汇总等工作。专家面试考试小组由学院领导学术带头人、各教研室负责人、基础课程负责人组成，负责对具有面试资格的学生进行面试。

兰州大学物理学基地领导小组，由学院党委书记、院长、主管教学副院长等人员组成。同时设置基地负责人，由主管教学副院长担任，确定具体岗位职责为：①负责基地人才培养方案的制定和培养目标规划；②负责指导基地教学活动的组织和实施；③负责人才培养过程监控和培养质量评价；④负责组织人才培养基金项目的申报、立项、实施、检查、评价、考核等；⑤负责指导基地硬件设施建设、师资队伍建设和管理制度建设；⑥协调组织向院学术委员会或院党政联席会议提交基地建设发展规划及改革方案等。在制度方面，制定《兰州大学物理科学与技术学院基地班调整办法》，并根据《国家基础科学人才培养基金实施细则》的相关规定，先后制定了《兰州大学物理科学与技术学院国家基础科学人才培养基金科学研究培训项目实施方案》《兰州大学物理学基地国家基础科学人才培养基金——能力提高（科研训练）项目实施暂行办法》等。

山东大学生物学基地进行制度创新，一是改革学生学业管理制度，建立进入与退出机制，在选课、修课、免修等方面充分考虑学生的个性化发展。二是改革学生学业评价与考核机制，鼓励拔尖和创新，克服应试的弊端，改革学期制，便于利用国际资源组织教学活动。三是采取班主任"三配制"（学术班主任、思政班主任和心理辅导员），实现学生工作和学业指导工作的有机统一。学生须有两个星期的野外生存与团队合作的拓展训练，培养一项体育爱好和一项文化爱好。

厦门大学数学基地从促进教学与科研相结合方面，制定了《厦门大学本科生导师制试行办法》《关于学生科技创新研究的管理试行办法》《学生素质综合测评试行方法》和《关于调动教师积极性、保证教学工作的若干规定》等规定和制度，鼓励学生参加科技活动，鼓励教师指导学生科技活动，保证科研能力突出的学生更有机会免试保送攻读研究生、出国交流或参加国内外学术活动。并且创新教学管理与运行机制,采用学分制管理,制定课程免修、缓修制度,为具有特殊才能的学生设置"绿色通道"。

经过15~20年的建设,理科基地和基础科学人才培养在管理制度方面的建设日臻完善。各基地都制定了相关制度,在招生选才、分流培养、奖励机制、创新教学制度、提高学生科研能力、激励教师教学积极性、强化"基金"的使用与管理等方面,走出了一条新的管理模式。

(2)构建全新的基础科学人才培养方案

理科基地是一个新生事物,是在特殊年代诞生的一个特殊产物,一切都要从头来。因为它是与人才培养有关的新生事物,如何认识它、实践它,更增加了难度。好在它包涵在人才培养的范畴,只是更有特殊性,方案如何设计,由于各理科基地的基础条件、特点都有一定差异,人才培养方案的个性化差异还是很大的。自批准之日起,各理科基地在人才培养方案方面下足了功夫,经过15~20年的不断发展、改革与完善,具有中国特色的基础科学人才培养方案已日臻成熟,它们虽各具特点,但其中有一些人才培养的客观规律还是可以总结的。

北京大学核物理学基地的基础科学人才方案,由教学模式方案、课程教学计划方案、实验实习方案、基础科学拔尖创新人才培养方案组成。在课程教学计划方案中,特别提出了"核物理与粒子物理导论""核物理实验""核技术与应用导论""等离子物理"等主干课程建设,并配备学科最优秀的教授任课。选派学生去RIKEIN(国际著名物理实验室——日本理化所)实习交流,组织学生访问国内重要的核科学与核工业单位,增加学生对核学科的认知和兴趣。在实验教学体系中,要求一二年级两年完成50个实验,接受比较基础的全面的实验内容和技能的训练,高年级的近代物理实验是在两学期内完成的,开设的总实验数为44个,其中获诺贝尔奖的实验约占1/3,以强化与提高学生的创新实验能力。

复旦大学物理学基地的教改与人才培养方案的指导思想是:"以通

才教育为目标，文理教育为特色"。在素质教育的层面建立一个大的知识平台，设置相关课程，根据学生多元化发展的需要，大理科平台增设了人文科学、社会科学等课程，大幅度压缩了必修课学分，扩大了选修课范围。新方案的特点：①优化学生知识，强化学科基础；②关注学科交叉；③加强物理学基础知识和基本技能的主导地位。

厦门大学生物学基地的基础科学人才培养方案的指导思想是："加强基础、拓宽口径、强调能力、注重素质、立足创新"，努力实现"基础厚、知识广、素质高、能力强"的人才培养目标。具体设计就是从管理体制、政策保障、教学体系、教学方式等多方位继续进行改革和实验，在加强基础教学的同时，利用学科人才雄厚、平台先进、学术氛围活跃、成果丰硕等优势，促进科学研究与教育的结合，发展学科优势资源的人才培养管理机制，探讨基础科学人才培养新模式。方案中特别突出本科生的科研能力、创新意识、协作精神和综合素质的培养等特点。

各个基地都制定了基础科学人才培养方案，虽然各有特色，但改革的方向与基本内容是一致的。其一都认定理科是基础学科，培养的是基础科学人才；规格是基础理论研究与教学性人才；本科阶段的目标主要是加强基础、开阔视野、注重能力、提高素质、突出创新。明确了学科性质、培养目标、培养规格等理念，才能进行下一步工作。其二是依据当今社会经济、科学技术与高等教育发展对理科人才需求，从管理机制、课程设置、知识结构、素质要求、创新意识等方面进行方案设计与人才培养有关的诸多方面的改革。其三，也是最能体现人才培养特色的，即每所学校、每个基地由于在软硬件条件、资源配置、经费投入、地域差异、原有基础、发展水平、改革力度、培养理念、管理机制等方面存在差异，在基础科学人才培养方案的设计与改革上千差万别，各具特色，同时理科基地的办学水平亦是有差异的，造成了基础科学人才培养在质量与特色方面的相对差异。无论有何差异，中国理科基地的基础科学人才培养质量比之以前有了显著提高，即"基金"在人才培养方面的作用是突出的。

（3）改革教学计划，构建新的课程体系

理科原有的教学计划与课程体系是20世纪50年代初以苏联为蓝本构建的，20世纪80年代中后期又进行了改革，但变动不大，特别是随着理科基地的建立，旧的课程模式完全不能适应理科基地人才培养需要。因而需要构建一套在新的理科基础科学人才培养目标、规格与模式下的全新教学计划与课程体系。

1990年理科兰州会议制定了理科基础理论性与应用性人才分流培养的战略举措，理科基地就是基础理论性人才培养的摇篮。理科基地教学计划与课程体系的改革也是逐渐进行、逐步深入的。因为教学改革必须是循序渐进的，绝不能全部推倒重来。教学计划、课程体系、人才培养模式一旦建立起来，就具有相对的稳定性，这是由教育教学规律与人才成长规律决定的。

人才培养方案确定后，主要内容是修订教学计划。计划经济时代，教学计划是刚性的，由国家统一制订。改革开放对高等教育办学自主权的第一个体现就是对教学计划的松绑，现在完全由高校自主设定。人才培养目标、规格制定后，能否实现，基本取决于教学计划的科学性、合理性。

其一是教学时数。由于每所学校、每个基地对人才质量要求不同，课程设置数量不一样，所以教学总时数差别还是比较大的，从140～180学分不等。例如，兰州大学物理学基地1999—2004年，总学分为150以内，2004—2012年提高到167学分。四川大学化学基地，本科毕业最低总学分160；生物学基地总学分高达180。北京大学地质学基地，允许毕业总学分145。复旦大学物理学基地，新教学计划的总学分压缩到140。山东大学各理科基地要求总学分控制在160之内。总体看，没有超过180总学分的，也没有低于140总学分的。从学分来分析，差距不是很大，但由于每个学校（或基地）赋予每个学生的课时量有一定差别，所以总课时与总学分的差距就比较明显了。

其二是优化课程结构。增设面向21世纪的新兴、交叉、边缘课程。课程结构决定学生的知识结构，有什么样的课程结构就会有什么样的知识结构。所以课程结构对人才培养十分重要，一切教学计划都要通过课程来实现。课程的层次结构决定学生掌握不同知识的多少。课程从层次上讲可分为公共课、专业基础课、专业课、专业方向课等层面，也可以把它作为平台和功能模块来划分。不同层面和模块的课程在总课程中所占的比重，取决于它在整个专业培养计划中的地位与作用，某一层面和模块的课程数量与模块的多少，对人才培养的规格、质量、层次是非常重要的，它绝对不能简单地任意地划分。从这一点上来讲，以基础理论课为重点，突出专业课是基础科学人才培养课程结构的特色。

过去的课程结构模式基本上以层次课程结构为主，在新教学方案制定过程中，各基地依据不同的办学条件和人才培养理念，采用了不同的课程结构模式，主要可归纳为：核心加主干课程结构模式，平台课程结构模式，模块课程结构模式，平台加模块课程结构模式，层次加模块课程结构模式等。课程结构模式不一样，但它的总目标是一致的，就是培养高质量的创新型基础科学人才。各基地课程结构中有两个明显的特点：一是加大了专业基础理论课的比例，设置了许多前沿性的、跨学科性的课程供基地学生选修。二是大幅度增加了实验课与实践教学在课程结构中的比重，给学生动手能力培养提供了更多时间与空间。

例如，厦门大学生物学基地，在制订教学计划时，根据悠久办学历史积累的课程体系和学科特色，将学科知识体系中最基础、最必须、最先进和最有价值的课程组合成必修课程，其余课程则设置成选修课程，学生根据个人兴趣修读专业选修课程。增设短、精、新和交叉学科特色课程，加强介绍专业新进展和新技术的教学，体现学科专业课程的前沿性，鼓励学生选修学科交叉性课程。

兰州大学地理学基地，以基础科学人才培养为依据，比较国内外高校地理学课程设置情况，制定了新的课程体系。体现基本知识结构优化组合思想，在课程结构改进时主要考虑以下因素：一是在课时总量控制的前提下，选择最基本、最适用的学科知识，建立适应"基础型"与"研究型"创新人才培养的课程结构；二是坚持地理学独特的研究视角，保持专业基础课、专业课的相对稳定性，例如反映地球圈层系统的5大专业基础课任何时候都不能削弱；三是课程结构能够满足不断变化的社会需要，开发新兴课程，增强学生选择的空间与个性发展的余地（新兴课程主要指学科前沿课程、高新技术课程、综合型课程和选修课程。这类课程的开设，需要考虑它的专门性、通用性，必须是任课教师研究过的学科，重在引导学生自己去探索新领域，发现新问题，并予以解决。同一般选修课相比，应该更有深度，在性质上介于一般选修课与研究生基础课之间）；四是对内容相关课程的教学内容，按"少而精"的原则进行整合、更新，做到相关课程间既相互联系又避免重复，使每门课程各具特色；五是强调掌握定量技术，如数学、计算数学、统计学，还要加强自然科学基础的学习。

山东大学生物学基地，本科实行宽口径培养方案，在课程设置上，专业基础课实行"8+1+3"模式，即8门基础课和基础研究技能相对独立，进行基础理论与基本技能的系统培养，以1门综合研究技能课与3门专业理论课配套，培养学生的专业综合研究技能。结合微生物学的传统优势和特色学科作为主要专业方向，在理科大平台和生物学基础平台上，开设体现专业、学科、前沿等特色的选修课程，使学生创新能力的培养和基础科研训练有了灵活安排的可能和空间，将基地本科生培养成为基地研究和教学的优质生源。

复旦大学物理学基地，以平台课程理论为模式，制订基地专业教学计划。与之相适应的是以平台课程建设为中心的课程结构和专业教学体系的改革。基地重新审视了原专业课程设置，在构建新的课程体系时既做减法又做加法，明确每门课在新教学计划中的地位、作用和界限，增加综合素质需要的课程，强调探索性和研究性学习。新教学计划的课程模块分综合教育课程模块（包括公共课、人文素质教育课、英语等）占总学分的31%，理科基础课程模块（包括数学、物理、化学、生命科学四大门类）占总学分的20%，专业课程模块占总学分的25.7%。同时在专业选修课模块中设置了一批前沿交叉课程。如郝柏林院士的"生物信息学""同步辐射""超级计算机的组建"等课程。新课程方案的特点是：①优化学生知识结构，构建广博的基础；②关注学科交叉；③加强物理学基础知识和基本技能的主导地位。

同时，人才培养中，各高校越来越关心课程的形式结构，即必修课与选修课的比例关系。过去中国高等学校课程形式结构中，选修课的比例很低，跨学科、跨专业的选修课比例就更低。相对于其他学科，理科基地在课程设置方面要灵活一些，有些理科基地在这方面亦进行了大胆的改革与试验，取得一定成效。

例如，兰州大学物理学基地，2004—2012年本科总学分167，必修课110学分，选修课48学分，军训1学分，毕业论文8学分。选修课占了总学分的28.7%，增加选修课数量，其中跨学科选修课不少于6%。专业方向课由原来的5组增加为6组。增加核物理与核技术方向，理论课程教学过程中，突出"基础性、系统性、前沿性、多样性"等特点。

复旦大学物理学基地，总学分140，其中综合教育课程为44学分，包括了德育、人文、社会、经管、英语等课程。理科基础课程28学分，包括数学、物理、化学、生命科学四大门类。在后继专业课程中，还安排了36学分的专业必修课，32学分的专业选修课，并在专业选修课中，设置了一批前沿交叉课程，使专业课程的设置和学分总量基本上与国际知名大学接轨。

中国地质大学地质学基地，以加强基础、强调能力为着眼点，对已有基地的课程体系进行了多项改革。一是将人文社科类课时缩减为10%。二是加强学科、专业基础类课程。在学科基础方面，增加了"物理化学""数理方程""复变函数""固体力学"等课程；在专业基础方面：课程由5门增加到8门，课时数由424增加到568，增加了34%。三是多样化的外语教学，提高学生英语水平，特别是专业英语表达能力，进一步完善专业基础课的双语教学。四是探索科研型野外教学基地建设，提高学生科研能力。

四川大学生物学基地，总学分180，36学分为公共课，64学分为专业课；20%为选修课，跨学科选修比例15%。北京大学心理学基地，总学分141，22学分为公共课，43学分为专业课；24%为选修课，11%为跨学科课。调查统计，理科基地课程形式结构中，选修课大约在30%左右，跨学科课程在10%左右，两者都比过去有了一定增加，尤其是跨学科课程增加比较显著。选修课比例增加，对基础科学人才培养是十分有利的，但与国际上相比较，我们还是有差距的。

其三是提升实验课与实践教学的比例。强化实验动手能力与科研能力训练。传统人才培养的教学方案与课程结构中，实验课与实践性教学环节也是按培养目标设定的。但长期以来由于实验教学经费及实践性教学经费投入严重不足，再加上实验仪器设备落后，缺乏固定的教学实习基地等问题，部分实验课根本开不出来，实习只能是少实习或不实习。实验动手能力是理科教学的重要环节，不但没有得到加强，反而逐渐在削弱。随着"基地"的建立，"基金"的设立，理科基地首先得到改善的是实验实习条件，"九五""十五"近80%的"基金"都投入到实验室建设与基本教学条件改善方面，再加上学校其他方面经费投入，实验室建设与实践性教学环境发生了巨大变化，这也就为教学改革提供了可能。

例如：中国地质大学地质学基地，在制订教学计划时，加强实验课程的比例和强度，实验课比例由过去的20%增加至45%，同时增加了综合性、设计型实验，加强课间实践野外教学，包括北戴河地质认识实习2周，地质教学实习6周，强化专业野外基本功综合训练；还跨国家和跨地区实习（俄罗斯、美国、韩国、中国台湾地区）2周，燕山地区地质科研实习3周。通过这些教学环节，学生的实践动手能力得到很大提升。

四川大学化学基地，设计的基本实验技能培养方案，从化学实验基本技能综合提高、小型实验项目训练和科研与大型实验训练三个层面提高基地学生实验创新能力。通过基础培养、提高培养、深入培养，不断强化学生的实验动手能力与实验创新意识。

北京大学核物理学基地，制定的培养方案中本科生实验教学体系，将本科生的实验教学共分为三个体系：低年级普通物理实验，高年级近代物理实验，高年级专业实验。低年级（一二年级）时进行普物实验（包括力热光电）的学习和训练，包含5类实验共含有100个左右题目，每个学生2年内完成这50个实验。高年级时的近代物理实验在两学期完成，开设实验数为44个。高年级（三下和四上学期）对核专业的学生同时开设专业课实验："核电子学测量""核物理与粒子物理实验"和"辐射防护学及实验"，进行专业基本功训练，三门课的实验个数为30个，均为必须做的实验。数量多、高强度的实验训练，确实使北京大学本科生质量提升较快，总体水平高于其他高校。

厦门大学生物学基地，教学计划中加强实践教学环节，强化实践和培养创新能力的教学环节，给予学分鼓励学生进入科研实验室。建立由基础实验课→专业实验课→交叉学科实验课→"科研训练"选修课→野外实习→学生科研训练项目或大学生创新实验项目研究→学年论文和毕业论文构成的实践课程体系，通过多层次的实践能力培养环节，强化学生科研能力和综合素质的培养。

兰州大学地理学基地，在实验课程与实践性教学改革中，主要按照实际内容的基础性、综合性、研究性场次来安排学生的实验训练计划，并在不同层次分别设置多种类型的实验课程系列，以供不同的教学对象选用。在地理学一级学科的框架下，设置了包括自然科学基础课程实验、地图学与3S技术课程实验、专业基础课程实验和研究性创新实验等4个模块，每个实验模块应包括实验基本技能、完性和鉴别、采样与置备、测定、分析、综合等不同功能的实验教学环节。为加强学生实践能力的培养和满足地学基础研究型人才的基本要求，他们全面审视地理学科学实验内容体系，突破部门自然地理实验课间的界限，对实验课程进行一体化设计，将传统的分散在各门课程中的实验课程进行重组、整合，建立新的实验课程体系，以适应培养21世纪创新人才的需要。即全面优化实验教学内容，删减部分验证性实验，精选基本操作训练实验，新增一批综合性和创新性实验，独立设置实验课程，初步形成了"一体化、多层次、模块化"的实验课程新体系。

例如：该基地创建室研究小组，以这种实验课新体系，对控制沙丘形态的重要因素——沙丘休止角进行了实验研究。他们选择在腾格里沙漠采集沙样,提出假设并设计了实验方案,对不同材料和不同状态进行了一系列实验,以分析块体运动如何影响沙丘开关和大小,研究各种不同因素对休止角的影响机制。该研究填补了国内对沙丘休止角无定量研究的空白,已发表论文2篇,并获得新型实用专利1项。

山东大学生物学基地,优化实验教学平台,强化基础性实践性教学环节,建立了理论教学、实验教学和科学研究互通的实验教师梯队和以固定与流动相结合的实验技术队伍,将过去分散在基础课、专业基础课和专业课中的小实验集中起来,设置生物学研究型实验课程,安排相对集中的时间进行实验技能的培养。以生物组分层次作为组织单元,将各层次的具体生物学问题作为研究课题,应用多方面的生物技术进行实验和分析。针对课程所涉及的理论和具体要求进行的实验设计和实践操作,使学生掌握实验基本理论、基本知识、基本方法、基本技能和受到科学研究素质的基本训练。通过建设"本科教学实验中心",优化实验教学平台,加强基础性实践教学环节,使实验中心具备综合性、开放性、现代化、专职化等特性,使实验教学组织富有更多的内涵。学生在验证性实验的基础上开展更多的设计性实验,其中遗传学、微生物学、分子生物学、生态学和普通生物学实验都有近1/3的教学内容为开放式和设计型的,将理论学习与实际应用紧密结合,创新能力得到锻炼。基础与专业实验室每周为学生开放16小时以上。

北京大学化学基地,实验课教学改革的指导思想是:一体化、多层次、开放式、注重基础、鼓励探索、提高能力;核心目标是:学生知识能力和素质的协调发展。尤其是重视实验教学过程,在实验教学中体现学生是主体、教师是主导的理念,通过改进教学方法,引导和督促学生将理论课的知识应用到实验课程的学习中,提高学生在实验教学中的参与程度,促使学生做到手脑并用。同时为学生提供开放的实验机会,凡有科研项目的学生都有机会进入相关实验室进行实验研究。实践教学的指导思想是:加强基础、注重能力、引导创新;教学实践过程就是融合严格规范的基础操作和专业技能训练以及基于自主选择设计的创新训练于一体，培养学生的科研创新能力与实验动手能力，全面提高学生的素质。

复旦大学物理学基地，在新的教学计划中制定了新的平台物理实验课程。平台物理实验的教学时数比常规的普通物理实验学时少了1/3。物理实验中心的教师在充分讨论的基础上，提出了"减少学时，增强内涵，降低难度，夯实基础"的十六字方针，重新组织实验内容，包括新设计或购买新的实验仪器，采用新的实验手段，在短短的半年时间里新排出了15个实验。例如，原来比较理论化的"RIC串联谐振"实验，改成"无线电接收机的大门"，把实验用的电感线圈、电容器改为收音机中的天线线圈和调谐电容，并利用大家热爱的播音频道，将实验结果与其比较，使学生更有兴趣。又如比较枯燥的"音叉固有频率测量"改成了"古代编钟探秘"，用编钟代替音叉，由于编钟的形状各异，音色丰富，使实验的内容更为精彩。同时还专门安排了一些竞赛型的实验，来提高学生学习物理学的兴趣与积极性，并以此培养学生的实验动手能力。

3.课程与教材建设取得优异成绩

课程与教材建设是学校的基本建设之一，是基础科学人才培养的不可缺少的基本建设。只有高水平的课程与教材才能培养出高质量的人才。理科基地建设之前，中国理科的课程内容陈旧、教材落后，与世界发达国家的差距达到近半个世纪。理科基地建立后，在"基金"的支持下，对理科课程与教材进行了长期经费投入，进行改革与建设。第一次是20世纪90年代中期国家教委出台的《面向21世纪高等理科教育教学内容与课程体系改革项目》，为了配合这一项目的改革，国家教委高教司与高等教育出版社协商规划到20世纪末出版1000本面向21世纪的教育教材，北京大学物理学赵凯华教授主编的《新概念物理——力学》就是第一本面向21世纪的理科教材。在后来进行的教学评估活动中，把是否采纳面向21世纪教材作为一项指标要求。

首先是课程建设。课程设置、课程体系、课程结构、课程方案得到优化后，每一门课程内容的改革便显得十分重要了。为了加强课程建设，教育部发布了精品课程建设的文件，并以教改立项形式，进行经费投入，加快精品课程建设。各省市区和高等学校也都对精品课程建设的层次与级别，分别都给予经费支持。理科基地在精品课程建设方面成绩突出，据统计，80%以上的理科基地有1门以上的国家级精品课程，100%的理科基地都有多达数门省级精品课程。国家级精品课程的经费支持从最初每门10万元增加到后来的20万元，这还不包括学校的配套经费。

为了加强理科基地建设，教育部又出台了"国家理科基地名牌课程"建设项目，除了教育部经费外，"基金"也进行了支持。可以说理科基地现在基本都建有"国家理科基地名牌课程"，有的理科基地建有好几门名牌课程。

为了缩小中国理科课程与国外的差距，教育部出台了"双语教学"课程建设项目。项目改革是从两个实验层面进行的，一方面是某门或几门课程全部采用国外原版原文最新教材，主要聘请国外知名专家教授来讲授，或者由中国留学归国教师来承担。另一方面就是某门课程全部用外文讲授，并辅之以少量翻译，或者不翻译。理科基地的双语教学课程，大多为基础课和专业课。目前理科基地采取双语教学的课程越来越多，越是高水平大学，比例就越高，这与教师和学生的外语水平呈正比例关系。

其次就是加快教材建设。过去中国理科教学10年甚至20年用一本教材，教材建设严重滞后，原因是多方面的。一是长期与外界隔离，很少知道世界科技、国外教材发展到什么程度；二是主管部门与学校对教材编写不重视，论文、著作可以算科研成果，编写出版教材不算科研成果（理科更为突出）；三是教师对编写教材没有积极性，出力不讨好，既不算科研成果，晋升职称时也不能计入科研范畴。多种因素导致理科教材缓慢、滞后。为此国家教委当时把高等学校教材建设作为一项基础性、战略性的工程来抓，不仅出台了"面向21世纪高等教育教材建设"项目，而且从政策层面鼓励有能力的教师从事编写教材工作，对国家出版的统编教材、优秀教材给予奖励和经费支持。同时学校层面从管理制度和理念上也进行了改革与转变，将教材项目与教学成果也纳入到科研奖励的范畴，大大促进了教学优秀的教师从事教材编写的积极性，目前各理科基地把主编撰写并出版理科教材的级别（国家级、省级）与数量作为衡量基地教学质量与基础科学人才培养质量的一个重要指标。

加强理科基地教材建设也是"基金"支持的一个重要方面。目前各理科基地不仅有了现代化的完整的理科教材体系，而且还有不同层次供学生选择的多套教材。同时，教材更替的周期亦在不断加快，逐步接近世界先进水平。

理科基地和基础科学人才培养的课程与教材建设取得的成绩是十分突出的，在多个方面可以显现。

例如：兰州大学化学基地建有国家精品课程1门（结构化学）、国家理科基地名牌课程2门（有机化学，化工基础）、甘肃省精品课程8门、1994—2011年出版教材63部。

厦门大学生物学基地，获国家精品课程3门（现代生物学实验，动物生物学，生命科学导论）、国家级双语示范课程2门（生物化学，细胞生物学）、国家级规划教材4本（《动物生物学》《生命科学导论》《生态学》《生物技术概论》）、2008年《生态学》（第3版）获教育部高等教育精品教材，获省级精品教材3门。

四川大学化学基地，"绿色化学"获国家级双语示范课程，获省级精品课程2门，出版实验教材4本（《有机化学实验》《大学化学实验》《高分子实验》《物理化学实验》）。

厦门大学化学基地，拥有6门国家精品课程（分析化学，结构化学，无机化学，物理化学，综合化学实验，材料化学导论），9门省级精品课程，出版国家"十一五"重点规划教材6部。

4.重视教改立项，教学研究成果突出

从理论层面看，人才培养最大、最难的改革就是教学改革。社会在不断地发展变化，人才培养目标和规格亦依据社会需求发生变化，教学改革就是适应这种变化的主要途径。所以说，教学改革是高等学校教育工作的主旋律，是永恒的主题。

由于教学改革难度大，涉及面广，见效慢，长期以来，无论是国家层面还是学校层面，对教学改革的重视程度都不够，教学改革面临立项少、经费少、政策支持少的局面。高等学校和教师对教学改革的积极性都不太高。

自理科基地建立起来后，大家发现，基础科学人才培养每改革一步，就需要大量教改理论与实验成果的支持。这时学校才逐渐从政策、经费等方面加大了教改的重视程度和支持力度，"基金"也由开始的重点支持基础项目建设，逐渐向支持人才培养、教学改革方面倾斜。例如，"十一五""基金"支持的项目，已经包括了"人才培养模式及规律研究与示范交流项目（含教材建设）"的专题研究。"基金"仅2006—2008年的三年间，就立项批准能力提高90项，人才培养模式与规律研究7项，教材建设14项，教师培训31门次。从基础科学人才培养的视角看，这些项目都属于教学改革项目。因而，到"十一五"末，由于理科基地的基本条件建设大多已完成，所以从"十二五"开始，"基金"支持的主要方向为科研训练、能力提高、实践性教学环节、教材建设、人才培养模式及规律研究等教学改革方面，而且支持的项目足、经费多（科研训练与能力提高每项都在100万元～400万元之间）、竞争性强。从理论上讲，"基金"支持基础科学人才培养这才回归到本质上来了。"基金"之后支持的改革也只能朝这一方向加强。

政策有了，项目多了，经费有了保障，理科基地学校和基地教师争取和参与教学改革的积极性空前高涨，国家项目、省部级项目、学校项目、自选项目等教改项目层出不穷；各种教学成果（论文、著作、研究报告等）、教学成果奖励日渐增加，而且质量不断提高。实际上，教改成果就是基础科学人才培养水平的结晶与体现。各理科基地普遍确立了"强化基础、注重能力、提高素质、突出创新"的基础科学人才培养理念，并结合学科特点和各校实际情况，出台了一系列教改方案和举措，使基地学校理科教学水平跨上了一个新台阶。

例如：山东大学生物学基地，完成了21世纪高等教育教学改革生物类本科生高素质创新人才培养项目和新世纪高等教育教学改革生物类本科生高素质创新人才培养教研项目。从教学内容优化、教学模式改革、教学教材建设、课件制作和讲义编写开展了全面的建设与改革。主持山东省教学改革研究项目2项，获省级教学成果二等奖1项。

四川大学生物学基地，承担国家自然科学基金委基础科学人才培养项目3项（能力提高、条件建设、野外实习基地各1项），教育部教改项目8项，四川省教改项目30余项，校级教改项目40余项；获国家教学成果二等奖1项，省级教学成果一等奖7项，二等奖6项。

厦门大学化学基地，近年来获得国家教学成果一等奖1项、二等奖2项，福建省教学成果特等奖1项、一等奖3项、二等奖3项。

兰州大学化学基地，始终强调从课堂和实验室两个不同角度学化学，促使理论与实验高度统一的观念。基地通过教学立项改革，对教学内容、教学形式、教学环节等进行了深入改革，取得显著成效。自"基金"改为申请制以后，基地于2006年、2011年申请条件建设项目30项，2011年申报子项目50项。获国家级"高等化学资源共建共享平台"一等奖1项，获省部级教学成果一等奖1项，二等奖4项，其他教改成果奖10余项。

复旦大学生物学基地，全面深入教学改革，不仅重视立项数量，而且关注教学改革的质量，获国家级教学成果一等奖1项，二等奖6项，获省部级教学成果奖12项。

据初步统计，自建有国家理科基地以来，每年国家级教学成果一、二等奖几乎50%以上的都由理科基地学校获得。基础科学人才培养基金仍然是理科基地人才培养、科研训练、能力提高、野外实习基地建设项目与经费的来源主渠道，不断深化教学改革，加强教学改革项目与基础科学人才培养规律与模式的研究，对"基金"来说，会越来越重要。

（八）特殊学科点稳步发展，改善了人才断档现象

20世纪80年代中后期，不仅理科教育发展遇到了前所未有的问题，

而且中国科学院下属的冰川学与冻土学、地质古生物学、古脊椎动物与古人类学、动物分类学、昆虫分类学和考古学等六个特殊学科点（2005年又增加了兰州大学化学化工学院放射化学学科点）也遇到更大的困难。经费不足、生源匮乏、人才断档、人才流失等问题，使得这些特殊学科研究领域从事研究的人员大幅度萎缩。例如：仅中科院南京地质古生物所，出国未归的博士硕士学位青年学者已达40人。国家自然科学基金委为了挽救这些濒危特殊学科，经与各方面协调，特将这6个特殊学科点也纳入"基金"资助范围内。

各特殊学科点为了使有限的资金发挥最大的效能，真正达到培养人才的目的，都制定了详细的"基金"使用与管理办法。

中国科学院南京地质古生物研究所，为了吸引、稳定年轻人才，以重点培养一支一流的青年科学队伍为宗旨，不以扶贫为目的，不以简单的课题经费补充为手段，在层次上有别于国家杰出青年基金和中科院"百人计划"。因此，在人才的培养上，不但注重少数已经在本学术领域中取得一定成就的年青人给予支持，而且还要培养那些工作经历较短或者刚刚步入古生物学研究领域尚未做出成绩的年青人，对素质优秀富有潜力的年青人更要重点支持，使得人才培养以一种分层次、有力度的"宝塔式"方式进行。逐步形成了一支稳定的、富有竞争力的、活跃在本学科领域的跨世纪青年学者队伍，从整体上较好地完成了古生物学学术队伍人才交替，为古生物学学科在21世纪的深入发展做出了新的贡献。

"基金"经费到位后，古生物所有40名年轻人获得资助，及时支持他们开展野外工作，并获得大量第一手资料及各类化石标本。如王怿研究员在江苏江宁县五通组顶部地采得大量保存完好的植物化石，为中国研究基础薄弱的早石炭世最早期植物群的深入研究提供了重要资料；朱怀诚研究员赴塔里木盆地系统采集了13口钻井的孢粉化石岩样；袁训来副研究员在安徽南部晚前寒武纪陡山沱期地层中采集了300多件珍贵化石，为地球早期生命研究提供了重要的新资料。

同时，在古人类学研究方面也取得实质性的进展和成绩。据初步统计，受资助的青年学者近年来在国内外发表论文30余篇，完成已投稿待刊的论文50余篇，其中包括SCI收录期刊的18篇论文。在国际会议宣读的学术报告和提交国际会议的论文摘要11篇，完成通过答辩的博士论文3篇。

中国科学院古脊椎动物与古人类研究所，获得"基金"第一笔80万元经费后，资助了18个研究项目。其中负责人包括博士后6名，博士生7名，硕士研究生5名。从受助课题的研究方面看，涵盖相当广泛，包括鱼类3项、爬行类4项、鸟类1项、哺乳类4项、古人类3项、地层学3项，这些项目许多都具有国际先进水平。如辽西义县组兽脚类恐龙化石的研究，几种古鸟类与恐龙的微观结构、东亚早期人类文化演化及其与欧、非同期文化的比较等，这些青年受资助者的积极性非常强，研究效率很高，当年古脊椎所在 Nature 和 Science 发表的6篇论文中，4篇有人才培养基金的受助者参加，其中2篇为受助者徐星以第一作者发表，受助者邓涛的专著《中国的真马化石及其生活环境》也已出版。

特殊学科点的稳步发展，克服了人才断档。在国家基础科学人才培养基金的资助下，冰川学与冻土学、地质古生物学、古脊椎动物与古人类学、动物分类学、昆虫分类学和现代考古学等6个特殊学科点初步摆脱了人才断档的威胁。到"十一五"期间，这6个学科点共有18位院士，65位35~50岁的教授/研究员和博士生导师，以及270多位硕士、博士研究生。同时，在"九五""十五"国家基础科学人才培养基金实施期间，已经有40多位受资助的研究生毕业后充实到这支队伍，成为特殊学科点人才梯队的重要补充。

在克服了人才断档的同时，6个特殊学科点在科学研究中还取得了显著的成绩，仅古脊椎动物与古人类学科点，在1998—2002年4年内就在 Nature 和 Science 上发表论文28篇，古生物学科点也在 Nature 上发表4篇，在 Science 发表了9篇。

同时，在青藏公路、青藏铁路建设，南水北调西线工程，青藏、青康等寒区公路改造及格尔木—拉萨输油管线改建，兰西拉光缆建设等国家重要工程项目中，作为特殊学科的冰川冻土学发挥了重要作用。

实践证明，国家基础科学人才培养基金将6个特殊学科纳入"基金"资助范围内是十分正确的。它不仅挽救了这6个特殊学科，而且很快使其发扬壮大，为中国基础科学研究走向世界先进水平，推动中国国民经济建设都发挥了极其重要的不可替代的作用。

（九）理科基地发挥了重要的示范与辐射作用

理科基地作为一种改革试验田，实践证明是成功的，起到了很好的示范与辐射作用，带动了其他学科的改革与发展。

首先，国家理科基地已经成为学科交流先进教学经验和提高教师素质的重要平台。

理科基地是在中国理科发展最困难的时候，设立"基金"，在"基金"的大力支持下，才逐步走出困境，走向成功的。所以，理科基地所经历的一切改革与实践，都具有很强的理论指导价值和实践性。基地学科人才培养目标、规格、培养方案、课程结构、课程与教学改革、师资队伍建设、科学研究、学生科研训练、能力提高、实验实习教学改革方面的经验，都是同类学科学习交流的宝贵财富。同时，不同学校同类学科基地，由于原有办学基础条件、地域差异、改革力度与理念、经费的投入等方面的不同，基地建设与改革的模式也有一定差距，特别是人才培养模式方面有较大差异，各有特色。基地之间交流，取长补短，共享教改成果，特别是对那些没有基地的本科学校，基地的改革经验与成果，可以促进其教学改革上一个新的台阶。例如：理科基地精品课程的示范作用，国家双语教学的示范作用，综合性实验教学改革的示范作用，国家统编教材的示范作用，教学研究成果的示范作用等。

其次，理科基地建设模式被推广辐射到工、农、医，乃至人文社科等学科领域。

理科基地自建立以后，其重要地位与作用日渐显现出来。对经济欠发达的中国来说，进行重点投入培养少而精的各类专门高层次人才，在目前来说，效果效益都是比较高的人才培养模式，而且实践证明是成功的。随后，工、农、医，乃至人文社科等学科都试办了自己学科的基地，基本都是以理科基地为模式创办的，办得好的基地都转为国家级，部分工科、医科和师范类大学试办的理科类基地，均被教育部批准为国家理科基地。

同时，理科之外的其他基地，经过十多年的创办，也都取得了突出成绩。基地已经成为中国高等教育的品牌。其他学科基地虽然没有"基金"支持，但教育部以"985工程""211工程"以及其他专项经费给予了大力支持，力度不亚于理科基地。所以，中国高等学校中凡是基地学科专业，都是办得比较好的学科专业。这些功劳都是理科基地的辐射作用带来的示范与效应。

第三，理科基地通过教师培训、学术讲座等方式将先进的办学模式和人才培养经验传播给其他高校，带动基础科学人才培养质量的全面提高。

为了发挥人才培养基金资助的"国家理科基地名牌课程"研究成果的辐射和示范作用，提高中国基础科学人才培养的整体水平，根据《实施细则》关于组织实施国家基础科学人才培养基金骨干教师培训计划的要求，从2002年起，国家自然科学基金委计划局利用人才培养基金，组织实施费实施了国家基础科学人才培养基金骨干教师培训计划。

人才培养基金骨干教师培训计划依托"国家理科基地名牌课程"建设，聘请国内外名师进行示范性授课。培训工作坚持授课与研讨相结合，释疑与交流相结合，适当加入学科前沿动态、基础科学研究方法等内容的讲座，培训工作的重点是西部地区和地方院校的青年教师。

"十五"期间，利用人才培养基金组织实施费资助教师培训60余门课，资助经费260万元。仅2004年共实施了19门理科课程的培训工作，资助经费88万元，参加培训的学员1100人次。其中数学5门课，分别是"数学分析""高等代数""解析几何""常微分方程"和"拓扑学"；物理学3门课，分别是"电磁学""电动力学"和"热学"；化学3门课，分别是"分析化学""物理化学"和"结构化学"；地学4门课，分别是"古生物学""地史学""地球系统科学"和"人文地理学";生物学4门课,分别是"生物化学""分子生物学""微生物学"和"生命科学导论"。

以上培训工作绝大多数在西部地区高校举办。如数学在四川大学举办,物理学分别在重庆大学和内蒙古大学举办,化学和生物学在兰州大学举办。

骨干教师培训工作的多数主讲教师在国内相关学科领域科学研究或人才培养方面有较高的造诣,少量主讲教师来自国外。国内的主讲教师主要是中国科学院院士,国家杰出青年基金获得者,首届国家教学名师奖获得者和"国家理科基地名牌课程"主持人。如数学教师培训授课的15位主讲教师中有3位中国科学院院士、3位国家杰出青年基金获得者、4位首届国家教学名师奖获得者,还有1位主讲教授来自美国加州大学伯克利分校。

"十五"期间,师资培训取得了良好效果。在此基础上,"十一五"期间继续支持高水平师资队伍建设工作并不断总结经验,使理科基地在基础学科骨干师资培训中发挥辐射和示范作用。通过基础课程研讨班、培训等方式提高骨干教师学术及教学水平,鼓励面向西部地区和边远地区的师资培训,加大辐射效应。

"十一五"师资培训项目:

项目内容:包括数学、物理学、化学、地学及生物学基础课(或实验课)青年骨干教师的培训、交流和研讨。

项目要求:该项目实行委托制,主要依托上述学科教学指导委员会并指定相关人员负责项目的具体实施及总结。

资助项数:每年拟资助10项。

资助强度:每项10万元/年,共3年。

2007年,"基金"共资助数学、化学、地学和生物学4个学科的教师培训工作,资助金额70万元。数学由四川大学数学院承办,共开基础课程培训3门:微分几何、统计学和计算数学,邀请国内外专家28人次,参加培训的学员116名,旁听学员33名。

地学由兰州大学结合祁连山东段实习基地开展教师培训工作。自然地理培训分三段，第一段由专家讲座；第二段是实践教学研讨和结合课堂实验和野外考察，分别在兰州、敦煌、武威进行了3次自然地理学实践教学专题讨论；第三段结合中港两地四校联合地理实习，70位学员从7月19日到8月1日对祁连山、河西走廊、罗布泊雅丹地貌、巴丹吉林沙漠等自然景观和"丝绸之路"沿线人文地理进行了考察，历时14天，行程逾4400公里。

生物学由厦门大学和云南大学承办，后由于汶川地震影响，改由大连理工大学承办。共开设基础课程培训2门：微分方程和计算数学。邀请国内外专家14人次，参加培训学员74名。

物理学"新概念物理实验测量"培训班于2008年7月29日—8月3日在新疆大学举办，来自全国16所高校的近70位教师及实验室相关人员参加了此次培训项目。培训项目主要安排了两个系列讲座：清华大学物理系朱鹤年教授主讲的"新概念物理实验测量"系列讲座；复旦大学物理学戴道宣教授主讲的"近代物理实验"系列讲座。

地学由福建师范大学承办了自然地理学教师培训工作。培训由两部分组成，第一部分为专家讲座。《土壤地理学》作者朱鹤建教授、《现代自然地理学》作者王建教授、《生物地理学》作者殷秀琴教授、《自然地理学》和《综合地理学》作者伍光和教授分别为学员授课。第二部分是地理学实践教学研讨及结合课堂实验和野外考察。在福建武夷山考察了黄岗山中亚热带土壤与丹霞地貌的岩性特征、岩层产状和"一线天"等地的地质结构，考察了九曲溪的河流地貌，讨论了武夷山丹霞地貌的成因。

生物学教师培训分别由云南大学和山东大学承办，其中云南大学承办了全国生物信息学骨干教师培训班，山东大学承办了微生物与分子生物学骨干教师培训班。

生物信息学骨干教师培训与2008年"龙星计划课程——生物信息学"和第六届国际生物信息学研讨会合并进行。来自国内外的15位科学家分别授课或作了学术报告，来自全国生物学领域的83名学员参加为期一周的培训。

在微生物与分子生物学培训班上，北京大学朱玉贤教授、复旦大学赵国屏院士、复旦大学乔守怡教授、华中农业大学郑用琏教授、武汉大学沈萍教授、南开大学李明春教授、中国农业大学李颖教授、山东大学肖敏教授等10多位著名专家讲授了10多门课程。26所"基地"院校骨干教师，80多所综合性师范、农林、工科、医学院校的骨干教师共210余人参加了培训。

基础医药学药物化学青年骨干教师培训班由中国药科大学承办。他们以理科基地的"国家精品课程——药物化学"课程为依托，围绕药物化学学科发展和课程建设的主题展开培训工作。培训班邀请了10多位国内医药学界著名专家讲课。主要有北京大学张礼和院士、上海中医药大学陈凯先教授、中国药科大学姚文兵教授、沈阳药科大学程卯生教授等。共有来自全国各地的20多所大学从事药物化学教学和科研工作的50多位青年教师参加了本次培训。

化学（物理化学、结构化学）、基础医学（医学细胞生物学）、地质学（地质野外实践培训班）等学科的教师培训在2008年的九、十月份分别进行。

2009年资助教师培训8～10个班，资助计划共计1022万元。

从"十一五"开始，"基金"加强了对基础科学人才培养野外实习基地的资助与建设，在全国范围内选择有特征与代表性的自然保护区、森林公园、地质公园、植物园等区域，建立了16个国家基础科学人才野外实习基地，由有条件的基地学校主管，实习资源全国共享。

野外实习基地

生物
1.东北师大—东北林大
长白山、帽儿山生物学野外实习基地。
2.内蒙古大学
锡林郭勒草原、达里诺尔、赛罕乌拉、白音库伦、白音敖包国家

级自然保护区实习基地、毛登牧场实习基地

3.北京师范大学—北京林大—北京农大—清华—北大

北京百花山、松山、野鸭湖和烟台海滨基地。

4.兰州大学—四川大学

四川省的卧龙国家级自然保护区、甘川交界处的若尔盖—玛曲湿地和祁连山基地。

5.陕西师范大学

秦岭山地生物学野外实习基地。

6.浙江大学—复旦大学—南京大学

天目山国家级自然保护区、千岛湖国家森林公园和朱家滨海湿地。

7.云南大学

西双版纳生物学野外综合实习基地。

8.厦门大学

福建武夷山、福建虎伯寮、福建漳江口红树林、厦门珍稀海洋物种国家级自然保护区;漳州滨海火山国家地质公园;厦门市园林植物园国家级风景名胜区。

9.中山大学

以广东省肇庆市封开县黑石顶省级自然保护区为主,辅以广东珠海淇澳—担杆岛省级自然保护区、广东肇庆市鼎湖山国家级自然保护区。

10.武汉大学

神农架野外实习基地。

地学

1.北京师范大学

华北平原—鄂尔多斯高原地理基地、首都历史名城人文地理基地,北京延庆—丰宁坝上地理基地。

2.南京大学

巢湖地质学野外基地。

3.西北大学

鄂尔多斯—秦岭地质野外实习基地。

4.中国地质大学（武汉）

北戴河、周口店地质实习基地。

5.兰州大学

西秦岭地质地貌实习基地、兴隆山土壤地理实习基地和石羊河流域综合实习基地。

6.华东师大—南京大学

浙江基地（舟山普陀岛—富春江—富阳）与庐山地理实习基地。

七

基础科学人才成长的自身特点与培养规律

心理科学研究证明，不同的人才有不同的成长特点与规律，如果违反了这个特点与规律，就培养不出相应的人才。中国基础科学人才培养经过20年的实践，我们可以从理论层面揭示出一些特点与规律来。

（一）兴趣与爱好是造就科学家的基石

但凡事业成功的人士，无论哪种人、哪个行业，最终都是由兴趣与爱好支撑着的。有些人从一而终地把兴趣转化为爱好。有些人开始对所学专业或工作并没有兴趣，也谈不上爱好，直到学习专业或从事工作后，逐渐有了兴趣，最后也转为爱好。这里我们主要指的是对基础科学研究有兴趣与爱好的人才。如果从基础科学研究来说，真正对它有兴趣的人不是太多，只有那些有理想当科学家的人才会选择这条路。

同时兴趣又是可以培养的，从事基础科学研究的科学家们，他们的兴趣与事业心很大一部分是培养出来的。

据各理科基地提供的优秀人才材料发现，凡在本科阶段表现很优异的学生，绝大部分是喜欢本科所学的学科，而且又喜爱科学研究工作的学生，积极参与导师或自主主持的科研项目的学生。这部分学生在继续深造以后，无论是从事本学科专业还是转学其他学科专业，都是优秀人才。

在学科兴趣方面，不同的学科是有差别的，经比较发现地学的专一性最强，例如，西北大学地质学基地，第一志愿录取率达100%。据对中国地质大学地质学基地、兰州大学地理学基地毕业生的追踪调查，从事本学科专业的超过80%。物理学基地尤其是核物理学基地比例也比较高。生物学基地、化学基地、数学基地的比例要低一些，有些只有30%左右。

许多基地学生，报考理科基地，是奔着其优质资源而来的，并非兴趣爱好。这对基础科学人才培养是不利的，会影响到基础科学人才培养质量。这就涉及到招生选才工作。理科基地一定要通过多种途径与方法，把那些优秀的并愿意从事基础科学研究的有兴趣有志向的考生选进来。目前有些理科基地采取统一考试选基地学生的办法，需要改进。

实际上，刚进入理科基地时，许多学生对什么是"基地"，什么是"基础学科"，基地专业人才与其他专业人才有什么区别，并不十分了解。经调查发现，大部分学生认为理科基地条件好，各方面待遇好（如奖学金比例高），推免研究生比例高，可以获得更好的学习与发展机会；小部分学生是随波逐流，从众心理。理科基地学生真正喜欢专业，而且愿意一辈子从事基础科学研究的人不到1/2，不同专业差别很大。所以，对基地班学生专业培养目标规格的要求、专业思想教育和基础科研训练的要求，各基地都是很严格的。同时基地又利用各种途径，强化与提升学生对基础科学学习与研究的兴趣，到本科毕业时，效果还是十分明显的，50%以上基地班学生继续到本学科读研深造，有的学科高达90%以上。

可以认为，兴趣与爱好是一个人是否从事基础科学研究与教学的指示灯。

例如：北京大学化学基地，关于理论课教学方法改革中有一项重要的内容，就是激发学习化学的兴趣，调动其积极性。

（二）敏锐的观察力是从事基础科学研究人才的基本素质

从严格意义上讲，技术是创新，科学不能是创新，科学只能是发现。科学要探索、发现、揭示的是事物客观存在的真理。比如从宏观的宇宙到微观的粒子世界，从生物的进化到各种物质原理、定理的发现，以至于新的科学方法的发现等等，都是在实验观察中发现的。有些规律与现象是在一瞬间捕捉到的，有些则是经过几年甚至几十年实验观察才发现的。对科学研究来说，没有观察就没有发现。

从科学发展史看，我们今天建立起的科学理论、科学思想、科学观点、科学原理、科学定理以及对物质世界的科学阐释，都是在千万年的历史长河中形成的。有些是在必然中发现的，有些是在偶然中发现的，但它们都离不开科学家们长期辛勤的耕耘。一个物质定理或规律的发现，可能是几代科学家们长期观察的结晶。例如：X光、青霉素都是在观察中发现的。

所以，从事基础科学研究的人必须要有敏锐的观察力与持之以恒、耐得寂寞的精神，尤其是超常的观察力。科学发展到今天，机遇就是留给那些既有天赋又有耐心的科学家们的。

大浪淘沙，理科基地是培养基础科学研究人才的地方，但成才的仍然是少数。经过对部分成才的基地班学生特征的分析，发现绝大多数成功者，几乎都是在实验观察中获得发现，最终形成成果的。学生们的这些成果也是有层次的，从发表的期刊类型看，有世界一流的 *Nature* 到 *Science* 期刊论文，亦有国内一流期刊论文。总之，凡能在高档次学术期刊发表论文，不管大小都是有创新的，都是有新发现的，要么是发现了全新的现象、规律，要么是对原有定理的完善与补充。这些都取决于实验实习过程中敏锐的观察力。例如，天体物理学专业利用望远镜对星外星球、星云的观察，如果在这方面有很好基础理论知识，发现问题的机遇比较大。特别是地学基地的学生，对观察能力要求更高，如果有好的观察能力，一次野外考察，就能发现不少新现象、新问题。许多基地学生的科研成果，都是在野外实习观察中发现的。

所以，作为基础科学研究者，敏锐的观察能力是必不可少的，是基础科学研究者必备的特征与素质。这也就涉及到基地在招生时一定要考虑学生观察方面的素养。同时在教学过程中要关注学生观察能力培养，把观察能力渗透到实践教学的各个环节。

(三)丰富的想象力是基础科学研究人才的翅膀

人与动物在认知能力方面最本质的差异就是想象力的差异。动物包括与人类最亲近的黑猩猩，它们没有一丁点儿的想象力，人只要是精神正常的人，均具有无限的想象力。人们常说，宇宙再大，也装不下人类的想象力，因为人类可以想象宇宙爆炸之前、之外的事情。

人类在进化过程中，就赋予大脑两半球不同的功能，以逻辑思维主导的左半脑（左利）和以形象思维为主导的右半脑（右利）。左半脑的功能主要是处理语言，进行抽象思维、逻辑思维、分析思维的中枢，主管着人们的说话、读、书写、计算、排列、分类、语言回忆和时间感觉等，具有原子论的、分析的、符号的、连续的、有序的、表达的、命题的、继发过程等机能。

右半脑是处理表象，进行具体形象思维、发散思维、直觉思维的中枢。它主管着人们的视知觉、复杂觉、空间知觉、模型再认、形象记忆、认识空间关系、识别几何图形、人面孔再认、想象做梦、理解隐藏、发现隐蔽关系、模仿音乐、节奏、舞蹈以及态度、情绪情感等，具有空间的、知觉的、想象的、类比的、综合的、同位的、不连续的、弥漫的、原发过程等机能。

从人脑两半球高度专门化程度看，左半球是优势半球，它在控制神经系统方面起主导作用，是比较积极执行任务较多的半球。这是相对人类生活生存的语言化、自动化、程序化、数字化、逻辑化而言的。但仅仅有左半球功能是不够的，人类的形象思维、直觉思维、想象力特别是创造力，完全取决右半球。左半球是没有创新的，创新只有通过右半球的形象的、直觉的、顿悟的想象力，产生灵感、产生新思维，然后再通过左半球的逻辑论证成立与否，最终实现科学的发现。

人脑两半球功能高度专门化，特别是右半球功能发现使美国科学家斯佩里获得1980年医学与生理学诺贝尔奖金。

因而，缺乏想象的人是当不了科学家的。许多从事基础科学理论研究的人才，理性思维、逻辑思维都很好，兴趣爱好、观察力、记忆力也很出色，但最后出不了成果，出不了大成果，成不了优秀科学家，最大缺陷是缺乏丰富的想象力，过于优势的逻辑思维力压抑了形象思维，并影响到创造灵感的产生。从古到今一切科学成果，最初都是由想象而来的，而想象又是右脑的功能，中国的传统教育从小学到大学一直侧重于左脑功能的教与学，大多数右脑功能被偏废了，中国长期出不了伟大的科学家与世界级优秀自然科学人才，无不与此有关。

目前中国理科基地的学生，逻辑思维大都是一流的，不足的依然是右半脑功能潜力发挥不足，特别是缺少科学想象力，哪怕幻想都很少。没有想象是不会产生顿悟和灵感的，没有顿悟和灵感就不会有创造。笔者曾对一些数学家进行调查，他们一致认为，所有原创性原理、定理公式的发现，全部都是由灵感火花带来的，没有一例是直接靠推理得来的。

对理科基地一些非常优秀学生成果研究过程的分析发现，所有成果研究过程中都渗透了左右半球的功劳，最终结论是理性思维的推论的结果，但其中的顿悟与灵感肯定是最先产生的。这种现象在研究之前就产生，或在实验研究过程和实习观察过程中才产生。如果没有这一过程，成果就不会是科学的。灵感一定会光顾有准备的人。

以上这些论述可以说明，基础科学研究人才不仅要有对基础科学研究高度热爱的兴趣，而且还要有对客观事物敏锐的观察力，同时还要具备丰富的科学想象力，而这一点是最难做到的。由想象力引起的灵感可能在很短时间就会闪现在你面前，也可能几十年甚至一辈子都不会出现。这与你所研究的学科方向（也许研究方向错了）和想象力（想象是错误的）都有很大关系。所以，笔者认为，其一，基地学科所学习掌握的知识和科研训练的方向，应该是这一学科世界一流的知识和学科方向；其二，站在巨人的肩上进行科学想象，进行有的放矢的想象，而非幻想与胡思乱想。同时，教学过程中、实验实习过程中，指导教师要进行有启示性的想象，有目的地培养学生的科学想象能力。

（四）很强的实验、实习动手能力是基础科学研究人才必备的特质

理科是一个实验的科学，自然科学诺贝尔奖金获得者，哪一项成绩不是经过几年，甚至数十年的实验获得的。好的观察力、创造思维和想象力，最终都要通过科学实验的验证才能得以发现、证明。有的实验要进行上百次，上千次，甚至上万次。由于现代科研方法手段的革新与现代化，科学研究不断地深入到微观层面，由过去的单一学科向综合性学科研究渗透，现代社会凡重大科学成果，都是多学科交叉研究的结晶，而且是在多种实验环境下取得的，是科研团队协作精神的硕果。

实验动手能力一直是中国大学人才培养中的一个弱项，长期以来，理论教学与实践教学脱节的问题并没有得到根本解决。从理科课程结构来看，实验课与实践性教学环节应该占到专业理论课的1/3，甚至更多。但中国理科专业教学计划大多达不到这个标准，更重要的是高校的实验教学队伍力量太弱，水平较低，甚至有些实验课根本就开不出来。特别是条件差的一些学校，由于实验教学经费不足，实验仪器材料不够，把1个人的实验合为3个人、5个人一组，更有甚者，用计算机模拟实验替代学生亲手实验。最终结果是学生没有掌握到任何实验过程与实验技能技巧，不熟悉实验仪器，不知道实验程序。理科学生，如果不会配实验试剂，不能熟练掌握实验仪器，不会实验过程中各种技能、技巧的运用，就做不出一个完整的实验，做出来结果与数据都有问题。同时实验实践证明，一项实验技能的掌握至少要重复数十次，甚至更多，才能比较牢固地掌握。

上述状况，就是理科基地建立之前的基本情况。所以，"基金"设立以后，前两期把80%以上的经费都投入到改善实验室建设与实习基地建设方面，这对基础科学人才实验实习能力培养提供了非常好的基础条件。部分理科基地的调研材料表明，理科基地凡是出研究成果比较多的本科生，所有研究成果都是在实验研究与实习研究中获得的，而且出高水平研究成果学生的实验动手能力尤为出色。

例如北京大学化学基地，实验课教学的指导思想是：一体化、多层次、开放式，注重基础，鼓励探索，提高能力，特别重视实验教学过程，提供开放实验机会，引导和督促学生将理论课的知识能应用到实验课程的学习中，提高学生在实验教学中的参与程度，促使学生做到手脑并用。他们为了培养学生的实验动手能力，开放所有实验室，低年级进行普通化学实验，高年级进行中级分析、有机物化和综合化学实验等科研实践，最终形成论文或毕业论文。北京大学化学基地对学生实验动手能力的强化和严格的科研实践过程的训练，使得北京大学化学基地本科生在学期间发表的论文，比其他高校同类基地都要高，而且高质量的论文亦比较多。

中国科学技术大学物理学基地，为了强化学生的实验动手能力，制定了严格的实验教学体系。一、二年级分三级实验：一级物理实验（基础物理实验）、绪论课、22个实验，二级物理实验（综合性、设计性实验）、28个实验，三级物理实验（现代物理实验技术）、26个实验；三、四年级分三级实验：四级物理实验（研究型实验）、20个实验，五级物理实验（专业基础实验）、2门课、30个实验，六级物理实验（专业实验）、8门课。采取逐步加深，提高学生实验动手能力的实验课程体系。同时为了加强学生的实验课教学计划之外科研动手能力的训练，指导学生应用各种材料物理计算软件研究材料物理；了解掌握功能材料的合成、制备方法，通过一定的测试、分析手段，研究材料在光学、发光、电学、微结构等方面的性质，培养学生运用多种科研方法与手段，进行综合性实验能力训练。

理论和实践都证明，实验实习动手能力对理科学生尤为重要。中国每年有数十万学生去国外留学，普遍评价是学习考试能力很强，基础理论知识扎实，实验动手能力较弱。理论与实践相结合，教学与科研相结合，培养学生的实验、实践动手能力是高等学校的基本原则与宗旨，直到2010年我们还没有培养出1个诺贝尔自然科学奖获得者，难道我们不应该深刻反思吗？诺贝尔自然科学奖大多出自于自然科学，而自然科学又属于理科，理科又是一个实验科学，而实验教学又是中国高等教育的弱项，大家都重视理论教学，唯独关注不到实验教学。实验课教师学历低、评职称难、教学不行转行搞实验等问题如果不解决，不管是理科基地，还是基础科学拔尖创新人才计划，都很难培养出大师与世界级杰出人才来。所以，笔者认为，实验实习能力是基础科学人才必须具备的特征，是手脑结合的武器，是理论结合实践的必由之路，理科基地在选才与培养过程中一定要把它放到十分重要的位置。从"十一五"开始，"基金"将项目资助的重点转到学生科研训练与能力提高方面来，这才是基础科学研究人才培养的实质。

（五）创造性思维是基础科学人才成功的必由之路

创造是人类延续和社会发展的前提，人类正是靠着伟大的创造精神，才有了今天的文明。可以认为，创造就是人类为了获得新价值、建立新生活而主动地进行改造客观世界，发现客观真理的开拓性活动。

创造性思维是人类思维的高级形式，也是整个创造活动的实质与核心。人类社会的任何一项科学发现、创造发明，都是创造性思维的结果。与创造思维直接有关的有发散思维、直觉思维和灵感与潜意识。

发散思维是创造思维的主要形式。发散思维也叫扩散思维或求异思维，其概念是20世纪50年代由美国心理学家吉尔福特首先提出来的。发散思维从所给定的信息中产生信息，着重点是从同一的来源中产生各种各样为数众多的输出，并且很可能会发生转移作用。发散思维的核心在于它的创造性。也就是说，由于创造思维所包含的观念作用常常被描述为发散的，这也就借以显示出发散思维与平常解决问题过程中的集中思维是有本质差别的，发散思维的实质，就是它的创造性。

人是理性（逻辑性）思维的动物，但作为一个从事科学研究的人来说，他需要借助发散思维来实现他的科研创新活动，如果缺少了发散思维，他就有可能走入一条道，步入死胡同。只有发散思维才能带来创新的曙光，沿着不同的思路，多问几个为什么；朝着同一的方向，采取不同的方法，会带来意外的发现。作为基础科学研究人才，发散思维是研究与创新的重要思维方式。缺乏发散思维的人是不适宜做基础科学研究工作的。

直觉思维是创造力的起点，是创造思维的源泉。爱因斯坦特别偏爱直觉。他指出："物理学家的最高使命要得到那些普通的基本定律，由此世界体系就能用单纯的演绎法建立起来。要通向这些规律，并没有逻辑的道路，只有通过种种对经验的共鸣的理解为依据的直觉，才能得到这些定律。"[1]前苏联科学史专家凯德洛夫指出："没有任何一个创新行为脱离直觉的活动"，"直觉、直觉醒悟是创造性思维的一个重要组成部分。"[2]学者们认为，直觉思维实质上是大脑的一种高级的理性"感觉"，它以极少量的本质现象为媒介，直接预感和洞察到事物的本质的一种思维形式。它具有直接性、具体性、非分析性特征，是一种无暇思考的、心领神会的，或者说是一种无概念的理性"感觉"。通过较少的信息特征与非理性的感觉，在瞬间悟到了事物的本质，形成了创造力的起点，使创造性思维有了来源之水。但直觉是某一学科长期积累、长期思考的结果，只有那些具有扎实专业基础知识，又善于独立思考的人，直觉才勤于光顾。

同时，还要看到，直觉思维与逻辑思维在科研过程中是统一的，直觉思维是大脑右半球的功能，逻辑思维是大脑左半球的功能。直觉的闪现具有突然性、模糊性，它可以为创造成功提供契机，但不能直接提供完善的作品。爱因斯坦躺在床上凭直觉获得相对论的想法，然

---

①〔德〕爱因斯坦：爱因斯坦文集，第1卷[M]许良英等编译，北京：商务印书馆出版社，2010年版，第102页。

②凯德洛夫：《直觉论》，见《哲学译丛》1980年第6期。

而要把这一想法写成1万字的《论动体的电动力学》，足足花了5个星期。因而，对搞基础科学研究的人来说，不仅需要直觉思维，而且还要有很强的逻辑思维。尤其对创造思维来说，没有了直觉，就切断了创造的源泉。科学家们成就的大小，一定意义上取决于直觉。

直觉与灵感的关系，二者既有区别又有联系。准确地说，灵感是以直觉为起点的。在肯定性的直觉思维的基础上，经过一种量的积累导致质的飞跃，这就是灵感。在科学创造中，直觉可以帮助科学家在创造活动中做出预见，提出新概念、新理论。直觉和灵感都是勤奋的产物，所以是很难有意培养的。只有在科学道路上不畏难险的人，直觉和灵感才会经常光临。

关于潜意识在创造思维过程中的作用。潜意识是针对显意识而言的，潜意识概念是由奥地利心理学家弗洛伊德首先提出来的，是精神分析派的基本概念。从现代神经科学来看，人脑10^{15}信息单位的容量绝大部分储存在潜意识层面，只有少量信息储存在显意识层面，就像冰山一样，大量的潜意识在水下，极少量的在显意识露出水面。现代神经科学证明，自我们有记忆能力开始所经过的一切记忆与事件，都以某种神经网络结构模式的形式存在于潜意识之中，只不过无法提取而已。同时潜意识暂时没有用的时候，就会以潜意识形态存储于人脑深处，在需要的时候，这些存储信息就会以某种特殊形式突然以某种显意识态度闪现出来，形成直觉、顿悟和灵感。潜意识在创造性思维中所起的作用，大多都在二者交替过程中产生的。有时科研问题百思不得其解，但却在思维放松过程中的"三上"（马上、枕上、厕上）中突然产生灵感，获得解决。因而，潜意识层面存在巨大的创造潜力，是人类智力的宝库，需要进行科学的挖掘与提取。

基础科学研究人才通过勤奋努力，直觉与灵感的火花才会不断闪现，只有科学用脑，不断挖掘大脑的潜力与创造能力，用基础科学人才成长的特点与规律进行培养，才能为中国早日培养出杰出人才来。

创造性思维的核心是思维的批判性，凡具有较好创造性思维能力的人，都有较高的批判性思维能力。批判性思维就是在鸡蛋里挑骨头，就是在过去已有结论的科研成果中找问题。科学研究的目的，就是不断地接近真理，因为绝对的真理是不存在的。只有那些具有批判思维的人，才能不断地找出新问题，补充甚至否定前人的科研成果，这就是学术争论，只有这样，科学技术才会不断前进，不断日新月异。所以说，创造性思维的核心是批判性，只有具有较好批判性思维能力的人才能把科学推向前进。批判的目的是为了进一步提出新理论、新思想、新观念，而绝不是与其相反。这一点对搞科学研究的人来说尤为重要。许多重要科学发现都是在否定之否定中发展的。当然批判性思维也不是先天就具有的，一定要在教育和研究过程中逐步培养。

（六）良好的逻辑思维能力是基础科学研究人才思维的本质特征

逻辑思维是指按照逻辑规则，有步骤地对事实材料进行分析、综合、推理、判断，从而得出结论的思维过程。

逻辑思维有两方面的作用，其一是人类思维本质特征的体现，即任何正常人的思维都需要逻辑思维形式。逻辑思维是人区别于动物的重要特征。其二是一切科学理论体系的建立和科学的发明创造，都需要借助于逻辑思维。从科学理论体系的建立看，一切科学理科体系的建立都是以概念为基本细胞，通过判断与推理，支撑其基本骨架而形成的。无论是欧氏几何、牛顿力学，还是爱因斯坦的相对论，都离不开逻辑思维。一切科学发现都是灵感与逻辑思维的结合。逻辑思维在最终推理与证明中起到了十分重要的作用。例如，美国细菌学家弗莱明在发现青霉素的过程中，就成功地运用了灵感与逻辑思维。当他发现青霉素掉进葡萄球菌缸内时该菌全部消失的现象后，触发了他的灵感。但在其后的发现创造过程中，他大量运用了逻辑思维，他推理，只有能将葡萄球菌杀死的物质掉进缸内，葡萄球菌才会消失。把这种物质提取出来，就可获得一种新抗菌素药。最后弗莱明成功了。

另外，逻辑思维本身还可以分为净态逻辑思维、动态逻辑思维和定向逻辑思维三种形式。逻辑思维在个体思维获得、科学理念建立方面都起着极为重要的作用。所以，作为一个搞基础科学研究的人，逻辑思维就显得尤为重要。由于科研工作的特殊要求,科学家的逻辑思维应该都是非常出众的,因为直觉与灵感的火花需要逻辑思维并协调大脑右半球的功能去证明。

同时,由于逻辑思维形式的程序性与不可逆性,使其在创造过程的作用有了很大局限性。这也从另外一个侧面说明了在中学、大学,甚至研究生阶段一些学习成绩非常优异,逻辑思维能力很强的学生,在后来从事科学研究工作时,一直没有取得大的突破与成就的一个因素。但不管怎么说,良好逻辑思维能力一定是从事基础科学人才不可缺少的素质。

上面笔者只是从个体认知过程总结了基础科学人才必须具备的6个特质。这些特质对从事其他工作的人才也应该是具备的。但作为基础科学研究人才,这些特质对他们更有针对性、更有特点,有更高的要求,其中有好些方面呈现出基础科学研究人才成长的规律性特征。这些都是基础科学人才成长智力性方面的特征,因为它表现明显,易于把握、利于教育,也是学校教学的主流方向,易于总结与推广。影响人才成长的还有非智力方面的诸多因素,因为它们在每个学生成长过程中表现出不同的变量,概括不出共性,所以我们没有把这些特征总结与概括进去。如果需要的话,可以进一步深入研究基础科学研究人才个性心理发展特征。

基础科学人才培养不仅受到自身成长特点的影响,同时也要受到外部环境,主要受培养过程规律和因素的制约与影响。

(七)有利于自身素质发展的大环境

这里说的主要是学校环境。这个环境主要包括了软硬两个方面,软环境主要指学校的校风、学风,学校在国内外的学术影响力,已毕业学生在国内外事业发展状况,还包括学校的管理水平、安全度、人文气氛等等。软环境对人才成长造成一定影响,这种影响是潜移默化式的,甚至可以决定一个人未来的发展,千万不能小视。

硬环境主要是指教学条件建设,包括校舍的条件、人均教学和实验室占有面积、人均图书资料数量、人均体育设施面积、师生比例，尤其是教学设施、手段的现代化程度；人均教学经费、人均实验实习教学经费，尤其是学校或基地获有的国家重点实验室、研究中心、省部级实验室。国家重点学科、一级学科博士点、学校的教学固定资产、校院建设等都属硬环境。

软硬环境在学校是融合与交叉的，对于培养现代化人才，尤其是基础科学研究性人才来说，现代化科研条件与手段是必不可少的硬环境，一定是不能少的。在这个过程中软环境实际在潜移默化产生影响。为何高水平的人才，大多出在高水平大学，既与硬环境有密切联系，大多也与软环境有关。

（八）符合基础科学人才成长的办学思想、办学理念

办学思想、办学理念是对一所大学观念上的目标定位，是对学校人才培养规格与性质的定位。深圳之所以要创办"南方科技大学"，就是因为中国缺乏现代真正意义的科技大学。朱清时校长的办学思想、办学理念正好与其相吻合。因而，即使在国家没有批准办学资格和招生指标的情况下，仍然有一些有理想的学子们，宁可不要国家颁发的毕业证，也要去南方科技大学读书。这就是信念的力量。香港在十多年之内能把一所香港科技大学创办成为世界一流大学，也与其先进的办学思想、办学理念分不开。这不仅仅是一个办学条件和钱的问题。世界一流大学都有自己的办学思想与办学理念，不同的大学校长亦有不同的办学思想与办学理念。这种思想与理念，既有遗传性，又有继承性，甚至还有创造性。世界上那么多有个性与特色的大学无不与此有关。

由于大学的办学思想、办学理念不一样，它对人才的规格与素质要求也不一样，同样也会影响到考生对大学的选择。同时，中国大学办学思想、办学理念的同质化太多，差异性太少，影响了学生对理想大学、理想专业的选择。例如：北京某大学除了个别学科外，理科专业其他所有招收来的学生都是理科基地班的学生。基地班的办学思想与办学理念与普通班是有区别的，在其他学校，差别还很大。"基地"

是培养战略性人才的平台，是培养科学家的摇篮，即使是本科人才培养，也是为了培养潜在科学家的胚子。

所以，凡是在基础科学人才培养的学校，学科一定要按基础科学人才培养要求提出其办学思想、办学理念；考生也要依据自己是否对此有兴趣，是否将来会从事基础科学研究来选择，否则会造成两边资源的浪费。

无论一所学校规模水平怎么样，只要设有基础科学人才培养基地，就必须要按照基础科学研究性人才来培养，不管采取何种措施，办出什么特色，但人才培养的思想与理念必须是基础性、研究性，这个宗旨不能变。这是基础科学人才培养特点和规律所决定的。

（九）合理的课程体系，知识的高度融合与交叉是培养基础科学人才的前提

世界上没有最佳最科学的课程体系。课程体系是针对专业而言，专业又是针对学生的。在中国设置公共课对所有专业都是固定的，由国家统一设定。其他基础课、专业基础课、专业课由各校各学院专业自己设置，课程开设的门数、学时、学分、各种课程之间的比例，必修课、选修课的比例，以及采用何种教材等，各校各理科基地都有自主权。

目前中国高等教育仍然属专业教育模式，所以课程设置、课程体系跟着专业走。有什么样的专业，就有什么样的课程与课程体系，全国大同小异，理科基地课程设置虽然先进一些，教育水平虽然高一点，但依然大同小异。

由于课程体系决定学生的知识结构，有什么样的课程体系就有什么样的知识结构，这就导致一开始从课程上决定了学生的知识结构。大学生由于原有基础的差异与其兴趣爱好，不仅失去了专业兴趣，更要学习自己从不喜欢的课程，这还怎么样培养人才，进行教学活动？

在不变动专业教育的前提下，理科基地在这方面进行了实验与改革，但成效不十分突出。为此，理科基地的课程设置要个性化，对学

生个人合理的课程体系才能使学生建立最佳的知识结构。国外高等教育属于"育才型"，即教育学生"应该怎样思考"，而中国高等教育还停留在"传知型"，教学生"应该思考什么"的教育模式上。

如今是大科学时代，知识高度分化与融合。单凭一个学科专业的知识，从事基础科学研究，可能连门都进不了。基础科学研究发展到今天，那怕是一个微小的发现，都是学科融合与交叉的结果。近半个世纪以来，诺贝尔奖金获得（自然科学）单项奖2人以上的越来越多，而单个人获奖的概率越来越低。而且同一奖项是由不同研究小组（中心、研究所）在同一研究方向取得研究成果。大科学的协作精神在这里得到了完美的统一，而且同一研究方向的研究小组汇集许多不同学科的一流学者。这些一流学者也不是过去学科专业单一的学者，而是拥有多学科的知识背景，有的学者甚至拿到了2个甚至3个以上的不同学科的博士学位。未来的基础科学研究重大成果和诺贝尔自然科学奖金，只能授予那些在多条科学道路上攀登的科学家。

物质、物体原来就是一体的，过去由于人类认识的有限性，才将其分隔成学科的形式，进行学习与研究。这种分隔分科式的路今天基本走到头了，学科融合、交叉的大科学、综合学科时代来临了。用传统分科时代的理念来培养基础科学人才已经完全不适应了。

为此，基础科学人才的课程设置不仅要整合，而且学科结构也要整合，以至于基础科学人才培养基地亦要整合，这不是空谈，而是大趋势。

（十）拥有高水平的教学团队是培养基础科学人才的基础

名师出高徒，这是传统的经验，在今天大科学时代，仅靠一个名师已经带不出高徒来了，需要众多的名师来培养高徒。在分科专业时代，那怕是一个院士的知识也是有限的，作为基础科学的前沿研究的某一个点，就需要多个学科专业的知识，接受多位研究方向不同的专家教授的讲授与指点。你吸纳不同学者、不同流派的观点越多，你的基础知识就越坚实，你的想象空间就越广阔，直觉与灵觉就可能更多地光顾你。

为了使某一学科的教学团队优势能得到最好的发挥，组建更多更好的团队，国家教育部在提升高等教育质量工程方面，提出了建设"高等学校教学优秀团队"的措施，并对获得教学优秀团队的集体，给予精神与物质奖励。目前大多数理科基地都获得了这个荣誉，有的理科基地还获得多个教学优秀团队。这对基础科学人才培养是一种十分有远见的做法，带来的效果是非常好的。

高等学校教学未来发展趋势是团队化，集教学优势群体培养高水平创新人才。这种模式对基础科学人才培养来说更为重要。理科基地虽然建立了20年，前10年基本是在汇集教师，后10年才汇集和吸收了一大批优秀教师。但与国外发达国家高水平大学相比，理科基地整体教学能力和水平还是比较弱的，在教学理念上也是比较落后的。这需要一个教学思想与大环境的变革与政策调整。

（十一）教学与科研相结合是培养基础科学人才的基本原则

教学与科研相结合是高等学校的一条基本原则，是培养优秀人才的重要手段，它是德国柏林大学洪堡创立的三条原则之一（另两条是：学术自由、教学自由）。

中国自60多年前学习苏联体制后，科研的职能基本都由中科院承担，高等学校的科研职能十分弱化。直到改革开放后，才有了一定转变。高等学校科研职能有所加强，但却误解了柏林大学教学与科研相结合精神的实质，将科学研究与教学完全分离，导致高校办学"两个中心"模式。教学与科研相结合的本质是科研任务必须围绕教学进行，科研的项目就是教学的内容，科研的目的是为了提高教学质量。

今天中国许多高等学校已背离了这条基本原则，高校身份、地位、名誉等都是靠科研得来的，所获项目有些与教学有部分关系，很大一部分与教学没有关系，最不能让人理解的是许多教师的科研成果并没有渗透在教学内容中。高水平的教学必须是高水平科研的反映，高水平的科研成果必须渗透到高水平的教学中，这就是教学与科研相统一原则本质的体现。

这条基本原则首先应反映到理科基地教学中。依据基地学校原有水平和办学条件，这条原则在某些理科基地贯彻非常好，取得的成绩也显著，在有些理科基地就差很多。作为基础科学人才培养基地，在今后的评估中，应该把人才培养质量，即学生发表论文的数量、质量和获得各种奖励的等级作为评价理科基地的核心指标。只有这样，才能继续保证理科基地的品牌与辐射作用。因为学校所有的软硬环境和基地的软硬条件都是为培养基础科学人才服务的，培养不出来优秀人才，就是对国家资源的最大浪费，教育部、国家自然科学基金委要算这笔账，要计投入产出效益。

（十二）理论与实践相结合是培养基础科学人才的唯一途径

理论与实践相结合是培养高水平创新人才的最佳途径。对基础科学来说，两者结合得越紧密，人才培养质量就越高；反之就越低。

这实际上是一个最基本的教育原理，由于理解的误差，再加上条件限制，在教育实践中总是贯彻不到位。对理科来说就是一个基础理论学习与实验实习（即教学实践）的关系。由于专业教育的原因，中国理科基础理论课的教学质量是比较高的，尤其是理科基地理论课程教学、课程建设、教材建设做得尤为出色。应该说，中国理科基地理论课教学在世界上也是比较先进的，学生对专业理论知识的掌握程度亦是高水平的。唯独到实践这个环节，包括实验室的科研实验与野外的实习考察，总成为中国高等教育的软肋，即我们培养的大学生，基础理论知识都很坚实，考试能力亦很强，就是问题意识、创新思维和实验实习动手能力较弱，有些甚至很弱，其中包括中国理科基地培养出来的部分学生。

理科是一个实验的科学，是一个实践的学科。知识的掌握最终都要靠实验实习验证才能获得，所有的创造发现，都要在实验实习等实践过程中才能得到科学的证明与答案。缺乏这方面的能力，就不可能成为一个研究者，更不可能成为一个优秀的基础科学研究人才和科学家。

近几年，随着理科基地实验实习条件的逐步改善，随着"基金"

能力提高项目和科研训练项目，以及野外实习基地建设项目的大幅度增加，理科基地学生的科研动手动力、实验动手能力和野外实习动手能力有了较快提升。特别是野外实习基地建设项目的全国共享，对过去最薄弱教学实践环节起到了更大作用。

百余年来，所有诺贝尔自然科学奖金其成果全部都是从实践中得来的。理科基地和"基金"只有把这方面工作做得更好，获得诺贝尔奖这一天才会早日到来。

（十三）强化研究性教学，是培养基础科学人才最佳的教学方式

目前中国人才培养中存在的一个根本性问题，依然是教学的方式与理论。灌输式的方式从小学到大学，直到今天依然没有大的改动。柏林大学创办时遵循三大原则之一的教学自由原则，在中国现代大学制度中没有很好的贯彻。要培养世界一流的学生，必须把学术自由、教学自由、教学与科研相结合三大原则融会与贯彻，必须实施研究性的教学，这是培养基础科学创新人才的唯一途径与方法。

要实现这一目标，教师的教育观念首先要得到转变，通过研究性教学改变传统的灌输式教学。教师如果有了这一理念，便会对人才培养目标有新的认识，对能力培养和推进素质教育的重要性和必要性认识进一步提高，使得"以学生为主体，教学为主导"的观念进一步增强。研究性教学对完善人才培养模式和加强教学与科研相结合，推进学生科研训练，培养学生创新精神和实践动手能力更为重要。

通过研究性教学，教学方式方法不仅转变，学生学习的态度和方式也得到转变。在研究性教学中，教师可以把教学与科研结合起来，把传授知识与研究方法结合起来；学生既学到了科学理论知识，又学到进行科研的意识与思维方式。在教学过程中，真正将教学与科研结合起来。

基础科学人才培养之所以取得成绩，与基地高水平的教学是分不开的。研究性教学是培养基础性科学人才的一条重要规律。凡在理科基地人才培养成绩突出的学校，此类例子甚多，不一一举例。凡违背了这一条规律，就培养不出高水平人才。

八

中国特色基础科学人才培养新机制

（一）国家重视是实现基础科学人才培养的前提条件

近代世界科学研究中心从英国转移到法国，再从法国转移到德国，最后又从德国转移到美国，都是基础科学实力的转移，也是诺贝尔自然科学奖获奖人数的转移。衡量一个国家综合实力的重要指标是高等教育的数量与水平，这其中高等理科教育的办学水平又是衡量国家高等教育强弱的核心指标。因为理科是基础科学，是培养基础科学人才的平台，是培养未来科学家的摇篮，是培养诺贝尔奖金获得者的沃土。

因此，世界上凡经济与科技力量强大的国家无不重视基础科学研究与基础科学人才培养，新兴崛起的大国，想走强盛之路，必先从这里做起。日本就是一个很好的例子。

新中国建立后，我们全面学习苏联教育体系，应该说对理科还是比较重视的，理科一直是中国发展最好的学科，曾培养出了不少人才，对科技亦有比较大的贡献。但"文革"将这些成绩与经验全部打碎了。20世纪80年代初虽然理科基本恢复到"文革"前的状况，但中国的理科与世界的差距拉大了，加上当时社会变革中商品经济的冲击，理科被人们遗忘与抛弃了，优秀考生都愿意报考"外贸""经贸""国贸"和热门应用性理工科专业。理科毕业生分配也遇到了困难，再加上落后的理科办学基本条件，陈旧的教学内容与课程体系，不断流失的教师队伍，中国理科已经跌到了谷底，到了最困难的时刻。

1990年的理科兰州会议挽救了理科，挽救了中国的基础科学。抢救性的保护理科成为当时理科发展的主要工作，1991年理科基地的建立，表明理科基地保护已上升到国家层面，1996年国家基础科学人才培养基金的设立，说明基础科学与基础科学人才培养已引起国家领导人和国家相关部门的重视。这些功劳首先要归功于以苏步青为代表的老一辈科学家。科学家们的呼吁使之上升到国家战略层面，最终转化为政策支持，从另一个侧面也表明，国家及国家领导人对这个问题的重视程度在不断提升。

20世纪90年代国家每年拿出6000万元设立专项人才培养基金，是前所未有的。"九五"建设对理科基地来说，真是"雪中送炭""久旱逢甘霖"，是救命之钱。同时各理科基地在使用这笔救命之钱时，效率、效益、效果也是极高的，成绩亦是十分显著的，作用是十分明显的。五年时间，3个亿，中国理科基地和基础科学人才培养已走出保护的困境，逐渐显现出基础学科在科学研究和人才培养中的不可替代的作用。教育部和各高等学校更是感受到"基地"与"基金"对中国高等教育改革与发展带来的巨大变化与示范辐射作用。

随后，在相关部门努力下，国家继续实施基础科学人才培养基金项目，"十五""十一五"期间又分别获3亿元经费资助，"十一五"经费已纳入到科学基金的范畴内，成为经常性科学经费，"十二五"人才基金增加到7.5亿元（每年1.5亿元）。经费增加，说明国家对基础科学研究和基础学人才培养重要性认识的不断提高。

一项工作，一个发展规划，从专家学者重视，再到国家重视，最后变为一种制度，成为国家行为，成为国家战略的一部分，是需要一个不断发展、提升与变化的过程。由于部门与行业的分工，再重要的国家发展战略内容，如果不进行普及性的推介与宣传，一般人是不会了解的。如果不作理论与实践层面的深刻阐释，国家管理部门与国家领导层面也是难以光顾到的。从这个意义上讲，过去几十年我们对基础科学的战略地位与作用，基础科学人才培养的强国战略和高等理科教育在基础科学人才培养中的作用的宣传是远远不够的。即便是在高等学校，什么是理科？什么是理科教育？什么是基础科学？什么是特殊学科等等基本概念，又有多少人能回答上呢？

所以，我们首先要从科普宣传做起，再深入到理论与战略层面进行不断推介，让大多数人都知道什么是理科、什么是基础科学。例如，经过理科基地20年的招生、宣传与培养，对高中毕业生来说，"理科基地"已经十分熟悉了，对优秀考生来说，大多都已经成为他们的首选专业。但从国家战略层面，宣传力度与广度仍然是不够的，需要加大推介宣传的理论战略深度，才能保证国家层面的重视程度，才能保证可持续的投入。基础科学研究与人才培养是一个滞后的行业，其投入产出的时间可能是几年、几十年，甚至上百年、几代人。但不能因为滞后与不可预测性，就不去做、不投入。中国真正崛起、真正意义上的强大，只有世界科学研究中心转移到中国时才能算起。

1.把加强基础科学研究的战略地位提高到国家层面

改革开放以来，中国的科学研究取得巨大成绩，但仍然不是科技强国，因为我们的基础科学研究远远落后于美、德、法、日等科技发达国家。中国GDP总量已排名世界第二，但多数高科技产业的核心技术掌握在基础研究强势的发达国家手中。

首先，基础科学研究是综合国力竞争的重要战略资源，是新发明、新技术的先导，是技术与经济发展的源泉与后盾。进入21世纪以来，知识经济迅猛发展，综合国力的竞争将更加倚重于科学创新，而科学创新越来越明显地倚重于基础科学研究，基础科学研究本身也逐渐成为国际竞争的前沿领域。科技发展史证明,当代技术革命的成果主要来自基础科学研究的开拓,一个国家只有切实加强基础科学研究,其高新技术才会拥有坚实的发展基础。例如,美国企业近年来申请的专利中73%源于政府支持的基础科学研究。中国要建立创新型国家,首先要从重视基础科学研究抓起,从源头上给科技创新产业升级提供源泉与动力。

其次,基础科学研究是培养高层次科学与技术创新人才的重要平台。有人对自然科学诺贝尔奖金获得者做过跟踪调查发现,诺奖获得者,大都在研究型大学或科研机构接受过系统的培养。他们在大学本科时期就开始接触科学前沿问题,熟悉先进的科研手段;通过基础研究的训练,培养了科学严谨的思维方式,追求真理的勇气和创新意识,增强了运用科学方法解决科学问题的能力和把握科学工作规律的能力。基础科学研究不仅培养科学家,而且还源源不断地为高新技术研发、企业和管理等领域输送具有综合解决问题能力和创新能力的优秀人才,从而为现代社会的发展注入新的活力。

第三,要制定支持基础科学研究可持续发展的战略规划。在经济全球化和政治多极化的时代,基础科学研究已成为具有重要战略意义的国家资源。由于政府的主导作用越来越强化,国家层面的科学发展战略在很大程度上影响着科学发展的方向。科技发达国家的政策与实践证明,拥有充足的基础科学研究经费是基础科学研究发展的基本条件;拥有大批高水平的基础科学创新人才是一个国家跻身于世界强国之列的必要条件。一个国家要取得经济社会的全面、协调和持续发展,必须对基础科学研究和基础科学人才的培养做出超前的、高强度的、稳定的战略规划,可持续增长的经费支持。

2.基础科学人才是实施人才强国战略的基础力量

马克思指出,科学技术会生产生产力,这个生产力就是掌握了一定科学技术知识的人。邓小平认为:科学技术是第一生产力。也是指掌握现代科学技术的人,会成为推动生产力发展的第一要素。胡锦涛指出:实施人才强国战略,是抓住和用好重要战略机遇期,应对日益激烈的国际竞争的必然要求，是全面建设小康社会的必然要求。人才资源是第一资源，人才战略是第一战略，这一思想观念已深深印刻到国家领导人的心目中。

基础科学人才是科技创新人才和优秀管理人才的主要来源，是从事基础科学研究与教学工作的主力军，是发展高等教育，提高全民族科学文化素质的骨干力量。要实施人才强国战略，就必须清醒地认识到基础科学人才的基础性、战略性特征和源头属性。只有在理论和实践上将重视人才、培养人才和储备人才有机地结合起来，才能创造良好的人才培养环境。

基础科学本科是基础科学和高技术研究人才的源头，要提高中国原创新能力并在高新技术领域提高国际竞争力，在观念和行动上必须具有超前意识，而人才培养的超前则是重中之重。因此，一是树立基础科学人才培养超前于当前经济社会发展的观念；二是将人才培养工作向前延伸至基础学科本科阶段。鉴于理科基础科学人才培养具有明显的超前性，在重视对"显人才"支持的同时，应更加重视"潜人才"的培养，重视国家和基础科学的未来发展，以确保理科基地为中国应对日益激烈的国际竞争和全面建成小康社会提供源源不断的高素质人才储备，保证科学研究人才资源的可持续发展。

十多年的实践证明，基地的人才培养工作离不开"基金"的支持，在高等学校特别是综合性、研究型大学已经形成了特色鲜明的品牌，但是要巩固、发展乃至提高人才培养质量仍需要花大力气，进行高强度的投入。

（二）建立了专门培养基础科学人才的国家理科基地

前面已经述及，理科基地是中国20世纪80年代中期理科基础学科面临严峻困难时，为了保护与抢救理科基础学科而采取的一种不得已的政策措施。"基地"从1991年开始建立，它是一种新生事物，要创建一种新的人才培养模式，如何改，如何做，从来没有做过。但是有许多有识之士关心它、爱护它，特别是在众多科学家呼吁下，"基金"的设立，很快使理科走出困境，在改革与实践创新下，向着一个新的方向迈进。逐渐建成了一个具有中国特色的基础科学人才培养体系与模式，这是理科基地建立初期谁也没有预测到的。

1. 建立理科基地运行机制与管理制度

为了使理科基地得以健康发展，当时的国家教委出台了一系列针对理科基地的管理制度，特别是"基金"设立后，对经费使用范围、分配比例，每年都制定出台新的文件，进行科学化、规范化管理。各理科基地，从学校到基地专业学院也都依据国家教委文件，制定了更为详细的管理条例。由于有了这些制度与条例，自建立理科基地以来，基本没有发生过重大违规事件，而且目前理科基地管理越来越科学化，在总的基地建设方针指导下，形成了各具特色化、人性化的管理。理科基地的科学与高效管理方式，已经应用辐射到各个部门与学科建设中去，带动了其他学科的发展。例如：在招生方面，制定了学生考试制度、自主招生制度、面试制度等；在教学方面，制定了学制年限与弹性制、培养制度、教学制度、科研训练制度、实验实习制度等；教师给基地班上课的讲席制度、导师制度、主讲制度、竞争上岗制度等。凡是过去没有的制度和建立不完善的制度，在基地建设过程中全部都得以建立与完善，规范了制度建设对人才培养的作用。

中国现代大学制度在高等学校始终没能建立与完善，但在理科基地，我们有理由认为建立与完善了现代大学制度。理科基地是中国现代大学制度建设的缩影，需要更快地辐射到其他学科和没有基地的学校，加速中国高等教育现代大学制度建设。

2. 吸引了一流生源

理科基地自第一年开始招生，由于大力宣传与推介，招生质量就得到提升。尤其是进校后进行第二次选拔的基地学校，学生质量提升更快一点。无论怎样说，自20世纪50年代初学习苏联高校学科体系后，理科一直是中国建立的最好最标准的学科，它的基础性、规范性、教学条件、师资力量比其他学科还是要强，只是受80年代商品经济大潮和当时社会思潮影响，许多优秀考生不愿报考理科基础学科而已。随着理科基地条件的改善，各种优惠条件的出台，选择理科的优秀考生又恢复到以前水平，而且更为优秀。

尤其在中国这个学而优则仕的国家，学科与分数与智商都挂上了钩。高中阶段文理分科就是最好的说明，一流的学生学理科（大理科），到高考时，理科分数最好的学生又去理科基地基础学科学习。中国有句俗语叫"学好数理化，走遍天下都不怕"。理科基地的建立，很快使一流考生回归。如何将他们培养成才，是理科基地面临的一个大问题。

3.建立本科生与研究生统筹培养新体系

1999年中国高等教育第一次开始大规模扩招，本科生招生数量多了，可选择的优秀人才更多了。21世纪初，国家已逐步加大研究生招生数量，高等教育在迅速扩张。这就为理科基地学生继续深造提供了机会。20世纪90年代，推免和考取研究生的比例还比较低，因为研究生招生数量少，虽然理科基地学校加大了基地班学生推免研究生的比例，但一般都在50%左右。自21世纪初开始，由于研究生招生人数增加，理科基地学生推免加自考，一般比例达70%～80%，最高的达90%以上，甚至100%，其中有少数高水平学校考到国外研究生比例也不小（10%～30%）。本科生与研究生培养的一体化已成为新问题。部分有基地的高校在本科生与研究生统筹培养方面进行试点改革，在一体化培养方面，采取了不同的模式，有本硕连读，有本硕博连读，还有直博生等。不仅有理科基地的学科与学校建立了一体化的培养体系，甚至没有"基地"的学校也都在实行和运行这一人才培养新体系。

本科生与研究生一体化培养是高等教育发展到一定阶段的必然产物，而中国以"基地"的形式来构建这一体系，与国外是有差别的，有自己的特色。理科基地本硕一体化教育，是考虑与尊重70%以上学生继续读研意愿而设计的，其中也包括了交叉考生的意愿，同时还要充分尊重部分不愿读研学生的利益。在这方面，各基地学校都进行了多种培养方案和模式供学生选择，空间也是比较大的。本科生与研究生一体化培养,统筹兼顾也是中国理科基地人才培养的一个特色和优点,各个基地点差别亦是比较大的。

4.理科基地成为国家战略性人才的培养平台

在没有理科基地之前,中国没有培养精英人才的平台,更没有培养国家战略性人才的基地。一个国家的强盛与崛起与这个国家高等教育的强盛与崛起是一致的。理科基地的成功转型,即从保护、抢救,到复苏发展,再到巩固、提高和创新,走出了一条中国特色的基础学科人才培养的模式,使理科基地成为国家战略性人才的培养平台。据初步调查,理科基地培养的大批人才,继续深造后大部分选择了基础科学研究事业,虽然有部分基地学生出国深造了,但他们在国外干得很好,主要还是从事研究工作。还有一部分选择了回国,一些人才在国际学术界都是杰出科学家,留在国内早期理科基地班的学生,50%以上的从事学科基础科学研究,有的学科高达80%以上,而且这部分人已经成长为中国基础科学的学科带头人和中坚力量。高水平的理科基地源源不断地为中国培养、输送和储存了一大批国家战略性人才,而且部分优秀人才渗透到其他学科(工、农、医以至社会科学)和应用性学科进行深造与发展,带动了其他学科的发展。这些人才将会对中国科学事业的发展,高等教育的发展,以及高科技产业的发展,提供战略性人才保证,推动国家整体实力的增强。特别是对中国几个特殊学科点的发展,不仅摆脱了人才断档的威胁,而且仅在“九五”和“十五”期间,就有40多位受资助的研究生充实到这支队伍中,成为其重要补充力量。

(三) 设立了专门的国家基础科学人才培养基金

我国高等教育自20世纪50年代采纳苏联模式后,中国的科学研究与专门人才培养完全分离了,建立了科学院和高等学校两个不同的体系,科学研究主要归科学院主管,高等学校主要职能是人才培养,只有少量的科研工作,大多与教学有关。直到改革开放后,随着对外交流的加强和中国高等学校迅速发展,高等学校科研机构、科研力量的不断壮大，高等学校的科研力量已全面超过了科研机构，国家级科研成果逐年增多。但两种体系始终不能融合到一起。科学院系统有较为充裕的科研项目、科研经费，诸多国家实验室、研究中心，有配置先进的科研资源，但科研力量不足、培养能力缺乏、人员断档问题突出。而高等学校在建理科基地之前，理科教育已遇到前所未有困难，基础科学跌到谷底，招不到优秀学生，办学条件差，优秀教师流失，教学与科研经费严重短缺。

许多科学家为这种状况着急，如果继续下去，将会对中国基础科学研究造成不可弥补的重大损失。于是以苏步青为代表的数十位科学家上书党和国家领导人，呼吁国家要重视基础科学研究人才的培养，建议拨专款支持这项工作。后经时任总书记江泽民和时任国务院总理李鹏批示，"九五"期间每年由6000万元，5年3个亿用来设立"国家基础科学人才培养基金"。"国家基础科学人才培养基金"列为国家自然学科基金的一个项目基金，基金管理的具体工作委托国家自然科学基金委负责组织实施。1997年9月4日，"国家基础科学人才培养基金"管理委员会成立暨第一次会议在北京举行，掀开了国家自然科学基金委对"基地"实施"基金"管理的新篇章。

基础科学人才培养基金的特殊作用和中国对基础科学人才培养基金实践的成功经验体现在多个方面。

1. 开创了科教联合培养人才新途径

长期以来，中国在人才培养方面，教育与科研是分离的，是两条不同的途径与轨道。这种模式也就造成了人才断档、资源浪费的状况。基础科学人才培养基金的实施，保证了国家理科基地的可持续发展，丰富和完善了自然科学基金的人才培养资助体系，开创了科教联合培养人才新途径。基础科学人才培养基金制度为中国高等理科教育注入了新的活力，充分调动了理科基地所在高校的办学积极性，为基础学科的快速发展做出了重要的贡献。过去科研基金与人才培养是不相联系的，而今天，科研基金中也包含有人才培养基金，人才培养属于科研的一部分，把科研与人才培养有机地联系起来，而且作为一种新的制度长期保留与延续下来，这应该说是中国基础科学人才培养的创新与特色。它既不同于苏联模式，又与美国模式有差别，是中国特有的一种新模式。这种模式在国家自然科学基金委的科学有效管理与运行下，变得越发有朝气，"基金"资助从"九五"的3个亿到"十二五"的7.5亿元，比国家自然科学基金委刚成立时的自然科学资助经费还多。

2."基金"的"品牌"效应

理科基地之所以能获得新生，很大程度上取决于"基金"的作用。因为有了"基金"的可持续投入，使得理科基地立刻起死回生，并很快超越了其他学科。理科基地成功的办学实践聚焦了社会的关注度，迅速产生了广泛而深刻的社会影响力。在"基金"的支持下，理科基地的办学条件、教学条件、实验与实习条件得到根本性改善。为了培养一流人才，理科基地根据各校自己的特色，进行了全面、系统、深入的教学改革和人才培养模式改革，大幅度培养与引进高水平教师，教师的教学水平和科研能力迅速提高。目前全国最好的基础学科，绝大多数都在理科基地，"基地"是学校的"品牌"，而"基金"又是"基地"的品牌，没有"基金"支持就不可能有今天"基地"的辉煌。由于这种"品牌"作用与效应，理科基地办学质量不断提高，其在国内不仅达到一流水平，有不少学科逐步在向国际先进水平靠近，个别学科已经达到国际先进水平。这就是"基金"的"品牌"效应带给中国基础科学人才培养的最大贡献。

3.国家基础科学人才培养基金的支持与辐射

"基金"是一种社会责任，"基金"不仅调动了国家力量，而且调动了有关各方面的办学积极性。基地所在学校将理科基地当作"国家队"予以百般呵护，在政策、经费及保障等方面给予了大力支持，为基础学科的快速发展做出了重要贡献。据统计，2000—2003年，"基金"累计投入18000万元，而基地学校自筹资金投入高达82000多万元，是"基金"投入的4.5倍，各高校首先保证了"基地"建设经费，使得学校的办学积极性得到了充分发挥。这都与"基金"有密切关联，"基金"支持"基地"时，就有一条明确的规定，各基地高校必须要1：1配套。

在"基金"支持下，中国理科基地探索出了一条培养基础科学人才的新途径与新机制，这些都是改革、创新、实践的结晶，是成功的。理科基地的办学思想和成功实践对基地学校的非基地专业和没有基地的院校都具有很大影响，其示范作用十分显著。作为一种范式，通过对口支援、教师培训、交流访问等方式，将先进的办学模式和人才培养经验传播给全国高校，大规模提高了高等教育办学质量。

4.基础科学人才培养基金的实施，创立了基金制人才培养的新模式

以"基金"的形式来资助人才培养，在中国是首创，国际上亦鲜为人知。基础科学人才培养基金的实施，既丰富和完善了科学基金人才资助体系，又促进了科学与教育的结合，同时还积累了通过项目制管理推动教学改革的宝贵经验。

为了这个新生事物，国家自然科学基金委在管好、用好"基金"方面做了大量工作，制定和出台了一系列相关文件与制度。提出了通过整体规划与分阶段实施，面上推动与重点建设，政府宏观管理与专家指导咨询相结合的指导思想，稳步推动了基础科学人才培养工作。在项目执行过程中充分体现了科学基金制管理的特点，按照"科学民主、公平竞争、鼓励创新"的机制，贯彻"依靠专家、发扬民主、择优支持、公正合理"的原则，依托专家通过评估检查工作，及时诊断问题，交流基础科学人才培养成果，有力地推动了基础科学人才培养工作，促进了人才培养质量的提高，从管理层面构建了一个基础科学人才培养的新模式。

九

基础科学人才培养的新途径与新思路

综观20世纪下半叶，中国高等教育最大的教学改革举措，就是人才培养模式的改革。1990年的理科兰州会议将人才培养划分为基础理论性与应用性两种不同培养规格，这是中国以国家政策的形式从理论上对高等教育人才培养模式进行了定位与定性。这种改革政策首先是为理科制定的，其一是为了保护"少而精"的少数理科专业，将其建设成为"基地"；其二是将大多数理科改建成为社会需求的应用性理科专业。这种改革措施最后推广、辐射到整个高等教育领域。

实际从20世纪80年代中期开始，许多省级理科院校，包括少数重点综合性大学，为了适应社会发展的需求，将理科基础性专业改为应用性专业，例如：应用数学、核物理与核技术、应用化学、生物技术、计算机工程、城市规划等诸多应用性理科专业不断涌现，而且其培养目标、规格、方案、课程结构、教学内容等都发生了根本性变化。理科应用性专业改革与人才培养是适应社会需求的自下而上的改革，并且很快获得成功，理科兰州会议只不过以国家政策层面给予了肯定与推广。

在这个阶段，一些部属重点综合大学的理科确实面临着极大挑战，也不得不进行了一些改革。大部分重点综合性大学都试办了理科基地班，南京大学还办了大理科试验班，多少积累了一些实践经验，也为理科兰州会议以后建立国家理科基地提供了理论基础与实践范式。

第一批理科基地1991年获批。基地是一种全新的人才培养模式，如何办，在国家层面只有遵循1990年理科兰州会议上提出的指导方针：人才培养的规格是理科"基础型"；培养目标是基础宽厚，善于宏观决策和管理，能从事重大课题的研究攻关，其培养应与国际接轨。这条"基地"人才培养目标定位是以满足国家对基础科学人才的需求为前提，符合基础性、研究性和国际性的培养规格。这是理科基地总的培养规格与目标，但要具体落实起来，难度是很大的。首先是各基地专业的学科性质不一样，涵盖了数、理、化、生、天、地，还有后来审批的农、林、医、心理和特殊学科点等多种学科，而且不同学科在基础性人才培养目标和规格方面要求差距很大。其次是各理科基地的原有办学条件与人才培养条件相差亦很大。如何确定不同学科的基础科学人才培养方案与模式，对理科基地来说任务是十分艰巨的。

好在有共性目标，即基础性、研究性、国际性三大目标规范并指明了人才培养的方向，同时"基金"制定的经费资助范围也为基础科学人才培养模式设计了改革的范围与进程。基地建设的目标只有一个，就是建设世界一流学科、培养国际一流人才。

为了国家的强盛，为了学校的声誉，为了学科的实力，在"基金"和国家其他经费支持下，一项宏大的基础科学人才培养工程以科学基金的形式生存与发展起来，并取得显著成绩，逐渐形成了具有中国特色的基础科学人才培养新模式。

(一) 制定了新的基础科学人才培养目标、培养规格

在总的培养目标指导下，依据不同学科制定不同的培养目标，同时在保证培养目标相对稳定的情况下，依据国际科技发展变化趋势与国内社会经济发展需求，对学科培养目标进行调整，以保证基地人才质量规格符合和适应时代需求。

例如：兰州大学地理学基地，其培养目标是：培养知识广博、热爱大自然和地球科学，掌握定量技术（如数学、计算机科学、统计学等），富有创新、创造、创业意识，具备学习、实践、创新能力的从事地理学基础研究的人才。

这一培养目标，要求专业知识和基本技能应具有以下几方面的规格：

第一，具有强烈的爱国主义情感，高度的民族自尊心和社会责任感，高尚的道德品质。具有独立的人格和主体性，良好的合作精神和团队精神，较强的社会适应能力。

第二，广博的知识面，具有坚实的数、理、化、生基础知识，具有解决人文与社会科学的兴趣和基本能力。创新能力的形成需以掌握丰富的科学技术知识为基础，具有及时掌握日新月异的现代科学技术知识的能力，才能站在知识创新的前沿。

第三，系统掌握地理科学的基础理论、基本知识、基本技能，了解地学及与本学科相关（直接、间接）学科的发展趋势与应用前景，具备获取知识、应用知识和创新知识的能力，以及具备将本学科知识与社会现实，其他学科知识相结合的能力。

第四，具备通过野外综合考察、遥感图像判读、实验室操作等获取第一手地学资料和地理信息的能力，熟练掌握数理统计分析和计算机技术，并能够用之进行定量研究。

第五，较强的语言和表达能力，包括绘图、素描、制表、摄影等等。至少要熟练掌握一门外语，熟悉文献检索和获取地学新知识及相关学科信息的手段和方法，并能以全球化的视野就地学的研究和应用

进行沟通、交流、合作。

这个培养目标定位与培养规格不是一次形成的，它是依据地理科学的发展逐步形成的。20世纪后半叶以来，地球科学突飞猛进，空前地加强了岩石圈、地球深部、大气、海洋和极区的探索，现今已形成为较完整的以"上天、入地、下海"为时代特征的、内容丰富的科学知识体系，即现代地球科学已经跨入了将地球系统作为整体研究的大科学时代。地球系统科学是新的交叉学科研究，是为了估测全球的气候和环境变化，研究人类活动与自然环境的特殊关系，集中研究能量和元素循环的陆地—大气—水系统交互作用的地球。所以地球科学的变化必然要求地理学教育人才培养目标规格的变化。

以此为例，各理科基地对各自的人才培养目标和规格也在不断修改，逐步完善，并依据学科发展融合与交叉的趋势，进行新的修订，以期对基础科学人才素质提出更高要求。

（二）逐步建立与完善一套适应基础科学人才培养的课程结构体系

课程既是人才培养的出发点，又是其归宿。学校培养人才工作的一切活动，都要通过课程来实现，再好的教学环境，再优秀的教学设计方案，再杰出的教学名师，都是通过课程这个环节来实现其人才培养职能的。课程体系决定学生的知识体系，课程结构决定学生的知识结构。我们制定的基础科学人才培养目标与规格最终能否实现，主要取决于课程结构体系。"基础研究性人才"与"应用性人才"在知识与素质方面的区别，还是由课程结构体系决定。不同理科基地学生质量与素质的区别也是由课程结构体系决定的。

理科基地建立初期，大家主要关心的是首先建立一个初步符合基础科学人才培养的课程结构体系，然后是尽可能使每门课程有教材，这是第一步。第二步才是课程与教学内容改革，在教育部和"基金"的支持下，对基地的课程从设置到内容进行现代化改革。第三步是精品课程、理科名牌课程、国家规划教材建设。少数理科基地刚跨入第四步，即采用国际同类学科先进教材，进行双语教学，但数量太少。从中国理科基地课程建设的时间和历程来说，发展已经是够快的，水平也有了较大提高。但毕竟这之前我们与世界先进水平相差近半个世纪，基础学科人才培养三大目标之一的国际化目标在课程方面差距仍很大。不过这个差距在不断缩小。由于中国高等教育国际化趋势和人才培养国际化速度在加快，理科课程建设的现代化速度也在加快，相信不远的将来，我们一定会赶上世界先进水平。课程是人才培养的核心，高校管理者和师生员工一定要牢牢树立这个理念。许多中国学生为什么要去国外一流大学留学，其根本还是为了学习先进的科学知识即高水平的课程与教学。

教学改革的核心是课程改革，有什么样的课程质量就会有什么样的人才质量，这是一条教学的基本规律。课程随着学科与社会的需求，也是不断变动的。课程除了相对稳定性的一面外，还具有变动的特性。例如：兰州大学物理学基地，1991—1999年课程方案调整的宗旨是：

1.调整课程设置，优化课程结构，力求结构合理，逻辑严密，内容新颖，符合教学规律和基地教学目的，强化理论基础和科学实验训练，以适应物理学的新发展。

2.强化基础课教学，力求站在新的高度，用现代观点和方法阐明基本理论，使基础课具有起点高、基础厚、覆盖面宽的特点。

3.不断改革和调整物理学专业教学的课程体系。

4.贯彻少而精原则，注意课程之间的衔接。

5.加强物理实验的基本知识、基本方法和基本技能的训练等。

1999—2004年的课程改革方案是：

1.总学分≥150，其中必修课85—88学分，指选课49学分，任选课≥6学分。

2.通过对主干基础课的教学内容和教学体系改革，处理各种课程结构之间的关系，在强化基础课的前提下，增加选修课比例。

3.对实验教学内容作了大幅度的调整与更新。

2004—2012年的课程改革方案是：

1.增加毕业总学分，达到167学分。

2.专业方向课由原来的5组增加为6组。

3.学校实行弹性学制。

4.根据人才培养要求，不断开展课程体系建设，理论课程教学过程中，突出"基础性、系统性、前沿性、多样性"等特点，增加专业方向课程设置数量，增加选修课程。

从这个相对稳定又不断改变的课程计划，并参照部分其他学校课程改革方案，可以看出这样一些特点：

其一是增强基础课、专业方向课程的数量；

其二是逐步增加选修课的比例，尤其是跨学科选修课；

其三是改革与加强实验课，增加课程与实验内容；

其四是增加边缘、交叉前沿的新理论课程；

其五是总学分有增加的趋势，比普通班要多一点。

（三）基础科学人才培养基地要拥有一批高水平高质量的师资队伍

理科基地能取得今天的成绩，能培养出这么多基础科学战略性人才，与高水平的师资队伍有直接关系。基地师资队伍从最初的流失到逐步稳定，然后是培养、吸收，最后是引进选留。而且学历要求越来越高，非博士学位莫谈，甚至推移到本科阶段非"985工程"学校莫谈。即便是有了这些学历和经历，如果不是国内外45岁以下著名专家学者（教授、博导），或者国际某学科带头人，或者没有在SCI来源期刊，甚至在高影响因子（A区）期刊上发表过文章，理科基地便很难进入。不仅东部高校理科基地要求严格，西部高校理科基地也差不多都是这个水平。

可以说，理科基地不仅培养了大批战略性人才，而且也带动了中国高等学校师资队伍素质迅速提升。特别是从国外引进的45岁以下的高端战略性人才与学科带头人，极大地带动了中国基础科学研究水平。一批送到（考到）国外又回来的老师，绝大多数都成为科研与教学的学术带头人和骨干,有些人已成为教学名师(国家级、省级、校级)。还有国内理科基地培养的人才,早期培养的有不少已成为国内外知名学者,一些年青人也崭露头角,成为教学科研骨干力量。

第一是高水平的师资队伍使基地学科建设、实验室建设取得巨大成绩。基地学科100%都有了一级博士学位授权点,重点学科、国家重点实验室、省部级实验室和各种研究中心。既为基地科学研究提供了各种资源,又为培养研究性人才创造了良好的科研训练环境。

第二是高水平教师队伍加强了学术交流。中国理科基地基本上都与国外高校或相关研究机构有科研协作关系,每年都有大量的讲学和访问学者进行学术交流,国内的学术交流活动更是频繁。这种交流有利于思想的激荡,百家争鸣,百花齐放。最终受益的还是学生,这对开阔他们的国际视野、了解学科前沿具有很大的帮助。

第三是高水平的师资队伍带来了先进的教学理念,提高了课程建设质量。尤其是从国外回来的专家学者,他们不仅带来国际前沿的课程内容,同时也带来了国外先进的教育理念与教学思想。这对理科基地课程建设和本科教学质量的提高,其作用都是不可估量的。它像一种新鲜空气起到了流通与循环作用,推动了教学改革的不断深入。

第四是充分调动了教师的主观能动性。理科基地既有优质的教育资源,又拥有优秀的生源;既有高水平的师资队伍,又有良好的育人氛围,这种优质的综合教育平台极大地激发了教师投入教学的热情。同时,理科基地通过制定一系列统优惠政策,在教师职称评定、教学津贴发放、教材出版资助、出国进修等方面,均向承担基地基础课和主干课的教师倾斜,有力地调动了教师从事教学的积极性和主动性。

第五,通过竞争,理科基地的教师结构日渐优化与合理。从年龄结构看,中坚力量是40~50岁的中青年学者。从学历结构看,40岁以下理科基地教师100%具有博士学位。北京大学、清华大学等高校理科基地具有博士学位者达到80%~90%以上,个别基地达到100%。从来源结构看,北京大学等一些高水平大学理科基地有1/3来源于国外,有1/3来源于国内其他高校和科研机构,有1/3来源于自己培养。西部高校理科基地教师国外来源相对少一些，约占10%左右，但校内外各占一半左右，来源渠道多元化。可以说理科基地教师结构趋于优化，高水平、高质量、结构优化的师资队伍是办好理科基地、培养国家基础科学人才的战略保证。

（四）能力提高（包括科研训练）在培养基础科学人才实践教学中得到较大幅度提升

前面已论述过，中国大学生的弱项就是科研动手能力差，为了改变这种状况，基础科学人才培养在这方面下足了功夫。"九五""十五"期间"基金"主要用在条件建设方面。从"十一五"开始，便提出转变资助模式，将主要经费以项目形式，来资助能力提高项目与科研训练项目。为了统一认识，2007年7月召开的第三届管理委员会第二次会议，经与会专家讨论，一致认为，第一，国家基础科学人才培养基金作为培养基础科学后备人才的国家基金专项，要紧紧围绕大学生科学素养和科研能力的培养开展工作，而不是教学或科研经费的补充，除此之外，目前尚没有用于这方面投入的专门经费。第二，条件建设项目应该在原有的基础上逐步形成系统性和完善性兼备的实验平台。按照基地创新性人才培养的要求，实验平台还存在哪些不足，如何根据基地人才状况和实验平台的现状进一步加强实验平台建设。第三，能力提高（科研训练）项目的组织实施应避免项目经费成为指导教师科研经费的补充，能力提高项目组织实施过程中应该在基地师生中充分发扬民主，项目的各个管理环节不搞黑箱操作，实行完全公开和透明，采取自上而下和自下而上相结合的能力提高（科研训练）项目组织方式。第四，会议还研究了项目中期检查和结题验收的标准和程序等问题。

会议对条件建设与能力提高（科研训练）项目提出了建设重点和目标要求。条件建设项目以实践能力培养为切入点，构建具有优势和特色的创新性人才培养平台，促进知识能力、素质协调发展，为国家提供高素质创新性后备人才的有力支撑；能力提高（科研训练）旨在促进研究与教育的结合，加强理科基础科学本科生的科研训练及特殊学科点研究生科研能力的提高，使学生的知识、能力、素质全面协调发展。

"基金"资助模式改变以后，资助力度加大，能力提高（科研训练）项目每项提至100万元～400万元不等，时间延长到2～3年。这一模式实施后，效果是明显的。但实施的方式各校不一样。北京大学各理科基地将其归纳为课外科研训练，目标是学生在受到系统的基本技能训练之后，正式进入毕业论文阶段之前，科研能力和素质得到进一步培养。同时强调课外科研训练的多元化，如：为低年级本科生开放教学实验室，为高年级增加研究型实验，并且提供多种本科生科研基金项目。这些基金项目有：国家大学生创新训练计划、国家基础科学人才培养基金人才培养基金——本科生科研训练项目，还有其他多种基金。

对课外科研基金运行模式有严格的管理规定。如：北京大学化学学院就制定有《国家基础科学人才培养基金本科生科研训练项目组织实施暂行办法》等。学生和导师双向选择，确立科研课题，但导师必须有在研研究基金项目并承担本科生教学工作。立项后，还要进行中期检查，遇到问题时，有负责老师与学生及导师双方面进行交流、沟通。结题时学生要提交科研工作记录本、论文形式的结题报告、结题评议表、本人新探索完成的工作分类说明，导师提交评议表。结题的组织形式：结题墙报展讲、分组织结题报告会，课外科研指导委员会进行综合评价，符合北京大学教务部"研究课题"规定的项目完成者，授予2～6个学分，计为专业选修学分。仅北京大学化学基地2008—2012年立项项目达275项，立项人次达289人。"十一五"期间，本科生在本科期间作为研究者发表了241篇SCI收录论文，其中第一作者53篇，第二作者90篇。专项课外科研训练，使本科生的科研素养和能力有了很大提升。

中国科学技术大学物理学基地，科研训练（能力提高）方面，采取另一种模式。他们的思路与方案是：坚持以学为本，以能力培养为核心，树立"融知识、能力、素质协调发展"的教育教学理念，充分利用校内的国家实验室、省部级重点实验室和国家级（物理）实验教学示范中心等已有的科研平台。充分利用中科院对该校的全力支持，通过多种途径和方式促进学生参加科研的实践，提高学生的实践能力，培养学生的创新精神。实施方案：开展"大学生研究计划"项目，学生可以参加教师公开的子课题和项目，也可以根据自己的兴趣申请立项。研究既不受时空限制，还可以在校内外研究所实验室进行。时间半年至一年以上。必须严格按科研过程进行项目研究，第一阶段要完成综述性调研报告；第二阶段为基本科研训练，主要训练方法、手段与动手能力；第三阶段为撰写研究论文，并在学术期刊上发表学术论文。

科研训练的方法内容：成立诸多课题组，有课题负责人，并由数位教授及专家学者组成某课题指导教师组，学生可以自主选择参与其中。在最初一至二月时间内，大学生将学习与科研项目相关的基础知识和背景。其后大致将选择、参与到具体的研究课题中，由高级科研人员带领进行前沿科学研究。高级科研人员会着重引导和锻炼学生全面的科研素质和能力。主要包括：

1.查阅文献、自主学习的能力；

2.凝练科学问题的能力；

3.动手解决问题的能力；

4.学术交流的能力（听报告、做报告、撰写科研论文等）。

理科基地学生绝大多数都参与了科研训练及创新活动。

学生通过科研活动，了解本学科前沿研究的最新动态，逐步掌握科学研究的方法和手段，培养优良的科学素质和团队合作精神，提高创新意识，最终培养学生成为基础知识厚、知识结构新、综合素质高、科研能力强的基础科学创新人才。

（五）基础科学人才培养模式的多元化选择

在大一统人才培养模式的年代，没有分流机制。分流机制主要是从理科基地开始的，其分流模式也是多种多样的。

案例一：北京大学地学基地建立了"1+2+1"三阶段通识教育指导的本科生培养模式。该模式的核心是"加强基础、淡化专业、因材施教、分流培养"，大一按学科群打基础，二、三年级按一级学科培养，大四在老师的指导下，结合自愿的原则，选修适量必要的专业课程或专业方向课题，使学生初步掌握科研工作必备的知识和技能。同时，建立了与该本科生培养模式相适应的"模块化"课程体系，其特点是：压缩了地质学必修课门数；矿床、古生物都放到选修课中，过窄的专业课放入研究生课程中，增加素质教育类课程，主要为人文社科类课程。

其教学理论：本科教育不应当是完全独立的教育阶段，本科教育应以通识教育为特色，通识教育是精英教育的基础，学校应以学生为中心。

其基本制度：自由选择专业，经过一年的通识课程学习后，根据能力和兴趣自由选课，允许学生选更深的基础课，鼓励学生跨专业选修；弹性学习年限3~6年，实行导师制，帮助学生进行个性化选择。

其课程体系：低年级学生学习通识性基础性课程，高年级学生学习专业性课程，鼓励学生根据研究生教育的需要学习，鼓励跨学科学习。

案例二：南京大学理科班模式。大理科班，实际在建理科基地前就开始试验了，在国内是唯一一家，1993年也纳入到理科基地。大理科班的办学理念是系统和深化大理科模式，探索适合南京大学学科特点的通识教育模式，建立通识教育与个性化专业培养相结合的人才培养体系。人才培养思路为"四个融通"：学科建设与本科教学融通；通识教育与个性化培养融通；拓宽基础与强化实践融通；学会学习与学会做人融通。

以地学人才培养为例，打破以圈层为界的人才培养界限，按"大地学"口径培养地学人才。南京大学自2001级起，每年从新生中挑选60名学生组成地球系统科学（大地学）基地班，其中地质学24名，地理学15名，大气科学21名，截至2006年已招生6届，累计招收本科学生356名，按上述新培养模式实施培养，三次选择：第一次选择在入学后，根据学生志向、素质和入学成绩，遴选出愿意从事基础地质研究的学生，组成"基地班"；第二次选择在二年级上学期进行，对基地班学生中不适应在基地班学习的学生个别调整，同时对非基地班学生按应用学科和专业方向分流；第三次选择分流在四年级上学期，通过选拔优秀学生免试攻读研究生的方式实施本硕连读。

在课程体系方面：打通地学三个系统基础课，设立4门学科群基础课；专业基础课按地质、地理、大气科学三个系统，三个基地学生可以互选，组织三个基地共同到野外考察实习。

理科基础课方面：强化数、理、化、生、计算机、外语等基础课程。

学科专业方向课程方面：增加介绍新技术、新理论、新方法的选修课程。

2006年南京大学组建匡亚明学院后，该学院设置数理、化生、地学、人文和社会5大模块13个一级专业分流方向。各基地班均被纳入匡亚明学院，实施"2+2"培养与分流模式；基地班的教学计划和学籍在大一、大二两年由匡亚明学院统一管理和组织，第一学年末学生可以跨模块或专业流通，人数控制在各个基地班的20%～30%；从第五学期开始，各个专业基地的学生分流到其所在院系，并按各自的教学计划组织学习和进行学籍管理。根据上述思路，将课程体系又做了相应调整。

通识课程（一年级），打通文理、强化基础、对话导师、早期介入科研。

大文大理课程平台（二年级），一次选择，大文大理；

五大模块课程（三年级），二次选择，按模块培养；

14个学科专业课程（四年级），三次选择，分专业培养，系统科研训练；

直硕（研究生），四次选择，多元交叉。

案例三：中国地质大学（武汉）地质学基地人才培养机制与模式

中国地质大学地质学基地实施的是以精英教育为目标的学籍动态管理机制与培养模式。他们将研究型人才培养方式划分为合格培养、重点培养、创新培养、选拔培养四种，采取"分流—补进""优补—淘汰"的学籍管理措施。

合格培养是在严格考核、动态管理、分流补进基础上，确保毕业生达到基本培养目标。主要手段是二次招生，第二学期初；分流补进，每学期；中期筛选，第五学期初；免试推荐，第七学期初；有偿分流，第八学期。中期筛选不通过者，分流到其他班学习。这些措施的实行，大大激发了学生的学习积极性，形成了比、学、赶、超的良好氛围。

在基地班内部，人才培养也是有区别的。重点培养是指采取一系列优惠政策和特殊措施，对部分优秀学生重点培养；创新培养是调动各种机制和手段，加强科学思维、创新意识和实践能力的培养；选拔培养是培养高质量本科人才，为硕博连读打好基础。

这种竞争性的基础科学人才培养模式，有利于调动学生学习的积极性，尤其是许多原来基础比较差的学校，大都采用这种模式，以提高资源的利用效率。

案例四：西北大学地质学基地本科生—研究生贯通培养的模式

由于西北大学地质学基地有比较好的学科基础和研究生培养的条件，同时本基地班的学生90%以上继续攻读了研究生，仅推免到本基地学院继续读研的就达到50%以上。为了强化基础科学人才培养的连续性、深入性，实施了将基地本科生与研究生培养贯通的机制与模式。为了实现这项改革，他们制定和提出了一些有利于这种模式的思路与措施。

其一是实施"创新课题研究基金"，强化本科生科学研究培训计划。

为了加强本科生科研能力的培训，基地设立地质学本科生创新课题研究基金，以强化学生的开拓创新精神，培养他们的创新思维、创业精神和实践能力，使他们尽早地参加科学研究、技术开发和社会实践等课外学术活动，并得到基本的科研训练。创新基金资助办法为：

"自主申请、公开立项、择优资助、规范管理"。2003年度,批准创新基金立项21项,总资助金额达1125万元。2004年度立项17项,投入总经费918万元。在已结项的2003年度、2004年度创新基金项目的实施过程中,承担项目的同学共提交项目学术论文70余篇,多数论文发表或获奖。创新基金提高了高年级本科生的创新能力,为实现本科生—研究生的贯通培养起到了极好的推动作用。

其二是形成了"教师、研究生、本科生"学术团队,培养学生的协作精神。

创新基金计划,使部分高年级本科生实质性独立承担小课题,加入到教师的科研群体中。本科生—研究生—教师共同进行野外工作,同场参加学术报告和学术讨论,形成了西北大学特色的科学研究群体模式。真正实现了将科学研究实质性地纳入教学过程与实践教学过程,学生的团队协作精神有了大幅度提高,科研训练实践教学也产生了质的飞跃。

其三是创办学术期刊,举行"学术论坛",强化学生科学研究学术氛围。

为了给学生搭建交流与互动的学术平台,基地于2004年依托创新基金的阶段性成果,创办了本科生的学术期刊之一《地学新苑》,全部由学生自主管理,至2008年已出版8期,发表论文80余篇。

其四是不定期举办本科生—研究生联合学术沙龙,实现师生之间、学生之间、学科之间的广泛交流和相互启发。

其五是从本科抓起,强化研究生培养过程管理,为"百篇优秀博士学位论文"培养后备人才,造就研究型精英人才。

其六是"后备师资计划",为本科生—研究生贯通培养拓展了新路。

本科生与研究生贯通培养的效果是十分明显的,自从按这种模式培养基地人才后,本科生发表论文数量大幅度提升,有40多篇;本科生、硕士生、博士生一次就业率自2000年以来连续8年达100%;从

1999年开始已有5篇博士学位论文入选全国百篇优秀博士学位论文。

实践证明,本科生与研究生贯通培养的机制与模式效果不错。实际上,中国大部分理科基地都有意无意采用这种人才培养模式,差别主要在管理机制方面。

十

对国家基础科学人才培养基金管理与资助的评价和反思

　　截至2010年，理科基地已建立20年，基础科学人才培养基金设立已15年，时间虽然不长，但它处于中国社会经济、科技、教育大发展、大变革的时代，从制度到体系，从经费到作用，从政策到措施，其变革之迅速，增幅之快捷，都是空前的。"基金"从过去的每年6000万元，增加到目前每年1.5亿元，增幅达2.5倍，确实让相关高校、专家学者喜出望外。

　　从国家层面看，由多位科学家呼吁，每年才资助经费6000万元，到每年1.5亿元，一是说明国家当时确实拿不出太多的钱；二是真正从战略意义上认识到基础科学研究与基础科学人才的重要性。现在有钱了，认识也提高了，但还是错过了不少时间，时间用钱是买不回来的。如果进行比较的话，在这方面我们比日本至少落后20年以上。

基础科学研究，一是靠钱，二是靠时间，千万急功近利不得。基础科学研究的最大特征之一就是无功利性，它是要发现揭示客观世界存在的现象、原理、法则及其运行规律等客观真理。它是科学技术创新的源头，没有基础性研究成果，就不可能有技术性的突破。所以目前世界上科学技术最发达的国家，依然是基础研究水平最高的国家。这个道理我们都懂，但制定政策，贯彻执行起来，就不太容易。除了它的无功利性外，再就是基础研究的不可预测性，即时间的不预测性，其成果也可能只有几年、几十年，也许需要更多时间，甚至可能会失败，其投入可能全部就没有了。一个既无功利、又看不到时间节点的科研项目，在一个功利社会、政绩社会中谁又会去大力支持基础科学研究呢？从这个视角审视20世纪80年代中国高等理科面临的困境应该是可以理解的。

（一）关于基础科学人才培养基金管理与使用的合理性

当第一笔"基金"批下来之时，作为救命钱，有些理科基地已经难已为继了。"九五"一期"基金"由于下拨时间较迟，所以就平均分配了（除数学少一些外）。考虑到一是"基金"管理的各项制度还没有完善与建立起来，二是绝大多数理科基地都缺钱，那点钱是雪中送炭了，不好倾斜。

经过"九五"建设，加上学校其他经费补助，部分基地，尤其东部高校不少理科基地基本条件已大为改善。西部理科基地由于基础条件比较差，"九五"建设经费投入后，有一些改善，但不明显。为此国家自然科学基金委又委托兰州大学对西部12个国家理科基地进行了全面调查，调研报告全面深入地将西部理科基地"九五"建设成绩存在的主要问题以及"十五"建设重点等方面做了翔实的报告，因为它实事求是、数据翔实、理论联系实际，具有很好的理论指导价值和实践可操作性，受到国家自然科学基金委和有关专家好评，并把它作为向西部理科基地倾斜的依据，"十五"期间最初几年"基金"每年向西部每个基地平均倾斜10～20万元。

"九五"建设过程中，国家教委、国家自然科学基金委都发现，理科基地建设差距很大，有些理科基地全部经费用在基地建设与人才培养上，少数基地建设经费使用不到位。特别是要求配套的经费，有些学校基本没有配套，原因是多方面的。为了使"基金"能发挥更大效益，在公平与效益面前，管委会集中各方意见，即在兼顾公平的前提下，效益优先，在"十五"期间，管委会首次在评估基础上，将"基金"资助额度拉开了差距，优秀基地比合格基地每年多了20万元，以资鼓励。这种方式一直执行到"基地"与"基金"解除捆绑，以项目形式资助以后。期间，"基金"在使用与分配中从未发生过一起不良和违规事件。

对这一段的"基金"运行机制、管理模式和资助方式，各理科基地一致认为，国家自然科学基金委做得非常好，管理十分到位。国家自然科学基金委自承担这项任务后，从本来就非常紧张的人员中，抽调人员成立专门管理机构，并迅速成立第一届管委会。同时进行"基金"各项管理制度的制定与建设，很快使"基金"运转起来，及时发挥效益。除了每年召开管委会汇报讨论相关事宜外，还研究讨论制定"十五""十一五"等各期间"基金"战略发展规划；各理科基地学科每年召开学术交流会数十次，互相学习，互相借鉴，并举办各种教师培训班，很快使"基金"的作用渗透到基础科学人才培养的各个环节；同时，认真总结经验，抓住基础科学人才培养重点和不同时期应资助的重点方向等，都说明，国家自然科学基金委在基础科学人才培养基金管理项目上是科学的、高效的，在很短的时间从一个外行走向内行，并建立起完善的规章制度，最终将其纳入到科学基金的一部分，使人才培养也成为科学研究的一部分，其功绩是不可磨灭的。

（二）进一步改革"基金"资助方式，严格项目评审与鉴定制度

从"十一五"建设期间开始，"基金"资助的方式进行了大转变，经费以项目的形式，主要用于条件建设与能力提高项目上。例如：2006年和2007年的两年间，共资助项目经费21330万元，其中条件建设60项获33%的总经费,能力提高70项(其中科研训练60项、野外实践8项)获总经费的57%,仅这两方面就达总经费的90%。尤其是能力提高项目超过总经费的50%,总方向是正确的。

目前中国基础科学研究人才培养中的弱项,仍然是实验动手能力与野外实习考察能力不足,理科基地学校虽然在这方面做了不少工作,投入了大量经费,但效果并不十分明显。理科基地整体水平人才培养高于普通学科,科研动手能力基地学生大多数也强于普通班,但与世界高水平大学人才相比,这方面的差距与不足仍然十分突出。

原因主要有以下几方面:

1.传统的人才培养观念根深蒂固

虽然高校的人才培养模式发生变化,培养目标、规格、课程体系、教学方法等都变了,而且变化很大,但是教学与科研相分离、理论与实践相脱离,重理论、轻实践这个观念仍然变化不大。从理科基地各学科的课程体系改革中就可以看到,有些基地不断地增加基础理论知识的课程与教学,不断增加课程、课时、总学分。选修课在国外高校一般超过50%,甚至更多,中国没有一所大学理科基地选修课达到这个水平。近些年由于各方面的投入使理科基地实验室的数量、质量有了大幅度提高,但大多是教师的科研实验室,为研究生所利用;本科生能到这些实验室做实验的,也就是教学计划中规定的实验项目与一般科研实验,即便有课题的创新项目,也必须在教师科研子项目下进行。像北京大学、中国科学技术大学和其他一些大学做出比较突出科研成果的基地学生,都是既有很好的已有研究基础,又有项目和经费支持,再加上自身的努力与开放的实验条件,才能获得优异科研成果。目前中国高校大部分学科,包括部分理科基地本科生研究项目,经费并不充裕,学校学院又不可能使每个基地学生的科研项目立项、有经费,有项目和经费的学生依然不是全部学生;同时,部分学生既没有做科研的能力,又没有这方面的兴趣,这部分学生甚至不如非基地班的优秀学生。笔者在查阅一些理科基地总结汇报材料时发现,凡汇报材料,全部是完美无缺。有些理科基地的汇报材料与经验总结与实验改革成绩是有差距的，甚至出现了问题，但大都不进行反思。其目的只有一个，就是"我们还行"，一定要拿到下一笔资助经费和项目。

虽然是国家理科基地，又是国家基础科学人才培养的战略平台，但依旧在目前高等学校人才培养这样一种教育体制下，人才培养的观念、理念不改，设计再好的方案都没有效果。存在决定意识，这是马克思主义的哲学原理。这也是基地20年了我们还没有培养出大师的原因之一。

2.与项目的鉴定与评审方式有直接关系

笔者在查阅相关资料时发现，国家基础科学人才培养基金年度执行报告内容写得非常简单。

例如：某一理科基地在第一部分总结成绩时写了七条，第二部分是60万元钱用到何处，只写了几行，问题没有。

有的理科基地只是列出每一笔钱用到何处，用于做什么事，没有一份标准、科学的年度执行报告。

改革后期大项目（数百万）的成果撰写，既缺乏标准的格式，也没有总结到位。有些人才培养教学改革创新的地方，没有概括与总结出来，更缺乏理论模式创新的总结。大多都是描述性、过程性、实践性的做法，没有达到课题申请时设计的标准与要求。

一般来说，应该要求"基金"项目申请人，既是专家教授，又应该是教育家。他除了具有专业方面的造诣外，还应具有教育家的素养。因为大学教师毕竟不是研究员，他一定要掌握教育规律、教学规律和人才培养规律。目前中国有些高等学校有一部分高水平的专家、科学家科研水平很高，但从高等学校的视角来看，他们未必是好的教授。因此，"基金"项目一定要给到那些既懂科学规律，又掌握教育规律和人才培养规律的专家学者手中。过去我们一味强调高学历、高职称、高层次引进人才是不全面的。在"基金"项目上要抓两头，一是项目申请，项目申请书除了学科专家外，还应有教育学专家把关。项目结项时，更应严格鉴定，要吸收至少一名教育学专家鉴定，达不到项目设计目标，缺乏理论与实践创新的坚决不予通过。在这方面国家社科基金比国家自然科学基金委要做得好。国家社科基金每年鉴定时,有20%左右的项目通不过,还有20%左右的项目要通过重大修改后,进行再次鉴定来确定能否通过。有部分长期通不过的项目被撤销,这会严重影响项目负责人的学术声誉。尤其进行网上通讯评审,非常严格,一次通过率在50%左右。而"基金"项目成果鉴定,几乎是100%通过。因为鉴定专家全部是同行,又是同一学科的,基本不提意见。一项国家社科基金重点项目过去资助额度12万元,目前为18万~20万元。而"基金"的能力项目达到100万元~400万元。主要问题是钱如何花出去的,用在什么地方。人才培养基金是软项目,经费使用的伸缩性很大,不像科学基金那样规范。最关键的是人才培养的滞后性特点,就更无法科学地衡量人才培养基金使用的直接效果了。

因此,笔者建议:(1)今后"基金"立项负责人,必须要有在高校至少3年以上教学工作的经历,当然教学名师、教学团队带头人更好,即必须有一定的教学经验。(2)要有教学改革项目立项并获得成果,即有教学改革与人才培养的经验;要有主持大型人才培养模式改革项目的经验和能力。经对近几年"基金"能力培养(科研训练)等项目负责人初步审定,有个别人甚至连什么是人才培养模式都界定不清,还怎么去搞这方面的研究。(3)"基金"项目负责人80%甚至90%以上都是基地学校或基地学院的负责人,这对基金项目不利。相当一部分是引进人才,科研能力确实很高,但其人才培养能力与对中国的教学改革的理解不十分到位。而绝大多数有经验的中年教师得不到"基金"项目。资助人才培养基金一定不能采取科学基金资助的方式,希望在今后的实践中进行改革。

(三)基础科学人才培养规律与模式研究项目进展缓慢,缺乏有理论深度的标志性成果

人才成长是有规律的,人才培养也是有规律的,只有通过长期的教学实践与教学改革,逐步探索基础科学人才成长的特点与规律。由于人们在人才培养过程中的理论思想与目标规格选择不一样,其培养的模式也就有了差距。但模式的差距再大，它们都必须遵循基本规律，脱离了基本规律，模式也就远离了人才培养的轨迹，没有什么理论与实践依据可言。

实际上中国基础科学人才培养的实践改革，从20世纪80年代中期就开始了，算起来超过25年了，改革实践如火如荼，改革模式多种多样。应该到初步总结的时候了，也有了理论可总结，并初步形成具有中国特色的基础科学人才培养模式与规律。"基金"在这方面也专门立了不少项目在研究，但至今也没有拿出一份成熟的研究成果。原因是多方面的。

其一，项目承担者大都为学科专家（现今绝大多数教务处长都是学科专家），他们学科研究造诣深厚，学科人才培养有一定经验。因为中国的课程体系、课程教改、教学改革都是按学科进行的，在这些方面他们是内行。但改革到了深水区，从理论和规律的层面来认识与总结教学改革与人才培养经验时，他们就感到力不从心，上升不到理论层面。从学科的视角看，要进行跨学科的研究，从理科进入到教育学科来总结研究成果其知识储备显然是不够的。即便总结出来，也是描述性的、实践性的。笔者在查阅相关资料时发现，有些研究项目把个体的经验总结为规律性的理论思想，这是不可取的。原因是项目负责人与鉴定者都不懂教育科学。我们常说，隔行如隔山，即使是院士，也解决不了自身学科之外的东西。

其二，人才培养严格意义上讲，属教育学科类，不管是哪个学科的人才培养，其规律与本质是不变的，只是把他们培养成为某一学科的人才而已。但项目研究者全部为理科教师，他们具有先进的学科前沿知识，有很强的学科科研能力，以及高水平的学科课程教学能力和如何培养高质量学生的实践能力，甚至还有很好的教改思路与措施。但这些能力都是他原有水平的整合，教学改革是以学科发展适应社会需要的惯性而进行的，大多缺乏理性的价值选择，所以，当有了一定的改革成果时，便无法从理性的价值观方面去总结，造成实践很多，理论总结不够的局面。

其三，相关教师参与程度不够。基础科学人才培养规律不是总结一个基地的情况，而是要总结一个学科的人才培养规律。这就需要较多承担有此类软课题的教师来参与，同时还要积极吸纳本学科有代表性基地的老师参加软课题研究。理论成果的总结遵循来源于人才培养实践又高于人才培养实践的宗旨，这样才有理论指导意义。规律性的成果需要大学科、众多教师的参与。理论总结不到位与参数太少有关系。

其四，项目负责人或成果撰写人，缺乏将整体研究成果综合到一起的逻辑概括能力和创新思维能力。对比理科与文科的科研成果的撰写，最大的区别在于理科是以实验数据作为推论依据，只要有科学翔实的数据，很快就可得出结论。而文科需要对改革实验的数据或例证进行抽象概括，并提出创新的理论思想与观点，这是两种不同的科研思维方法，让理科的学者去总结撰写类似文科类的研究成果，确实有点难度，甚至很难。

针对以上情况，提一些建议。

1.人才培养规律与模式研究项目要给合适的专家学者

基础科学人才培养规律与模式研究项目承担人，条件要求应该非常严格，既要懂理科，又要对人才培养理解深刻；既要对理科教学改革、人才培养有深厚的前期研究成果与基础，又要有很强的跨学科研究的能力。此类项目，最好选择国内该研究领域的最优秀的专家学者，进行委托方式进行研究，一定会有成效。自然科学研究部分项目，也是对已取得好的研究成果和具有学科研究潜力的项目与人进行专项支持的。如果此类项目依旧采用竞争方式，结果项目申请单位专门请人把申请书写得十分完美，设计也很合理，项目申请下来，没人做、没人做得了。项目结果要么是无限延期，要么以低水平研究简单交差结项。此类项目立了不少，目前还未拿出有价值的研究成果来。

2.要让懂教育科学或在教学改革方面有造诣有成果的专家学者承担或参与此类研究项目

"基金"开始专门立此类项目,其目的是要对过去十多年基础科学人才培养实践进行总结,使之上升到理论和规律层面上,藉以指导其他学科的改革,带动中国高等教育改革的深化。2007年3月在北京举行的第三届管委会第二次会议上,代表们对人才培养规律与模式研究的进展是不太满意的。为了解决此类项目的问题,笔者认为,一定要有懂得教育科学或教育学科专业毕业的专家学者参与进去,或者让在国内有一定影响并具有一定教改研究成果的专家学者参与进去,以保证此类项目的研究质量与成果水平。

3.人才培养规律与模式只设一个大项,分设诸多子项目

基础科学人才培养规律与模式,是对中国基础科学人才培养基地与基础科学人才培养基金的总结。它是一个非常宏观的大项目,下面涉及10个以上子项目。建议"基金"把它作为一个与能力提高相同的大项目,总经费不能少于300万元,然后设计10~15个子项目,子项目经费每项20万元~30万元。并且依据子项目的研究内容,专门委托给在此方面已有研究基础和成果的著名专家学者,而非一般管理人员,并与专家学者签订严格的责任书,要求必须定期出成果,违者处罚。方案应由负责人设计,最终成果亦由总项目负责人协调、检查、验收和汇总。

(四) 改革缺乏理论指导性与连续性

中国的教育改革,自近代起,就一直缺乏教育理论的指导,没有流派,也没有形成流派。1990年理科兰州会议以后,总算在国家层面和实践层面形成了两种不同的人才培养模式,即基础研究性人才与应用性人才。但在教育理论上,始终没有形成思想与体系。

虽然没有理论指导性与思想体系,但却规范了人才培养的目标与规格。随之理科基地便诞生了,基础科学人才培养基金设立了。凡有理科基地的学科,在"基金"的支持下,都在为建立高水平的基础科

学战略人才培养平台而进行不断的建设与改革，成绩是十分显著的，效果也是非常明显的。但建设与改革的进程与成效各校各基地差别比较大。原因主要可归结为两点：

1.改革缺乏理论指导

基础科学人才培养基地自建立之日起，在规格上只界定了"基础研究性"。这种人才培养模式如何构建，没有可借鉴的经验，各校根据自己的情况去摸索，去尝试。由于每个基地学校领导的办学思想不一样，办学理念有差别，其理科基地办学的模式也不一样。问题在于不一样也好，一直延续下去，也可能办出特色。但是中国学校领导、学院领导换得比较快，领导一换，前任领导制定的办学思想理念很有可能被后任者所改变，理科基地的人才培养机制与模式也随之而改变。政策、制度、机制缺乏较长期的理论指导性，导致改革没有形成一个统一的、长期的、有效的实践模式，理论总结就更难以进行。

教育改革缺乏教育理论指导，这是长期围绕中国教育改革与发展的重大问题，至今我们也没有找出有效的解决办法。20世纪60年代初，美国以布鲁纳的结构主义教育理论进行的改革虽然没有成功，但却推动了美国教育的现代化进程，中学改革失败了，但大学改革却成功了。这说明理论指导是多么重要。正因为没有教育理论指导，各学校、各理科基地的改革五花八门，并且一换领导就变。

因此，具有中国特色的基础科学人才培养模式的理论指导是十分迫切需要的。它要求从规格、目标、价值观、教学内容、课程体系、培养方式、教学环境、实验教学、实践教学、科研训练、能力提高等所有与人才培养有关的过程都要在某种教育思想理论指导下进行，这样才能早出人才、快出人才。经常变化的人才培养模式是培养不出优秀人才，更培养不出大师的。

2.改革的不连续性

前面述及，领导换了，改革思路就变了，甚至就不改了。笔者在进行项目研究调研时发现，某所学校理科基地从建立到改革发展过程中绝大部分文件和材料都没有了。领导一换，前面的改革材料全没了，后续领导不了解前面的改革情况，只能重新制定改革方案。再换领导还是如此，一个理科基地的一份较为完整的文件都找不齐，改革材料更是一上报就完事。国家教育管理部门也不可能将那么多改革材料全部储存起来，绝大部分都查阅不到。

还有更让人不能理解的是，有些改革研究十多年前就已经进行过了，并且已有了较好的成果。但由于研究者、立项者、鉴定者都没有保存此类成果材料，十多年后有人竟把它作为新项目申请，进行重复研究。这与管理者与管理系统有很大关系。管理者十多年换了好几拨人，不了解情况，十多年前是人工管理，换人就找不到了，现在是计算机管理，比以前好得多，更科学。

建议"基金"管理，将所有能储存和有保留价值的立项书、中期检查、评估报告、研究成果及成果鉴定等方面的材料要全部保存，有些以书面形式保存，有些可以以软件硬盘形式保存。

档案资料是科学研究的基石与母体，缺了它，有些信息可以重来，有些信息可能就永远消失了，希望各部门都重视它。

（五）没有形成我们自己的基础科学人才培养理论体系

中国"基金"和"基地"已经历了15～20年的改革实践与发展，但始终没有形成一套有理论价值的指导思想，或者说一开始就缺乏理论指导，摸着石头过河。当初为了抢救理科，提出建立"少而精"的基础科学研究与教学人才培养基地，但究竟以什么样的"模式"去建立，没有人研究过。规定了人才规格性质是"研究性"，那么研究性人才如何培养，却很少有人专门研究。我们的成绩就是在"基金"支持下，"基地"取得一点成绩后，不断地扩大，不断地实践。进入"基地"的目的就是为了经费，为了"品牌"，为了学科建设，更重要的是为了学校的声誉。"基地"在学科建设与教学改革中确实起到领头羊与辐射作用，但这其中许多有理论价值的思想、观点随着人事变动与改革机制的不健全被湮没与遗失了。

原因一，尚未做好充分的理论准备，没有试点，就开始不断扩张式的实践了，由此造成了改革的盲目性。"基地"由开始抢救委属综合性大学和个别理工科大学少数数、理、化、生、天、地理科基础性学科到确定50个专业点，很快拓展到包括医、农、林、师范在内的具有理科基础学科性质的学科专业。为了抢救与保护，连大科学工程与特殊学科也都纳进来了，最终国家理科基地点达到120多个。前后进入基地的时间相差17年，虽然人才培养规格没有多大变化，由于基地的发展方向变了，人才培养目标变了，人才培养模式更是多样化了。改革与实践更盲目了，各行其是，导致理科基地的水平、理科基地人才培养质量千差万别，水平相差甚远。因为从一开始我们没有从教育理论上提出一个"基础科学人才培养"的理论指标体系和指导思想。

原因二，没有从理论上揭示出基础科学人才培养的特点与规律。在基础科学人才培养方面，我们可能有世界上最丰富的实践经验，如果进行这方面长期的理论研究，是可以有成效的。问题是我们进行这方面改革实践的项目专家，缺乏该研究领域的专业修养，主持人才培养规律的项目负责人更可能是一个管理者。经验和规律是在大量试验和研究基础上总结和揭示出来的。缺乏科学的项目申请、评审机制，揭示不出人才培养规律，尤其是基础科学人才培养理论体系的构建，需要更多的实践探索，需要更长的实践时间来验证，一个 1 ~ 2 年时间的此类项目完不成此项任务。

（六）专才教育模式改革没有取得根本性突破

自从20世纪50年代初以苏联教育为蓝本，建立专才教育模式后，"文革"后虽经30多年的教育改革，教育的诸多方面有了很大变化，唯独专才教育模式基本未动。经过近60年的改革与发展，我们几乎已适应了这种模式，如有不适之处，修修改改即可以了。

理科基地，基础科学人才培养，并没有打破这种模式，一直在这种专才教育模式下运行，有些理科基地甚至把通才教育改革的一点成绩扼杀，比传统意义的专才教育还专才。他们的改革使得课程设置更趋向于专业化了，课程内容课程体系更适应专门人才培养了。如果我们仔细研究一下部分理科基地的教学计划，就会发现，专业基础理论课多了，基础理论课多了，专业领域的新课程多了，总学时、总课时多了，指定选修课多了，自主选修课比重少了。中国理科基地教学计划中，自主选修课很少有超过30%的。最主要的原因是由专才教育模式所决定的。许多理科基地的教学计划，大同小异，特色不明显。各基地也都进行了改革，但专才教育的时空限制了改革的深度与力度。

为此，要使中国基础科学人才培养取得革命性突破，就要进行大刀阔斧的改革。

首先，取消专业限制。基地可以选学生，学生亦可选基地。无论是何种培养与分流机制，在制度允许的范围内，学生可以自由选择基地专业，换专业、跨专业都不能限制，以使学生的专业兴趣达到最大化。最好到三年级时还可以选专业。

其次，实行全员选修制。除了公共课以外、理科基地学生自由选修课程，本专业的选修课占60%左右，跨专业的选修课占40%左右。选什么课程，由学生自己决定，实行个性化培养。如果打不破这个堡垒，基础科学创新人才培养就是一句空话。

第三，强化课程，淡化专业。学生的知识结构是由课程结构决定的。专业名称再好，没有好的课程，学生最终仍然学不到知识。20世纪70年代国外高校改革中，就提出强化课程，淡化专业。我们要提供给学生最好的课程、课程内容、课程体系，供学生自由选择，使学生在有效的时间内学到自己最感兴趣最想学的知识与课程，优化他们的知识结构。

在美国、德国的大学，学生"学"的自由的特征就是学生无统一的教学计划可循，什么时候学、学什么、是否参加以及如何参加考试，均由学生自己决定。

教师教的重点主要是教学生"应该怎样思考"，"而不是思考什么"，尤为重视学生能力的培养。

比较国外大学，如果不从教学制度上进行彻底改革，如果不让学生自由地学，自由地思考，那基础科学优秀人才培养仍然会落空。教育改革的突破口，希望从基础科学人才培养基地有所突破。

（七）基础科学人才培养基地的出路与选择

国家理科基地发展到今天，绝大多数办得都比较好，有一些非常好，但也有少部分并不十分理想，差距拉开了，有些国家理科基地办学水平和人才培养水平甚至比不上一些非基地学校的理科。理科基地开始是抢救保护，条件好一些以后就是发展创新。现今无论是理科基地的数量还是学生招生人数都达到了一个十分可观的水平，在部属综合大学，接近一半水平，个别大学已经超过一半。还用过去国家理科基地的统一模式、目标、规格来办理科基地肯定是不行的。

有人提出重新洗牌的问题。初期办理科基地就是为了抢救与保护，显然这个问题早已解决，理科基地发展建设得都很好。中期以后便是基础科学人才培养问题，经过人才培养质量的实践检验，这方面的战略性任务完成得也很好。国家理科基地还需要办下去吗？即便要办，就得重新定位，重新洗牌。

也有人提出，如果不能重新洗牌，就要实行优胜劣汰制。将一些达不到国家理科基地办学条件的基地淘汰出去，然后再选一些理科办得比较好的理科专业（包括试办基地），通过评审进入国家理科基地，实行弹性制以保持国家理科基地的活力与生命力。

笔者认为，国家理科基地办到今天已十分不容易，并且取得了很大成功，在国际上也是有影响的。国家理科基地作为一个培养基础科学研究人才的平台，已经为中国培养和储备了大量的基础科学研究战略性人才，而且中国目前有能力把它办下去。所以，国家理科基地一定要继续办下去。但为了增加其活力与竞争力，是到建立国家理科基地进出流动机制的时候了。教育部、国家自然科学基金委正在进行这方面的调查与研究，估计新的政策一定会出台。

（八）基础科学人才培养基金资助方式改革

"基金"从开始的平均分配，到后来的以评估成绩进行有差别的支持，再到申请项目为主的资助，经费的资助方式发生了很大变化。再从"基金"资助的内容来看，从"九五""十五"以资助教学基本条件建设为主，到"十一五"以后以资助能力提高项目（包括科研训练项目）为主，也是在不断地转变。从前面述及的"基金"资助方式、内容、经费比重等的变化看，"基金"不同时期资助内容与方式的变化，与理科基地的发展变化与需求基本是吻合的。即"基金"把钱及时地投入到理科基地最需要的地方，是及时雨，是雪中送炭，对理科基地发展和基础科学人才培养做出了积极贡献。

"十二五"基金增加到7.5亿元（每年1.5亿元），对人才培养来说确实不少。如何资助，应该说比过去复杂了，因为它是人才培养基金，不是科学研究基金，在使用上有很大区别。人才的素养是通过能力表现出来的，而基础科学人才的能力就在科学研究的素养，这种素养不是天生的，是要通严格的科研与训练才能培养出来。因而"基金"首先应该支持能够提高人才科研素养的各个过程与环节，尤其要大力支持有科研潜力与能力的学生，使他们尽早进入科研领域，早日接触科学问题前沿，以培养其科研兴趣与能力。

人才培养是一个十分复杂的系统工作，科研能力是在教学过程与科研过程中形成的。同时教学实践环节也影响学生动手能力的提高。因此，"基金"资助的方式和内容也不宜单一化，要随着基础科学人才培养规律进行调整与变化。还要严格项目立项制度中对项目负责人和项目申请书的评审，不能单纯以是否是科学家的条件来评审此类项目。人才培养项目成果鉴定时，一定要吸收人文社会学专家学者参加。

下 篇

中国基础科学人才培养的理论与实践
（2010—2020年）

十一

基础学科拔尖学生培养试验计划

"基础学科拔尖学生培养试验计划"又称"珠峰计划""拔尖计划""大学生优选计划"等，于2009年实施，是《国家中长期人才发展规划纲要（2010—2020年）》和《国家中长期教育改革和发展规划纲要（2010—2020年）》中的重要内容，是关系中国未来教育发展的战略性举措。其目标是建立拔尖人才重点培养机制，吸引最优秀的学生投身基础科学研究，形成拔尖创新人才培养的良好氛围，努力使受"拔尖计划"支持的学生成长为相关基础学科领域的领军人才，并逐步跻身国际一流科学家队伍。

（一）"基础学科拔尖学生培养试验计划"的发展历程

"基础学科拔尖学生培养试验计划"是教育部为回应"钱学森之问"而出台的一项人才培养计划。所谓"钱学森之问"，就是"为什么我们的学校总是培养不出杰出人才?"这是一道关于中国教育事业发展的艰深命题。

2005年,时任国务院总理温家宝在看望著名物理学家钱学森时,钱老曾发出这样的感慨:"回过头来看,这么多年培养的学生,还没有哪一个的学术成就,能跟民国时期培养的大师相比!""现在中国没有完全发展起来,一个重要原因是没有一所大学能够按照培养科学技术发明创造人才的模式去办学,没有自己独特的创新的东西,老是'冒'不出杰出人才。"2009年10月31日,钱学森在北京逝世,享年98岁。

2009年11月11日,安徽高校的11位教授联合《新安晚报》给时任教育部部长袁贵仁及全国教育界发出一封公开信:让我们直面"钱学森之问"。珠峰计划最开始从西安交通大学郑南宁校长在2009年暑期工作会议上的讲话中传出。郑南宁校长在讲话中说:"珠峰计划"只在五个学科——数、理、化、生物和计算机科学中实施。"前提是要求学校在基础学科,尤其在理科方面很强。"该计划是面向世界开放,教师来源除了组织学校最优秀的师资,还要从世界各地通过中央专项高薪聘请一批杰出的科学家来实施教学①。

2010年9月28日,时任中央组织部人才工作局副局长李志刚在"基础学科拔尖学生培养试验计划"实施工作会议上的讲话指出:"培养造就一批又一批优秀青年人才,是一个国家赢得和保持持续竞争力的关键。当今世界谁能培养和拥有更多的青年英才,谁就能抢占未来科技创新、产业革命和经济社会发展的战略制高点,谁就掌握未来国家发展竞争的主动权,赢得发展的战略优势。我们与发达国家的差距从表面上看是经济发展水平落后,但从深层次原因分析,最主要的是缺乏各类高水平的创新人才。至今本土未能产生诺贝尔奖获得者的国人之痛和为什么培养不出杰出人才的'钱学森之问',正是对这一深层原因的时代拷问。在知识创新、科技创新、产业创新日新月异的现代信息社会,一个缺乏创新活力的民族必然落后于时代,一个高层次创新人才严重匮乏的国家不可能拥有未来的核心竞争能力。青年决定未

①创新高校人才培养机制,深入推进"拔尖计划"实施——教育部召开创新高校人才培养机制座谈会 http://www.moe.gov.cn/jyb_xwfb/gzdt_gzdt/moe_1485/201312/t20131227_161469.html

来，今天青年的素质就决定国家明天的竞争实力，我们必须把加快青年英才开发，尤其是具有创新活力的青年英才开发摆到十分突出的战略位置，加大投入、加强工作力度，实施具有引领性、创新性、带动性的重大人才工程，努力打造未来中国经济发展的新优势。青年英才开发就是战略储备，我们要充分认识到，实施人才工程是《国家中长期发展规划》的战略立项，一定要把它做好。人才工程有可能到2020年还看不到明显的结果，但是到2050年要见到明显的成效，这是我们的战略考虑和战略目标。"[①]

　　通过李志刚的讲话，明确了"基础学科拔尖学生培养试验计划"是"青年英才开发计划"的一个子项目。"青年英才开发计划"主要包括三个项目：第一个是"青年拔尖人才支持计划"；第二个是"基础学科青年英才培养计划"，就是现在拔尖学生的培养计划；第三个是"高素质专业化管理人才培养计划"。这三个计划基本涵盖了各类人才的培养，是在中央人才工作协调小组统一领导下，由中组部、中宣部、教育部、科技部、中科院、中国工程院等部门组织实施。其中"青年拔尖人才支持计划"和"高素质专业管理人才培养计划"由中组部牵头组织实施，"基础学科青年英才培养计划"由教育部牵头组织实施。

　　2010年，"珠峰计划"首先从数学、物理、化学、生物、计算机学科开始，在高等教育界，"基础学科拔尖学生培养试验计划"一度以"珠峰计划"的代号流传。为避免这项计划被用于其他用途，教育部在出台方案时并未做大张旗鼓的宣传工作，并希望各入选校不宣传，不张扬，埋头苦干，切实开拓出中国培养拔尖创新人才的新途径。各高校不约而同地在当年高校招生宣传时，向中学生大力介绍这项计划的重要性，以增加对优质生源的吸引力。

　　2011年，教育部第三次新闻通气会介绍全国教育工作会议召开半年多来高等学校拔尖创新人才培养工作有关情况。时任教育部高教司副司长刘桔指出：为了尽快推进拔尖创新人才培养的改革试点，根据

---

① 在"基础学科拔尖学生培养试验计划"实施工作会议上的讲话 http://www.moe.gov.cn/s78/A08/gjs_left/moe_742/s5631/s7969/201210/t20121010_166814.html

教育规划纲要和人才规划纲要的部署，教育部、中组部、财政部也将共同实施基础学科拔尖学生培养试验计划。该计划的目标是在高水平研究型大学的优势基础学科，建立一批国家青年英才培养基地，建立高等学校拔尖学生重点培养的体制机制，吸引优秀的学生投身到基础科学研究，形成拔尖创新人才培养的良好氛围。努力使受计划支持的学生成长为相关基础学科领域的领军人物。这个计划先在数学、物理、化学、生物科学、计算机科学领域，选择了十几所高校实施。教育部成立了由国内外著名科学家组成的专家组，负责审定实施方案，选拔入选学校，指导各项实施工作[①]。

2012年3月19日，《教育部关于全面提高高等教育质量的若干意见》（以下简称《若干意见》）印发实施。就此，教育部有关负责人回答了记者的提问。针对人才培养模式单一、大学生实践能力和创新创业能力不强等问题，《若干意见》提出探索科学基础、实践能力和人文素养融合发展的新模式。实施好基础学科拔尖学生培养试验计划，探索拔尖创新人才培养模式；实施卓越工程师、卓越医生、卓越农林人才、卓越法律人才等教育培养计划，探索与有关部门、科研院所、行业企业联合培养人才模式。

2013年12月25日，教育部在京召开创新高校人才培养机制座谈会。教育部党组副书记、副部长杜玉波出席会议并讲话。杜玉波指出："要发挥基础学科拔尖学生培养试验计划（简称"拔尖计划"）对创新高校人才培养机制的示范辐射作用。拔尖计划实施四年来，高校在体制机制和教育教学上先行先试，以'领跑者'的理念建立拔尖人才培养试验区，以'圈''放'结合探索拔尖学生选拔方式，以'一制三化'探索因材施教模式，在选拔拔尖学生、开展因材施教、吸引学术大师参与以及加强国际化培养等方面初步形成了一套有效机制，带动

---

①教育部2011年第三次新闻通气会。http://www.moe.gov.cn/s78/A08/gjs_left/moe_742/s5631/s7969/201210/t20121010_166814. html http://www. scio. gov. cn/ztk/xwfb/jjfyr/10/wqfbh/document/1269296/1269296.htm

了本科教育质量整体提升。"①他强调："要进一步深化拔尖创新人才培养机制改革，坚持'少而精、高层次、国际化'的原则，完善拔尖学生选拔机制、创新人才个性化成长机制、科教结合协同育人机制、国内国外合作培养机制。高校要深入推进试验区综合改革，合理控制规模和学科范围，加强拔尖人才培养规律研究，将'拔尖计划'改革成果制度化，形成推进教育教学改革的长效机制。"②

2014年—2016年，教育部关于印发《教育部2014年工作要点》的通知、教育部关于印发《教育部2015年工作要点》的通知、教育部关于印发《教育部2016年工作要点》的通知，都指出继续实施基础学科拔尖学生培养试验计划、系列卓越人才教育培养计划。

2017年3月25日，基础学科拔尖学生培养试验计划工作研讨会在山东大学召开。来自教育部高等教育司、山东省教育厅以及北京大学、清华大学、普林斯顿大学、密歇根大学、牛津大学、波尔多大学等40余所国内外高校的140余名代表参会，以拔尖人才培养为主题开展了深入的研讨与交流。计划实施以来，清华大学、北京大学等20所试点高校大胆改革、努力创新，在选拔拔尖学生、开展因材施教、吸引学术大师参与以及加强国际化培养等方面形成了一套有效的机制。时任教育部高教司司长张大良介绍，这主要体现在以"领跑者"的理念建立拔尖人才培养试验区，以"选""鉴"结合的方法探索拔尖学生选拔方式，以"一制三化"（导师制、个性化、小班化、国际化）探索因材施教模式等几方面。截至2016年，"拔尖计划"已累计培养出毕业生四届3500名，支持本科生总数累计达7600名。在前四届毕业生中，96%的学生选择继续攻读研究生，其中约有65%的学生进入排名前100名的国际知名大学深造，10%的学生进入了排名世界前10名的顶尖级大学深造，初步实现了"成才率""成大才率"高的阶段性目标。拔尖学生普遍展现出既有远大理想又脚踏实地的精神风貌，在批判性思维能力、

①杜玉波同志接受《光明日报》访谈——让创新人才破土而出；2011-03-21(6) http://www.moe.gov.cn/s78/A08/gjs_left/moe_742/s5631/s7969/201210/t20121010_166816.html

②杜玉波同志接受《光明日报》访谈——让创新人才破土而出；2011-03-21(6) http://www.moe.gov.cn/s78/A08/gjs_left/moe_742/s5631/s7969/201210/t20121010_166816.html

知识整合能力、团队协作能力等方面表现突出,部分学生已在学术领域崭露头角,在世界顶尖学术期刊上发表论文,在国际大赛上表现优异。

"拔尖计划"的实施,吸引了一批有热情、有创新潜质的优秀学生以崇尚科学、追求学术为人生理想,这更激发了教师培养创新人才的热情,带动了高校全方位实施创新人才培养改革,并发挥示范辐射作用。张大良指出,拔尖创新人才处于人才金字塔的顶端,是科技发展和人类进步的重要驱动力,谁能培养和拥有更多的青年英才,谁就掌握未来国家发展竞争的主动权。高校作为智力资源最为集中的场所,必须肩负起培养拔尖创新人才的重要使命,要厚植土壤、广聚资源、加强衔接,继续优化拔尖创新人才培养机制,努力培养造就世界一流科学家和科技领军人才,为国家创新发展提供坚实的人才支撑。

(二)"拔尖计划"的入围高校

2011年,教育部门对基础学科的拔尖创新人才培养做了筹备,选择了17所中国大学的数、理、化、信、生5个学科率先进行试点,力求在创新人才培养方面有所突破。基础学科拔尖学生培养试验计划的入选高校是:北京大学,清华大学,北京师范大学,南开大学,吉林大学,复旦大学,上海交通大学,南京大学,中国科学技术大学,浙江大学,厦门大学,山东大学,武汉大学,中山大学,四川大学,西安交通大学,兰州大学。2015年,中国科学院大学入选。截至2018年之前,拔尖计划入选的高校及学科如表11-1所示:

表11-1 "基础学科拔尖学生培养试验计划"入选高校及学科

入选高校	学科
北京大学	数学、物理、化学、生物、计算机科学与技术
清华大学	数学、物理、化学、生物、计算机科学与技术
南开大学	数学、物理、化学、生物

续表 11-1

入选高校	学科
复旦大学	数学、物理、化学、生物
中国科学技术大学	数学、物理、化学、生物、计算机科学与技术
南京大学	数学、物理、化学、生物、计算机科学与技术
上海交通大学	数学、物理、生物、计算机科学与技术
浙江大学	数学、物理、化学、生物、计算机科学与技术
西安交通大学	数学、物理
吉林大学	数学、物理、化学、生物
四川大学	数学、物理、化学、生物
兰州大学	数学、物理、化学、生物
山东大学	数学、物理、化学、生物、计算机科学与技术
武汉大学	数学、物理、化学、生物、计算机科学与技术
中山大学	物理、化学、生物
北京师范大学	数学、物理、化学、生物
厦门大学	数学、化学、生物
北京航空航天大学	计算机科学与技术
哈尔滨工业大学	计算机科学与技术
同济大学	生物

（三）"拔尖计划"的组织形式和机构

针对该计划，教育部明确指出要在入选计划的高校内建立"试验区"作为"试验计划"实施的载体。在入选的高校，每所高校都以不同的名称命名"试验区"，如表11-2所示：

表11-2　"拔尖计划"高校的组织形式和机构

学校	机构名称
复旦大学	望道计划
南京大学	英才培育计划
厦门大学	拔尖学生培养试验计划
西安交通大学	基础学科拔尖人才试验班
南开大学	伯苓班、省身班
中山大学	逸仙班
吉林大学	唐敖庆班
同济大学	探索生命科学班
哈尔滨工业大学	深化英才班
北京航空航天大学	基础学科拔尖人才试验班
中国科学技术大学	科技英才班
北京大学	元培学院
清华大学	清华学堂
浙江大学	竺可桢学院
上海交通大学	致远学院
武汉大学	弘毅学院
四川大学	吴玉章学院
山东大学	泰山学院
兰州大学	萃英学院
北京师范大学	励芸学院

1.典型"实验区"介绍

(1)"北大元培"计划

元培计划是"元培计划实验班"的简称,现已更名为"元培学院"。元培计划是北京大学于2001年启动,以老校长蔡元培命名的本科教育和教学改革计划，并开办实验班。该计划着眼于未来社会发展对人才质量和人才规格的需求，坚持人为本，德为先、业于精的教育理念，实验班按照新的办学模式和培养方案，造就基础好、能力强、素质高的一流本科毕业生，为他们在完成整个高等教育后成为具有国际竞争力的优秀人才奠定坚实的基础。

元培计划努力贯彻"加强基础、淡化专业、因材施教、分流培养"的办学方针，充分利用北京大学学科齐全的优势和良好的教学资源，实践本科阶段低年级通识教育和高年级宽口径专业教育相结合的教育理念，突出基础、能力、素质三要素的全面培养，为研究生教育输送高素质、创新型后备生源，为经济建设和社会发展提供适应能力强的毕业生。

A.培养模式

一是元培计划实验班实行学分制。其基础是在元培计划各个专业教学计划框架内由导师指导学生进行自由选课。学生完成公共基础课、通选课及所选专业的教学计划设置的科目，修满规定的学分即可毕业，并获得所学专业的学士学位证书。元培计划实验班的学生低年级通识教育内容主要为：全校公共课（英语、政治、体育、计算机）；通选课（数学与自然科学、社会科学、哲学与心理学、历史学、语言学文学与艺术共五个领域）；公共基础课（理科：高等数学、物理学、化学和生物学，文科：高等数学、人文和社会科学）。高年级宽口径专业教育内容为学生在有关院系进行专业学习，修学各院系专门为元培计划规定的专业基础课和任意选修课。

二是元培计划实验班实行导师制。学生在学习期间可以得到由来自文、理科各院系资深教授组成的学生学习指导委员会的全程指导。每位导师对各自的指导对象进行选课、选专业、学习内容及方法等指导。导师由相关院系推荐，校长聘任。

三是元培计划实验班实行弹性学制。学生可在导师指导下根据自己的情况安排3～6年的学习计划，少则3年即可毕业。若在4年内仍未完成本科阶段的学习任务，则4年后仍可继续修读，直至修满学分毕业。

四是元培计划实验班原则上可自由选择专业。学生进校时只按文、理分类,不分专业。低年级主要进行通识教育,在他们对北大的学科状况、专业设置、培养目标以及其他情况有了进一步了解后,一般在第四学期前,可根据自己的志趣提出所希望选择的专业。但每个学生修读专业的最后确定决定于相关专业教育资源及学生本人的综合条件。

B.修读元培计划与直接在院系学习的不同

首先,教学计划不同。前者执行的是学校为元培计划单独制定的专业教学计划,而后者执行的是该院系的教学计划。元培计划与各院系的教学计划是有机衔接的,加强了基础课和增加了选修课。元培计划一年级不进入专业学习,只进行通选课和公共基础课等的学习;二年级上学期开始,学生在导师的指导下,通过修读自己感兴趣的专业教学计划的课程,逐步选择专业;元培计划的导师还注重指导学生阅读参考书、课堂讨论、论文写作等教学环节的具体实施,引导学生主动学习,独立钻研,全面发展,培养自我构筑知识的能力,同时还注意引导学生参与科学研究,了解学科前沿,培养学生的探索和创新精神。

其次,元培计划的学生通过一年半对文理科各专业的了解,在导师的指导及学校教学资源允许的情况下,可以依据自己的志趣选择专业方向。

第三,基础不同。元培计划增加了基础课的比重,特别是加大了通选课的比重,拓宽了基础,知识面较宽。而在院系学习,要解决基础问题或选修其他相关专业系科的知识,只能靠个人进行并受到许多限制(包括收取选课费用),而元培计划是靠制度保证和鼓励学生在某一专业、系科的限制之外选课学习。

C.实施成效

培养了一批具有优秀科研潜质、高远科学志向的毕业生。2009—2018年,北京大学"拔尖计划"共培养正式毕业生50人,除4人选择进入科研类企业工作,大多数都选择继续在国内外高水平大学进行深造,这些学生普遍表现出对科学探索的浓厚兴趣。

他们具有较好的研究素养和学科基础，受到国际一流大学著名学者的称赞。很多毕业生认为，"拔尖计划"的培养和训练对他们的学术发展发挥了非常重要的影响。物理学院2013届毕业生史寒朵同学在斯坦福大学攻读生物工程博士学位时，专注研究显微镜技术，尤其是针对细菌的单细胞显微技术，提出并发展了一项高通量的显微技术，使得在一天内筛选上千种菌株样品并进行分析成为可能。此项技术成果已经被 *Nature Potocols* 接收（本人第一作者，期刊影响因子9.67），并成为实验室目前的关键技术手段之一。

（2）兰州大学萃英学院

2009年，教育部、中组部、财政部等部门联合启动"基础学科拔尖学生培养试验计划"（以下简称"拔尖计划"），兰州大学成为实施该项计划的19所高校之一。学校在总结多年来举办"基地班""隆基班"等基础学科人才培养基地所积累经验的基础上，于2010年8月成立了兰州大学萃英学院，负责实施"拔尖计划"。萃英学院每年在数学、物理学、化学、生物学、人文（文史哲）等学科方向选拔五个"萃英班"，每班20人左右，与相关学院共同完成培养任务。萃英学院实行春季、秋季、暑期小学期三学期制。

A.学院定位

萃英学院是拔尖学生自主学习、个性发展和创新培养的重要基地，探索本科生培养模式改革的荣誉学院和试点学院、深化教育教学改革的"试验区"和"示范区"。

B.培养理念与目标

坚持把立德树人作为根本任务，坚持以为党育人、为国育才为己任，坚持德智体美劳全面发展，以"我有世界，世界有我"为院训，实现拔尖学生"浸润""熏陶""养成""感染""培育"一体化培养；培养具有西部情结、家国情怀、世界胸怀，能够勇攀世界科学高峰、引领人类文明进步的自然科学家和社会科学家。

C.培养模式

"三制三化"培养模式，即书院制、导师制、学分制、小班化、个性化、国际化。

a.书院制。"人心向学、追求卓越"的人才培养学术文化，自主学习、朋辈互助、文理相融、温馨和谐的学习生活社区。

b.导师制。导师包括学业导师、科研导师和生活导师，对学生思想、学术、专业学习和生活予以全方位指导。

c.学分制。打破专业限制、学院限制、年级限制，鼓励学生在全校范围内选修课程。

d.小班化。小班（5-20人）授课；根据学生志趣，组织讨论班、读书会、阅读小组；启发式、研究性和导读式教学。

e.个性化。个性化的学习计划，学生自由选课、自由听课、自主选择专业导师、自由结成学术小组、自主开展学术研究。

f.国际化。设有"萃英海外交流奖学金"，支持国际交流与学术研讨；托福、雅思、英语高级口语和听力课程；全英文专业课程和通识课程等。

D.招生选拔

选拔标准上注重多方面考察，在选拔方式上采取多途径遴选，实时跟踪、动态进出。

E.师资队伍

从校内、国内、国外不同渠道选聘一流师资。

F.毕业去向

国际一流大学或研究机构攻读研究生。

G.实施成效

如图11-1和图11-2，兰州大学萃英学院自2014年到2020年总共培养了584名基础学科拔尖创新人才，7年间有152人出国深造，占总人数的26.02%；400人在国内大学继续升学攻读硕士或者博士，占总人数的68.49%；选择直接就业的人数有13人，占总人数的0.22%；未确定的有19人，占总人数的0.32%。由此可知，兰大萃英学院毕业生大多数都选择继续深造，培养了一大批优秀的基础学科拔尖人才。正如2017年6月教育部审核评估专家组给予的评价："以萃英学院为代表的学校拔尖创新人才培养特色较鲜明，其人才培养理念颇有新意，初步构建了基于学校定位、特色与优势的基础学科拔尖人才培养模式，并有可借鉴性。"

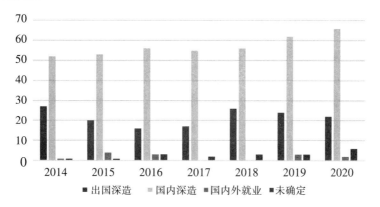

图11-1　兰州大学2014年—2020年历届毕业生去向

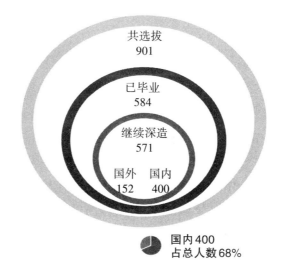

图11-2　兰州大学2014年—2020年历届毕业生继续深造的比例

（四）"拔尖计划"学生的选拔方式

拔尖学生选拔是一个动态开放的过程，体现了因材施教的教育原则。根据学生的兴趣、学科特长、创新潜质和个性特点，物色和选拔优秀的苗子；建立科学化、人性化、多阶段的滚动机制，允许动态进出，确保吸引真正合适的优秀学生进入计划，保持计划的活力和竞争力。

1.选拔标准

从学生的兴趣志向、创新潜力、道德品质、心理素质、综合能力等方面进行多方位考察。浙江大学构建了"智力（深度和广度）、表达（书面和口头）和体能"多角度、"现在与未来、综合与特长、适应与发展"多维度的"矩阵式"拔尖学生选拔标准。

2.选拔方式

采用自主招生、国家奥赛、夏冬令营、高考、校内二次选拔、与高中衔接如"中学生英才计划"等多渠道、多次选拔的遴选机制。依靠专家、尊重学生、避免应试。中国科学技术大学通过高考直接选拔和新生入学选拔两条途径，结合学生高考成绩、未来志向、综合素质以及专家意见进行招生。

3.选拔过程

实行多阶段动态进出，对进入计划的学生进行综合考查、科学评价、合理分流。南京大学建立常态化的动态反馈机制，通过问卷调查、访谈等形式对进入计划的学生进行跟踪研究，为院系后续选拔和培养提供参考。

（五）"拔尖计划"的培养模式

1.小班化教学

采用启发式、讨论式、探究式等研究性教学方法，促进学生探究性学习，引入翻转课堂、在线教育等新型教学方式。四川大学通过启发式讲授、互动式交流、探究式讨论、全过程学业评价、非标准答案考试，配备学术造诣深厚、教学水平高的教师实施"探究式—小班化"教学。

2.实行导师制

设立学业导师、科研导师和生活导师，在课程学习、科学研究、生涯规划等方面开展指导。中国科学院大学遴选两院院士、国家杰出青年基金获得者、国家"千人计划"入选者、"长江学者"和中科院"百人计划"入选者等高水平学者，为进入计划的学生配备学业导师，实行资深科学家和年轻学者组成的双班主任制。

3.研究性学习

根据学生学习兴趣和发展潜力量身定做培养方案，学生可以自主选择导师、自主选择专业、自主选择课程。改革教学管理和考核评价办法，制定灵活的课程选修、免修和缓修制度，给予学生自由探索的空间。将志同道合的拔尖学生聚集在一起，设立专门的研讨室、图书阅览室等学习空间，鼓励学生参加研讨课程、开展科研实践训练、组织学术沙龙等活动，提升自主探究学习能力，促进朋辈之间的互动讨论，形成优良的学习风气。南京大学学生自发组织"自主学习联盟"，组织读书会、学术沙龙等活动，创办学生学术刊物，共同探讨科学话题，激发科研兴趣。

4.国际化培养

依托国内外资源优势，将杰出学者"请进来"，让拔尖学生"走出去"，不断拓展国际合作项目，提升国际双向合作能力。积极"请进来"，吸引世界各地一流学者参与拔尖人才培养，在授课、讲座和国际项目拓展上形成多方位深度合作，搭建高层次国际合作平台，营造国际化学习氛围，推动国际双向交流，提升本土国际化办学能力。实现"走出去"，精选国外高端资源，分期分批将学生送到国外一流大学或研究机构开展科研实践、文化交流、参与在线课程和同步课堂等，接触前沿研究，拓展国际视野，并给予专项经费资助学生赴境外交流。

（六）"拔尖计划"实施的总体成效

截至2020年，"拔尖计划"共支持本科生累计9800人，已毕业5500人，中央财政支持经费约30亿元。"拔尖计划"毕业生发展良好，较好地实现了设定目标。国际一流学者认为，"拔尖计划"拥有"最优秀的本科生和最优秀的本科教育","领跑者的示范作用突出"。

1. 高等理科教育规模稳定

基本形成基础学科拔尖学生培养试验计划、国家理科基地、国家重点建设高校理科专业与地方高校理科专业等四类"金字塔形"的人才培养体系。中国理科(包括一些设在"综合大学"里的技术科学)学生一直占大学生总人数的7%～8%(最高曾达10%)。近五年来,中国高等理科教育的整体规模基本稳定。理科专业在校生2009年为120.1万人,2010年为125.1万人,2011年为128.7万人,2012年为131.5万人。高等理科教育基本办学条件得到显著改善,理科招生达到了一定的规模,理科教学改革成效显著,学生科研能力显著增强,为培养高素质创新人才提供了支撑条件,尤其是理科基地的发展对提高中国高等理科教育起到了示范辐射作用。整体而言,我国高等理科教育在整个高等教育体系中的基础作用更加突出,促进了其他学科的发展,促进了科研成果的转化,培养了国家需要的应用型人才,整体提升了公民的科学素养。

2. 人才培养初见成效

"拔尖计划"培养的学生正在成为一流大学(或学科)的优秀种子人才。48%的毕业生进入(软科世界大学学术排名)前50名的学科继续深造,16%的毕业生进入前10名的高校(或学科领域)读研。特别是,有118人进入世界排名第一学科领域或世界公认的诺贝尔奖摇篮学科所在机构深造,占深造人数的2.7%。毕业生展现了对基础学科研究的坚定志趣。98%的毕业生继续攻读研究生,在基础学科和相关领域继续深造的比例达97%,初步实现了成才率、成大才率高的阶段性目标,带动了学校全方位创新人才培养改革,发挥了很好的示范辐射作用。学生逐步呈现出成为未来科学领军人才的潜质。拔尖学生普遍展现出既有远大理想又脚踏实地的精神风貌,在批判性思维能力、知识整合能力、团队协作能力等方面表现突出,部分学生已在学术领域崭露头角,在世界顶尖学术期刊上发表论文,在国际大赛上表现优异。计划参与学生累计在SCI期刊上发表论文2029篇，获得各类奖项5788项。首批500名"拔尖计划"学生中已有364名学生完成博士阶段学习，2人已入选中组部"青年千人计划"，40名学生已获得世界一流大学（如斯坦福大学、普林斯顿大学等）教职。

3."拔尖计划"带动本科教育质量整体提升

"拔尖计划"不仅吸引了一批有热情、有创新潜质的优秀学生，他们以崇尚科学、追求学术为人生理想，更激发了高校教师培养创新人才的热情，带动了高校各学科专业全方位创新人才培养改革。相关学科借鉴试点学科的成功经验，改革教师聘任考评、招生选拔、人才培养模式、学生管理办法等，促进人才培养水平不断提高。"拔尖计划"在全国高校产生了广泛的影响，带动了高等教育人才培养观念和教学模式转变，发挥了较好的示范辐射作用。

（七）"拔尖计划"存在的问题及反思

1.学科设置重理轻文

"拔尖计划"选择了17所中国大学的数、理、化、信、生5个学科率先进行试点，并没有涉及文科专业。这与中国社会长期对人文社会科学的认识偏差不无关系。人们常常认为，人文学科不是科学，因为它不是通过实验得来的、可以反复验证的知识。但人文学科的价值正在于它不是科学，而是超越科学的。相对于其他学科，人文学科的一个重要特性就在于它的反思性。与科学强调实证研究不同，人文学科不是训练人们解决具体问题的能力，而是培养对知识的自觉和能够回到问题的原点去反思的能力。"拔尖计划"完全忽视了这一点，导致只培养了拔尖人才的知识技能，忽视了学生的道德教育，情感陶冶。

当前中国要提升国家的创新能力面临的重大问题不仅包括科学技术原创力的问题，更包括体制机制、社会环境和民众心理等问题。体制创新和思维创新才能为科学创新提供精神上和思想上的准备，而这些创新往往需要建立在社会科学的基础上，所以要加强基础学科拔尖人才培养,既要加强自然科学基础学科创新人才的培养,也要加强人文学科和社会科学基础学科创新人才的培养,这样更有助于实现拔尖创新人才培养目标。

2.学生学习适应性参差不齐

各高校虽然都尝试采用多元的选拔机制,以招收最优秀的学生进入该试验计划,但计划实施以来学生的学习适应性问题也逐渐凸显。比如一些学生在经过层层选拔进入该试验计划之后,其学科成绩却并不理想,挂科现象严重,难以适应高强度、高难度的培养过程;部分学生在试验班经过一两年的学习之后,却发现自己并不适合从事基础学科的学习和研究等。总之,学生是否能适应这一高强度、高难度的培养计划?他们是否真正对基础学科的研究有浓厚的兴趣,并能持之以恒从事相关的科学研究?他们对该试验计划的培养目标和过程是否有清晰的准确的认识?他们对该试验计划严格的淘汰机制是否有充分的心理准备?这一系列的问题都是该试验计划目前面临的挑战。

3.跨学科选课比例有待提高

试验班课程体系中选修课所占学分比例大都不足,且在开设的选修课程中,大部分课程还是限制性选修,这在一定程度上会限制学生的选课自由,限制学生个性发展。受专业教育思想的影响,中国高等教育中对跨学科修读课程没有具体的要求,即便是承载着拔尖创新人才培养的试验班,其培养方案中对跨学科修读课程,也没有硬性的规定。跨学科交叉学习与研究是新思想和创造性成果的重要源泉,已成为当前科学发展的一个重要趋势,更是推动科学发展的主要动力。因此,基础学科拔尖创新人才培养中必须要重视跨学科的学习与研究,要在培养方案、教学计划中制定相关制度,强制性地要求学生选修适当学分的跨学科课程。

十二

"英才计划"
（又称"中学生
英才计划"）

中学生科技创新后备人才培养计划（简称：英才计划或中学生英才计划），是中国科学技术协会和中华人民共和国教育部自2013年开始共同组织实施的人才培养计划，在基础教育阶段开展创新人才培养的积极探索。选拔一批品学兼优、学有余力的中学生走进大学，在自然科学基础学科领域的著名科学家指导下参加科学研究、学术研讨和科研实践，使中学生感受名师魅力，体验科研过程，激发科学兴趣，提高创新能力，树立科学志向，进而发现一批具有学科特长、创新潜质的优秀中学生，并以此促进中学教育与大学教育相衔接，建立高校与中学联合发现和培养青少年科技创新人才的有效模式，为青少年科技创新人才不断涌现和成长营造良好的社会氛围。在某种程度上是"基础学科拔尖计划"的补充。教育部深入实施"基础学科拔尖创新人才培养试验计划"和"中学生英才计划"，共同加强拔尖创新人才培养。

（一）"英才计划"的发展背景与历程

2013年，教育部联合中国科协开始实施"中学生英才计划"（以下简称"英才计划"），加强创新人才培养。"英才计划"是在基础教育阶段开展创新人才培养的积极探索。试点工作自2013年5月开始在全国15所城市实施。

2016年，"英才论坛"在北京大学举行。此次论坛主要包括学科分论坛、学科年度总结、学生培养成果展示交流和科学家面对面等活动。中国科协与教育部共同继续开展英才计划试点工作，组织20所重点高校培养600名左右中学生。

2017年，教育部关于印发《教育部2017年工作要点》的通知中指出：深化人才培养模式改革，深入实施"基础学科拔尖学生培养试验计划""中学生英才计划"和"科教结合协同育人行动计划"等。

2018年10月，教育部将"英才计划"纳入《教育部等六部门关于实施基础学科拔尖学生培养计划2.0的意见》，为"英才计划"进一步发展提供政策支持。

2020年12月9日，中国科协办公厅、教育部办公厅公布《2021年"英才计划"工作实施方案》（以下简称《方案》）。《方案》指出，2021年计划培养中学生980名左右。2020年12月9-19日，符合申报标准的学生可根据个人兴趣爱好、学科特长在网络工作平台申报并选报导师。

（二）"英才计划"的实施范围

1.城市

北京、上海、天津、哈尔滨、长春、南京、杭州、合肥、厦门、济南、武汉、广州、成都、兰州、西安、长沙。

2.高校

北京大学、清华大学、中国科学院大学、北京师范大学、北京航空航天大学、北京理工大学、中国农业大学、南开大学、哈尔滨工业大学、吉林大学、复旦大学、上海交通大学、南京大学、浙江大学、中国科学技术大学、厦门大学、山东大学、武汉大学、华中科技大学、华中农业大学、中山大学、四川大学、电子科技大学、兰州大学、西安交通大学、国防科技大学。

3.学科

数学、物理、化学、生物、计算机。

4.试点省份及高校

河北省（河北师范大学）、内蒙古自治区（内蒙古大学）、辽宁省（东北大学）、河南省（郑州大学）、湖南省（湖南大学、中南大学）、重庆市（重庆大学）。

（三）"英才计划"的导师团队

这项计划聘请了"两院院士""长江学者"特聘教授、国家杰出青年科技基金获得者、国家级教学名师、省级教学名师等。参与高校根据工作计划推荐导师人选，省级管理办公室根据导师条件进行审定后，正式成为"英才计划"导师。新增导师获得主办单位颁发的导师聘书，往届导师自动进入"英才计划"导师库。导师应组建由热心青少年科技教育的专家组成的培养团队，团队成员原则上应具备博士学位或副高以上职称。这项计划不仅有高校的科研大师参与，也有中学的教学名师参与，教师团队全面丰富，适应中学生的学习发展规律。

（四）"英才计划"的选拔方式

1.学生遴选

省级管理办公室根据《"英才计划"中学参与办法（试行）》有关要求确定参与中学，并联合相关高校及中学向中学生广泛开展宣传动员工作。中学负责推荐品学兼优、学有余力、对基础学科具有浓厚兴趣的高中一年级和高中二年级学生参加报名。学生相应学科成绩排名应在年级前10%，或者综合成绩排名在年级前15%。学生根据个人兴趣爱好选报导师，并提交相应材料。

省级管理办公室和高校联合对报名学生的学科基础知识和创新潜质进行笔试、面试。笔试可选用全国管理办公室提供的五学科潜质测评试题，也可自行命题。省级管理办公室和高校根据学生报名材料和笔试情况确定进入面试人数，面试学生与入选学生比例原则上不少于3：1。学生通过面试后进入培养环节。

2021年计划培养中学生980名左右。每位导师培养学生数原则上不超过5人，省级管理办公室和高校经全国管理办公室同意后可在保证质量前提下适当增加培养数量。

2.“英才计划”的流程

（1）报名：学生找到所在中学负责该项计划的老师，得到中学推荐，在网络上填报个人材料，选择学科和导师。该项目不收取任何费用。

（2）测评：以笔试和网络测试的形式考察学生的潜质。

（3）初试：综合考察学生的申报材料及测评情况，确定参加面试的学生。

（4）面试：通过导师面试后进入计划。

（5）组织师生见面会。省级管理办公室组织高校导师、学生、中学指导老师和家长等共同参加师生见面会，进一步明确“英才计划”的目的意义、培养内容和参与要求；导师与学生以及中学指导老师建立联系对接机制。

（6）学生培养。导师根据学生兴趣和实际情况提出培养计划，师生共同实施。省级管理办公室和高校适时开展中期评价。全国管理办公室将组织冬令营、夏令营、野外科学考察等综合实践活动。

（7）年度评价与总结验收。省级管理办公室、高校和中学撰写并提交年度工作总结和验收材料。全国管理办公室对全部学生进行年度评价，对年度工作进行总结验收。

3.参与计划的要求

（1）投入必要的时间和精力，利用课余时间参加培养。

（2）积极配合导师团队的指导，认真完成各项任务。

（3）提交《成长日志》，做好每一次试验记录，认真记录自己成长的点滴和收获。

（4）参加主办单位的评估。

（五）"英才计划"的学生培养

1. 培养周期

"英才计划"学生培养周期为一年（例如：2021年1—12月）。培养周期结束后，学生可报名参加下一年度的培养，导师将给予优先考虑。

2. 培养原则

（1）兴趣导向。导师应从中学生的兴趣和特点出发，遵循因材施教原则，制定切实可行的培养方案，使学生实质参与科学研究，锻炼学生自主发现问题、分析问题、解决问题的能力，激发学生对基础学科的兴趣。

（2）名师引领。"英才计划"导师以著名科学家为主，注重发挥著名科学家在精神熏陶、学术引领和人格养成中的重要作用。导师及培养团队应着眼于为国家培养未来拔尖科技创新人才，严格要求，精心培养，引导学生树立远大的科学志向。

3. 培养方式

（1）导师培养。导师应充分利用高校科研平台和学术资源对学生进行培养。导师根据学生不同特点，采取指定阅读书目、参加学术讨论、听取学术报告、指导课题研究等方式培养学生，使学生真正了解学科发展方向，切实体验科研过程。对于兴趣爱好或科研项目属于交叉学科或边缘学科的学生可以推荐高校内部不同学科导师、不同实验室或校际间的合作共同培养。导师应保证必要的时间和精力投入，保证学生见面次数，对学生进行当面指导。导师应要求学生投入必要的时间和精力，培养周期内到校参加培养不应少于10次，并督促学生在每次活动后登陆网络平台提交《成长日志》，记录培养过程。

（2）中学培养。参与中学需选派科技教师或学科教师对学生进行基础科研技能培训，配合高校导师做好学生日常培养。

（3）科学实践与交流活动。5个学科工作委员会每年组织优秀学生参加学术会议、培训班、大师报告、夏（冬）令营、论坛、交流会等多种学科交流活动。全国管理办公室将组织野外考察等综合性实践活动，选拔推荐优秀学生参加国际竞赛或交流活动，与国外优秀青少年、科学家进行交流，提高对世界科学前沿的认识，开阔国际科学视野。

（六）"英才计划"的学生评价

为加强对学生培养工作的动态管理，明确阶段性培养目标，确保工作取得实效，全国管理办公室对学生进行中期评价和年度评价。

1.中期评价

在每年7月底前，省级管理办公室、高校以学科为单位组织学生进行中期汇报，解答学生问题，明确下半年培养目标，协调解决培养中的问题。同时由导师团队结合学生日常培养情况对学生进行评价，不合格者退出培养，由高校、省级管理办公室汇总后报全国管理办公室。

2.年度评价

在每年11月，学生提交课题报告、培养报告（包括读书报告、文献综述、实验记录、小论文等）、《成长日志》、导师评价等材料。全国管理办公室从科学兴趣、学科基础知识、创新及科研潜质、综合能力、英语交流能力等方面对学生进行全面考察，评选出年度优秀学生、合格学生和参加国际竞赛及交流活动候选学生。评价为合格和优秀的学生授予《培养证书》，评价为不合格的学生不授予《培养证书》。

（七）"英才计划"的学生跟踪与服务

省级管理办公室将学生跟踪与服务工作纳入"英才计划"全年工作计划，联合中学、高校持续加强"英才库"共建共享。各参与单位要加强学生管理，增强学生的认同感和归属感，发现和培养学生跟踪的骨干力量；参与中学要重点加强对学生毕业去向的追踪，实施高校要重点加强对升入本校的学生培养情况，特别是进入"基础学科拔尖学生培养计划"情况及后续发展情况的追踪；省级管理办公室要组织往届学生积极参加"英才计划"活动，同时做好到本地区就学的学生联系指导工作，保持并增强"英才计划"吸引力和凝聚力；全国管理办公室会同省级管理办公室、高校、中学等，积极创造条件，为往届学生提供学业、职业发展等方面的支持和服务，促进他们的更好发展。

（八）"英才计划"的组织保障

"英才计划"工作由中国科协、教育部共同组织实施，相关高校、省级科协、教育行政部门和中学共同参与实施。具体职责如下：

1.中国科协和教育部

中国科协和教育部成立由国内知名专家和学术带头人组成的英才计划专家咨询委员会，负责对计划实施提供指导、建议、咨询和评估。专家咨询委员会下设5个学科工作委员会，负责对学生培养工作进行调研、督导，组织学科交流活动和学科论坛，对本学科培养工作进行评估。

中国科协和教育部负责制定实施方案、确定参与高校、提供经费资助、组织专家对项目实施提供咨询指导、为项目实施提供相关资源支持，对工作突出的单位和个人进行表彰奖励，并对项目进行实时监督。全国管理办公室设在中国科协青少年科技中心，承担"英才计划"日常管理工作。

2.参与高校

参与高校负责确定具体部门（如教务处、科研处等）协调和组织工作实施，将"英才计划"与高校拔尖创新人才培养工作相结合，共同部署，资源共享。具体职责包括推荐导师人选；协助省级办公室做好学生笔试、面试等选拔工作；开放学校优质科技教育资源，推动培养工作与学校特色优势资源、特色活动相结合；组织学生参加科学实践、实习、学术报告等活动；拓展学生国际视野，组织推荐学生参加国外夏令营、研讨会、短期考察等国际科技交流活动；将导师及团队指导学生计入教育教学工作量；推动基础教育阶段和高等教育阶段的拔尖创新人才贯通培养；完成年度工作总结，协助做好各项保障工作；配合做好工作评估等。

3.有关省级科协、教育行政部门

有关省级科协与教育行政部门负责将"英才计划"纳入本地区青少年科技创新人才培养整体规划，纳入中学生综合素质评价体系；制定本地区"英才计划"工作实施方案；确定参与中学；组织和推进本地中学生的推荐、选拔、培养工作；搭建高校导师与中学教师交流平台；做好"英才计划"宣讲工作；对本地区"英才计划"典型案例进行挖掘与宣传；组织本地区工作总结评估；与全国管理办公室共同做好学生跟踪工作。省级管理办公室设在省级科协青少年科技教育工作机构，承担本级"英才计划"日常管理工作。

4.参与中学

参与中学负责推荐品学兼优、学有余力、对基础学科具有浓厚兴趣的中学生；组建以校领导为负责人，由科技教师等有关人员组成的指导团队，指派专人负责日常工作，配备学科教师指导学生开展课题研究；建立与导师团队、省级管理办公室的有效沟通机制，实时反馈培养工作开展情况；将"英才计划"纳入本校研究性学习课程、学科拓展课程、科技选修课程、创新实践课程等课程体系，对中学教师组织和指导学生科研实践计入教育教学工作量；进一步加强校内宣传与宣讲，扩大受益面；完成年度工作总结，协助做好各项保障工作。①

（九）"英才计划"的成果

试点工作实施以来，共287位著名科学家、教授担任导师，亲自指导学生参与培养，其中院士34人，长江学者33人，国家级教学名师12人，杰出青年基金获得者37人。学生培养成效已经初步显现，同学们在培养过程中提高了创新能力，培养了科学思维，掌握了科学方法，

---

① 新华网。2021年"英才计划"正式启动。https://baijiahao.baidu.com/s?id=1685557886325437493&wfr=spider&for=pc

明确了科研方向。不少学生在全国青少年科技创新大赛、国际环境科研项目、奥林匹克竞赛等国内外青少年科技竞赛中获得奖项。截至2015年，"英才计划"培养了两批共1159名学生，已有493名学生考入大学，其中到欧美著名高校读书的学生占总数的10%，近70%的学生入学"985高校"。"英才计划"发现和培养了一批具有科学潜质和创新能力的中学生科技创新后备人才，为中国培养未来拔尖科技创新人才进行了有益的探索和实践。

（十）"英才计划"的典型案例

1.南京大学：以"英才计划"为抓手，向前衔接高中教育①

自2013年起，南京大学作为"英才计划"在江苏省的具体实施高校，依托自身理科基础学科的优质教育资源和师资力量，不断探索高校与中学合作培养青少年拔尖创新人才的工作机制，为有志于攀登科学高峰的优秀中学生搭建平台，让他们有机会走进大学，接受科学家指导，探索自己感兴趣的课题。项目开展7年来，南京大学遴选并培养了一大批在数学、物理、化学、生物、计算机学科领域有兴趣、有天赋的优秀高中生，成果颇丰。

（1）创新培养模式，实施0年级计划

拔尖创新人才培养是一项系统性工程，不仅要在本科教育阶段开展选拔、重点培育，更重要的是与基础教育尤其是高中教育阶段合作、衔接，共同为拔尖创新人才的成长、成才助力。2018年，教育部等六部门发布《关于实施基础学科拔尖学生培养计划2.0的意见》，提出"推进实施'中学生英才计划'，吸引一批具有创新潜质的中学生走进大学，参加科研实践、激发科学兴趣，成为拔尖人才的后备力量。"

基于以上共识，南京大学在新一轮人才培养改革方案中，创造性地设计了"基础学科拔尖预备生0年级计划"。该计划优先面向"英才计划"学生，通过飞越计划、AP课程、夏令营等多种形式，将有创新意识、创新能力和科研志趣的学生提前纳入高校培养，加强学术思维

---

① 转载于中学生英才计划公众号 https://mp.weixin.qq.com/s/Cq6rjJqRstpIJAiCEWl2Pg

和方法的预备培训，以更长跨度的衔接培养和模式贯通，延伸学生学习和发展的长度。飞越计划包含一系列常态化开展的国际化科考与科研训练项目，参与主体是本科生，但是南大每年会开放一定的名额给优秀中学生，"英才计划"学生拥有优先参与权；AP课程主要采用线上教学方式，面向中学生开设各学科导学课程，高中生通过修读此类课程，可以提前接受大学的思维方式和学习方法，进入南大之后可以转换学分；部分理科院系还会通过夏令营的形式招募中学生参加科技创新与素质拓展活动，此项活动也优先向"0年级计划"学生开放；2020年起，依托南京大学新一轮通识教育改革，学校邀请两院院士、教育部长江学者特聘教授等高水平专家学者面向校内外开设"科学之光"系列通识课程，为培养英才学生的科学精神与科学思维提供强有力的支撑。

（2）强调浸润式教学，激发学习自主性

在"英才计划"的培养过程中，导师的作用主要在于激发学生的科学兴趣，帮助学生树立学术志向，建立科学研究的初心。无论一所高校的科研能力、学科实力有多强，最重要的是将学术资源和智力资源转化成优质育人的资源。基于以上培养理念，南京大学实施"英才计划"的基本思路是"导师引路和学生主体"，重在激发学生主动学习、主动探究和主动创新的能力。

在导师队伍建设方面，南大着重打造"1+1+1"的优质导师团队，这三个"1"分别是学术导师团队、助教团队和生涯导师。学术导师包括中科院院士、教育部长江学者特聘教授、国家杰出青年基金获得者、教育部新世纪人才计划入选者等知名学者，以及院系行政负责人、学科带头人等，由他们直接负责指导学生的科研训练。助教团队由优秀的青年教师和研究生助教构成，负责针对学生的个性特点挖掘学生的研究潜力，帮助他们确定研究方向。此外，学校还要求每个学科给英才学员配备不少于一名的生涯导师，帮助学员解决学习和生活上的各类疑问，完成从中学到大学的适应性转换。

导师对学生的指导是一个循序渐进的过程，因而南大的导师们在培养内容的选择上也是由浅及深。早期主要通过参加科学营活动、参观国家重点实验室、开展科普讲座等形式带领学生获得对科学研究的认知体验，进而由助教介入开展必要的实验技能、实验安全、文献阅读和检索方法等训练，随后才让学生进入课题组，跟着导师做一些力所能及的科学研究，参与国际科考等。由于"英才计划"学员是一群与大学生截然不同的培养群体，南大的导师们也在不断探索适合高中生的教学方式，主要通过互动式、启发式、浸润式教学来激发学生的科研兴趣。如通过小组讨论和合作教学的方式促进学生主动参与，以问题导向的科研训练项目引导学生主动创新，通过文化浸润潜移默化地促进学生科学精神的养成。2020年，受新冠肺炎疫情影响，南大的导师们克服困难，将研讨会、讲座等培养活动移到云端，指导同学们足不出户地学习知识、查阅文献，并在允许师生返校后积极联络英才学员，帮助他们登记进校，利用校内优质实验室资源完成相应的实验操作，确保培养目标如期达成。

在指导学员完成既定研究计划的同时，导师们还充分利用各种学科竞赛、论坛等活动的机会，鼓励同学们积极参与，学以致用。得益于同学们自身的勤奋及导师的悉心指导，近年来，南京大学在培养"英才计划"学生过程中也取得了一些阶段性成绩，不少学生赴国内外知名高校的不同学科领域继续深造，在各类学科竞赛中也斩获佳绩。2019年，吴小山教授导师团队指导的苏州中学学生卢冠宇在莫斯科举办的俄罗斯青年科学家论坛上获得了 the Small Media of Science 奖项，这是该论坛中个人项目的最高级别奖项——徽章奖，也是中国代表队目前在这项活动中取得的最好成绩。2020年，三位英才学员倪嘉舟、李翰宸、苏子原受邀参加第三届世界顶尖科学家论坛活动，与来自世界各地的杰出科学家对话交流，展现了江苏优秀英才学子的风采。

2.北京市广渠门中学：构建科技教育良好生态，助力学生点亮科研梦想①

北京市广渠门中学于2014年起成为"英才计划"基地校，同时也是北京市后备人才（及拔尖计划）计划基地校、北京市学生金鹏科技

---

① 转载于中学生英才计划公众号 https://mp.weixin.qq.com/s/-wd71KDFrx8ZRtKtnZWKXw

团(生命科学分团)、翱翔计划化学与生命科学领域基地校、东城区拔尖人才培养计划基地校。学校成立了由校长牵头的科技教育工作领导小组，将科技教育全面融入学校的课程建设、教师队伍建设、学科教学和校园管理，从顶层设计和全局战略的视野对科技教育工作做出总体规划部署。

(1)打造校园科技文化场域，促进"英才"少年个性发展

学校从2014年起设置学生活动中心，下设科技教育中心，聘任中心主任协调学校规划部、课程部、学生部、资源部，以及生物、化学、物理、信息组组长等学科教研组长，凝聚价值共识，共同推进科技创新教育课程体系的建设，成为推进学校科技教育不断前进的核心。学校以"发现兴趣、培养爱好、展现个性、终身发展"为科技教育理念，尊重学生生命成长规律，扎实有效地开展小初高长链条科技教育工作，在面向全体的同时也将对科技有兴趣、有特长的同学选拔出来，形成优秀学生群，利用学校拔尖人才培养基地——"博越学院"及大学实验室资源，让学生拥有自主学习知识和创造知识的空间，并通过一对一导师制培养模式，在学习的过程中引导学生注重科学探索过程和科学精神的培育，在学习目标上给予学生精神引领，合力打造科技氛围浓郁的校园文化场域。

硬件方面，学校为"英才计划"及各类人才培养计划学员提供多个可进行科研预实验的高端实验室如生命科学分子实验室、植物组织培养实验室等，并与清华大学iCenter合作建成600余平方米"博越学院·创客空间"，包括创想汇·网络教室、3D打印工作室、电子焊接实验室、激光切割工作室、木艺空间、ROBOT广场6间工作室，利用这些硬件资源，带领学生亲历科学探究的过程，在实验、操作、调查、讨论等过程中理解知识、学会技能、掌握方法、塑造精神。博越学院深受学生欢迎，也提升了科技教师的教育能力和跨学科思维。

软件方面，学校为"英才计划"及各类人才培养计划学员提供丰富的科技类校本课程，涉及生命科学、电子与信息技术、机器人、创意与发明、地球与环境等领域。课程分为奠基课程、广博课程和卓越

课程三个层次，奠基课程包括科研基础系列课程，广博课程由学生根据科研方向进行选择，卓越课程则根据学生发展目标、未来生涯规划而开设，实现先修、精修，绽放个性。

（2）整合资源形成教育合力，助力学生点亮科研梦想

学校积极顺应课程改革，坚持条块结合的管理理念。在传统行政层级的垂直管理之外，成立博越学院，实行拔尖创新人才培养的平行管理。充分发挥学校小初高一体化办学，十二年长链条人才培养模式的优势，小学阶段通过丰富课程活动突出培养学生兴趣；初中阶段开启科创培优计划，为好苗子提供其感兴趣方向的微科研课程，积累未来科研所需基础素养和学科潜质；高中阶段选拔人才进行拔尖创新培养，依托"英才计划"平台为学生搭建发展道路。

学校非常重视对"英才计划"学员的培养工作，每年在学生入校后召开动员会，详细介绍"英才计划"培养模式，并邀请往届学长、学姐分享学习体会；学生要经过自荐、学习成绩审核、专业知识笔试、综合素质面试等层层关卡，才可参与"英才计划"选拔；选拔期间，学校老师会为学生进行笔试、面试辅导，鼓励学生积极与科学家交流，珍惜这一开阔视野的机会；在学生正式入选计划后，统一召开启动会，邀请家长一同参加，说明培养目标、学习要求等，并与学生和家长签订培养协议，促进家校顺利合作。同时学校认识到，"英才计划"不仅是对学生的培养，更是科技教师学习发展的绝佳平台，为此，学校科技教育中心为学员聘任一对一的本校该领域最尖端的校内导师，对学生学习和科研工作进行针对性辅导，并在科研系列课程中聘任学术委员会的特级教师资源以及与学校有合作的大学、科研院所的优势师资资源，为学生的卓越发展奠基。

"英才计划"与学校其他各个计划共享学校师资、外聘专家资源，共同参与学校利用一学年的时间举办和设计的各类立足于学生科学思维培养的讲座及科研基础课程。在课题方向的确定、课题的跟进、课题的结题和竞赛辅导等方面，与校内外专家协同工作，尽力整合优质资源形成教育合力。在开题、中期、结题、参赛等环节组织进行针对

性培训和深入沟通交流，有效提高了培养质量。学校还注重朋辈引领，开设了"学长讲堂"——由前一年完成课题研究的学长学姐们毫无保留地将自己的课题成果以讲座或视频形式展示给新一届同学们，并畅谈自己的成长经历，使新学员们汲取到宝贵的经验，感悟到学长们持之以恒、实事求是的科研精神。

(3) 线上线下教学融合，探索人才培养新模式

2020年的新冠肺炎疫情影响了学员们的科研工作，同学们在加入"英才计划"后没有能够及时和导师面对面深入沟通，但在北京市科协英才计划管理办公室的指导和学校科技教育中心的组织下，同学们定时进行线上自主学习，并同实验室导师、研究生助教多次进行线上沟通，最终确定了研究方向，明确了课题。"北京师范大学-普通生物学"、"北京师范大学—分子生物学"、"清华大学—文献学习"、多所重点高校联合开设的"大学生物学"课程，以及理论力学、计算物理、信息学课程、创客、机器人、人工智能课程等十余门精彩课程，是"英才计划"导师们在为本科生授课的同时，面向学有余力的高中生开设的。同学们如获至宝，纷纷接龙抢着注册，在线上上课，积极和教授们学习交流，推动了课题进展。

与此同时，学校也开启了一校四个方面办学，线上教学、辅导、交流，克服了地理障碍，打开了后疫情时代学校科技教育中心的人才培养新模式：学校将启动会、课题对接、日常辅导、科研讲座及基础课程、学长讲堂交流等活动以线上形式有序开展，部分实验内容则由教师指导在中学实验室进行预实验，使"英才计划"学员的学习和科研得以正常进行，特别是帮住在远郊区县的宏志班学生节省了往返各大学的通勤时间，学习方式和学习时间也变得多元而灵活。

习近平总书记于2020年9月11日在科学家座谈会上指出，好奇心是人的天性。对科学兴趣的引导和培养要从娃娃抓起，使他们更多了解科学知识，掌握科学方法，形成一大批具备科学家潜质的青少年群体。站在"十四五"开局之年的起点，学校将深入领会引导和培养科

技创新人才的重要战略意义，贯彻落实总书记讲话精神，扎实巩固"英才计划"在科学家与有潜质的青少年科技后备人才之间的桥梁作用，守正创新，进一步提高选才、育才和评价环节的实践水平，形成系统化科技拔尖人才培养生态体系，为储备科技人才积蓄重要力量。

十三

"基础学科拔尖人才培养计划" 2.0

"拔尖计划" 2.0启动是"拔尖计划"的接续，又是"拔尖计划"的升级。"拔尖计划" 2.0有七方面改革措施：科学选才鉴才、创新教学方式、强化使命驱动、注重大师引领、提升综合素养、促进交叉融通、深化国际合作。"拔尖计划" 2.0在"拔尖计划"的基础上，进一步拓展范围、增加数量、提高质量、创新模式，深入探索中国特色、世界水平的基础学科拔尖人才培养体系，"浸、养、熏、育"为一体，古、今、中、外大集成，促进通才、全才、怪才、偏才、奇才、鬼才异彩纷呈，目的是培养一批杰出的自然科学家、社会科学家和医学科学家，为把中国建设成为世界主要科学中心和思想高地奠定人才基础。

（一）"基础学科拔尖人才培养计划" 2.0的背景

2018年10月8日，教育部等六部门发布《教育部等六部门关于实施基础学科拔尖学生培养计划2.0的意见》（教高〔2018〕8号）。提出目标要求：经过5年的努力，建设一批国家青年英才培养基地，拔尖人才选拔、培养模式更加完善，培养机制更加健全，基础学科拔尖学生培养计划引领示范作用更加凸显，初步形成中国特色、世界水平的基础学科拔尖人才培养体系，一批勇攀科学高峰、推动科学文化发展的优秀拔尖人才崭露头角。至此基础学科拔尖学生培养试验计划开始进入到新阶段，升级成为2.0阶段。

2019年8月23日，教育部发布《教育部关于2019—2021年基础学科拔尖学生培养基地建设工作的通知》（教高函〔2019〕14号），提出建设目标：2019—2021年，分年度在不同领域建设一批基础学科拔尖学生培养基地，建立健全符合不同领域基础学科拔尖学生重点培养的体制机制，引导优秀学生投身基础科学研究，形成有利于基础学科拔尖人才成长的良好氛围，实现教育理念与模式、教学内容与方法的改革创新，不断探索积累可推广的先进经验与优秀案例，初步形成中国特色、世界水平的基础学科拔尖人才培养体系，促进一批勇攀科学高峰、推动科学文化发展的优秀拔尖人才崭露头角。建设任务为：基础学科拔尖学生培养基地是高校实施拔尖计划2.0的具体载体。高校要给予基础学科拔尖学生培养基地充分自主权、配套特殊政策和充足财物保障。基础学科拔尖学生培养基地既可以是高校已经成立以培养拔尖创新人才为重点的试点学院或内设机构，并坚持继续完善；也可以是高校学科优势突出、教学质量高的二级学院或单位的新设机构；还可以是高校根据承担国家教学、科研任务的需要，组建的跨学科人才培养基地或其他教学实体。基础学科拔尖学生培养基地要坚持学生中心、持续改进的理念，加大拔尖创新人才培养的改革创新力度。

（二）"拔尖计划" 2.0入选高校

为深入贯彻全国教育大会精神，落实新时代全国高校本科教育工作会议精神，加快培养基础学科拔尖人才，根据《教育部等六部门关于实施基础学科拔尖学生培养计划2.0的意见》（教高〔2018〕8号）、

《教育部关于2019—2021年基础学科拔尖学生培养基地建设工作的通知》（教高函〔2019〕14号）、《教育部办公厅关于2019年度基础学科拔尖学生培养基地建设工作的通知》（教高厅函〔2019〕43号）等文件要求，在各地各高校申报、专家审议基础上，按相关工作程序确定了首批基础学科拔尖学生培养计划2.0基地名单。详见表13-1。

表13-1　基础学科拔尖学生培养计划2.0基地（2019年度）名单

序号	所属学校	类别	基地名称
1	北京大学	数学	未名学者数学拔尖学生培养基地
2	清华大学	数学	学堂计划数学班——数学拔尖学生培养基地
3	北京师范大学	数学	"励耘计划"数学拔尖学生培养基地
4	中国科学院大学	数学	华罗庚英才班——数学拔尖学生培养基地
5	南开大学	数学	数学拔尖学生培养基地
6	吉林大学	数学	数学拔尖学生培养基地
7	复旦大学	数学	数学拔尖学生培养基地
8	上海交通大学	数学	数学拔尖学生培养基地
9	浙江大学	数学	数学与应用数学拔尖学生培养基地
10	中国科学技术大学	数学	华罗庚数学拔尖学生培养基地
11	山东大学	数学	数学拔尖学生培养基地
12	四川大学	数学	明远学园——数学拔尖学生培养基地（柯召班）
13	西安交通大学	数学	数学拔尖学生培养基地
14	北京大学	物理学	未名学者物理学拔尖学生培养基地
15	清华大学	物理学	学堂计划叶企孙物理班——物理学拔尖学生培养基地
16	清华大学	力学	学堂计划钱学森力学班——力学拔尖学生培养基地
17	中国科学院大学	物理学	物理学拔尖学生培养基地

续表 13-1

序号	所属学校	类别	基地名称
18	南开大学	物理学	物理学拔尖学生培养基地
19	吉林大学	物理学	物理学拔尖学生培养基地
20	复旦大学	物理学	物理学拔尖学生培养基地
21	上海交通大学	物理学	物理学拔尖学生培养基地
22	南京大学	物理学	物理学拔尖学生培养基地
23	浙江大学	物理学	物理学拔尖学生培养基地
24	中国科学技术大学	物理学	严济慈物理学拔尖学生培养基地
25	武汉大学	物理学	物理学拔尖学生培养基地
26	华中科技大学	物理学	物理学拔尖学生培养基地
27	中山大学	物理学	物理学拔尖学生培养基地
28	西安交通大学	物理学	物理学拔尖学生培养基地
29	北京大学	化学	未名学者化学拔尖学生培养基地
30	清华大学	化学	学堂计划化学班——化学拔尖学生培养基地
31	南开大学	化学	化学拔尖学生培养基地
32	吉林大学	化学	化学拔尖学生培养基地
33	复旦大学	化学	化学拔尖学生培养基地
34	上海交通大学	化学	化学拔尖学生培养基地
35	南京大学	化学	化学拔尖学生培养基地
36	浙江大学	化学	化学拔尖学生培养基地
37	中国科学技术大学	化学	卢嘉锡化学拔尖学生培养基地
38	厦门大学	化学	化学拔尖学生培养基地
39	武汉大学	化学	化学拔尖学生培养基地
40	四川大学	化学	明远学园——化学拔尖学生培养基地
41	兰州大学	化学	化学拔尖学生培养基地
42	北京大学	生物科学	未名学者生物科学拔尖学生培养基地

续表13-1

序号	所属学校	类别	基地名称
43	清华大学	生物科学	学堂计划生物科学班 ——生物科学拔尖学生培养基地
44	中国农业大学	生物科学	生物科学拔尖学生培养基地
45	南开大学	生物科学	生物科学拔尖学生培养基地
46	复旦大学	生物科学	生物科学拔尖学生培养基地
47	上海交通大学	生物科学	生物科学拔尖学生培养基地
48	浙江大学	生物科学	生物科学拔尖学生培养基地
49	中国科学技术大学	生物科学	贝时璋生物科学拔尖学生培养基地
50	厦门大学	生物科学	生物科学拔尖学生培养基地
51	武汉大学	生物科学	生物科学拔尖学生培养基地
52	华中科技大学	生物科学	生命科学拔尖学生培养基地
53	华中农业大学	生物科学	生物科学拔尖学生培养基地
54	中山大学	生物科学	生物科学拔尖学生培养基地
55	四川大学	生物科学	明远学园——生物学拔尖学生培养基地
56	兰州大学	生物科学	生物科学拔尖学生培养基地
57	北京大学	计算机科学	未名学者计算机科学拔尖学生培养基地
58	清华大学	计算机科学	学堂计划计算机科学班——计算机科学(含人工智能)拔尖学生培养基地
59	北京航空航天大学	计算机科学	计算机科学拔尖学生培养基地
60	北京理工大学	计算机科学	计算机科学拔尖学生培养基地
61	哈尔滨工业大学	计算机科学	计算机科学拔尖学生培养基地
62	上海交通大学	计算机科学	计算机科学拔尖学生培养基地
63	南京大学	计算机科学	计算机科学拔尖学生培养基地
64	浙江大学	计算机科学	计算机科学与技术拔尖学生培养基地

续表 13-1

序号	所属学校	类别	基地名称
65	华中科技大学	计算机科学	计算机科学拔尖学生培养基地
66	电子科技大学	计算机科学	计算机科学拔尖学生培养基地
67	西安交通大学	计算机科学	计算机科学拔尖学生培养基地
68	国防科技大学	计算机科学	计算机科学拔尖学生培养基地
69	南京大学	天文学	天文学拔尖学生培养基地
70	北京师范大学	地理科学	"励耘计划"地理学拔尖学生培养基地
71	南京信息工程大学	大气科学	大气科学拔尖学生培养基地
72	厦门大学	海洋科学	海洋科学拔尖学生培养基地
73	中国科学技术大学	地球物理学	赵九章地球物理学拔尖学生培养基地
74	武汉大学	地球物理学	地球物理学拔尖学生培养基地
75	南京大学	地质学	地质学拔尖学生培养基地
76	中国地质大学（武汉）	地质学	地质学拔尖学生培养基地
77	北京师范大学	心理学	"励耘计划"心理学拔尖学生培养基地
78	北京大学	基础医学	未名学者基础医学拔尖学生培养基地
79	复旦大学	基础医学	基础医学拔尖学生培养基地
80	上海交通大学	基础医学	基础医学拔尖学生培养基地
81	华中科技大学	基础医学	基础医学拔尖学生培养基地
82	中山大学	基础医学	基础医学(陈心陶)拔尖学生培养基地
83	四川大学	基础医学	明远学园——基础医学拔尖学生培养基地（怀德班）
84	中国人民大学	哲学	哲学拔尖学生培养基地
85	复旦大学	哲学	哲学拔尖学生培养基地
86	南京大学	哲学	哲学拔尖学生培养基地

续表13-1

序号	所属学校	类别	基地名称
87	武汉大学	哲学	哲学拔尖学生培养基地
88	中国人民大学	经济学	经济学拔尖学生培养基地
89	中央财经大学	经济学	数字经济时代经济学拔尖学生培养基地
90	南开大学	经济学	经济学拔尖学生培养基地
91	上海财经大学	经济学	经济学拔尖学生培养基地
92	厦门大学	经济学	王亚南经济学拔尖学生培养基地
93	西南财经大学	经济学	经济学拔尖学生培养基地
94	北京大学	中国语言文学	未名学者中国语言文学拔尖学生培养基地
95	北京师范大学	中国语言文学	"励耘计划"中国语言文学拔尖学生培养基地
96	华东师范大学	中国语言文学	"元化班"中国语言文学拔尖学生培养基地
97	浙江大学	中国语言文学	汉语言文学拔尖学生培养基地
98	山东大学	中国语言文学	中国语言文学拔尖学生培养基地
99	四川大学	中国语言文学	明远学园——中国语言文学拔尖学生培养基地(锦江书院)
100	中国人民大学	历史学	历史学拔尖学生培养基地
101	北京师范大学	历史学	"励耘计划"历史学拔尖学生培养基地
102	南开大学	历史学	历史学拔尖学生培养基地
103	华东师范大学	历史学	"历史+"拔尖学生培养基地
104	中山大学	历史学	历史学拔尖学生培养基地

2021年1月7日，时任教育部党组书记、部长陈宝生在2021年全国教育工作会议上的讲话指出："要优化人才培养结构。深入实施'强基计划'，制定《基础学科人才培养规划（2021—2035年）》，探索基础学科本硕博连读培养模式，为国家未来发展储备尖端人才。扎实推进新工科、新医科、新农科、新文科建设，加快培养理工农医类专业紧缺人才，加强创新型、应用型、技能型等各类人才培养"，"深入实施'珠峰计划'，推进前沿科学中心、集成攻关大平台建设布局，加快实现原始创新重大突破，努力破解'卡脖子'问题。"

2021年2月5号，为深入贯彻落实习近平总书记关于"加强基础学科拔尖学生培养，在数理化生等学科建设一批基地，吸引最优秀的学生投身基础研究"的重要指示精神，教育部深入实施基础学科拔尖学生培养计划2.0，加快培养基础学科拔尖人才。在首批（2019年度）遴选建设104个基础学科拔尖学生培养基地的基础上，根据《教育部等六部门关于实施基础学科拔尖学生培养计划2.0的意见》（教高〔2018〕8号）、《教育部关于2019—2021年基础学科拔尖学生培养基地建设工作的通知》（教高函〔2019〕14号）和《教育部办公厅关于2020年度基础学科拔尖学生培养基地建设工作的通知》（教高厅函〔2020〕21号）等文件要求，在各地各高校申报、专家审议基础上，教育部按相关工作程序确定了基础学科拔尖学生培养计划2.0基地（2020年度）名单。详见表13-2。

表13-2　基础学科拔尖学生培养计划2.0基地（2020年度）名单

序号	类别	所属学校	基地名称
1	数学	北京航空航天大学	华罗庚数学拔尖学生培养基地
2	数学	大连理工大学	华罗庚数学拔尖学生培养基地
3	数学	哈尔滨工业大学	数学拔尖学生培养基地
4	数学	同济大学	数学拔尖学生培养基地
5	数学	华东师范大学	数学拔尖学生培养基地

续表13-2

序号	类别	所属学校	基地名称
6	数学	南京大学	数学拔尖学生培养基地
7	数学	厦门大学	景润拔尖班——数学拔尖学生培养基地
8	数学	武汉大学	数学拔尖学生培养基地
9	数学	中山大学	数学拔尖学生培养基地
10	物理学	北京师范大学	"励耘计划"物理学拔尖学生培养基地
11	物理学	山西大学	物理学拔尖学生培养基地
12	物理学	同济大学	物理学拔尖学生培养基地
13	物理学	华东师范大学	物理学拔尖学生培养基地
14	物理学	厦门大学	萨本栋物理学拔尖学生培养基地
15	物理学	山东大学	物理学拔尖学生培养基地
16	物理学	兰州大学	物理学拔尖学生培养基地
17	物理学	国防科技大学	物理学拔尖学生培养基地
18	力学	北京大学	未名学者力学拔尖学生培养基地
19	力学	北京航空航天大学	空天力学拔尖学生培养基地
20	力学	天津大学	力学拔尖学生培养基地
21	力学	哈尔滨工业大学	力学拔尖学生培养基地
22	力学	南京航空航天大学	力学拔尖学生培养基地
23	力学	浙江大学	力学拔尖学生培养基地
24	力学	中国科学技术大学	钱学森力学拔尖学生培养基地
25	力学	西安交通大学	力学拔尖学生培养基地
26	化学	北京师范大学	"励耘计划"化学拔尖学生培养基地
27	化学	大连理工大学	张大煜化学拔尖学生培养基地
28	化学	华东理工大学	化学拔尖学生培养基地
29	化学	福州大学	化学拔尖学生培养基地
30	化学	山东大学	化学拔尖学生培养基地

续表 13-2

序号	类别	所属学校	基地名称
31	化学	华中科技大学	化学拔尖学生培养基地
32	化学	湖南大学	化学拔尖学生培养基地
33	化学	中山大学	化学拔尖学生培养基地
34	生物科学	北京师范大学	"励耘计划"生物科学拔尖学生培养基地
35	生物科学	中国科学院大学	贝时璋英才班——生物科学拔尖学生培养基地
36	生物科学	吉林大学	生物科学拔尖学生培养基地
37	生物科学	同济大学	生命科学拔尖学生培养基地
38	生物科学	南京大学	生物科学拔尖学生培养基地
39	生物科学	山东大学	生物科学拔尖学生培养基地
40	生物科学	云南大学	生物科学拔尖学生培养基地
41	生物科学	西北农林科技大学	生物科学拔尖学生培养基地
42	计算机科学	北京邮电大学	计算机科学拔尖学生培养基地
43	计算机科学	中国科学院大学	计算机科学与技术拔尖学生培养基地
44	计算机科学	吉林大学	计算机科学拔尖学生培养基地
45	计算机科学	同济大学	计算机科学拔尖学生培养基地
46	计算机科学	中国科学技术大学	华夏计算机科学拔尖学生培养基地
47	计算机科学	武汉大学	计算机科学拔尖学生培养基地
48	计算机科学	中南大学	计算机科学拔尖学生培养基地
49	计算机科学	西北工业大学	计算机科学拔尖学生培养基地
50	计算机科学	西安电子科技大学	计算机科学拔尖学生培养基地
51	天文学	中国科学技术大学	王绶琯天文学拔尖学生培养基地
52	地理科学	北京大学	未名学者地理科学拔尖学生培养基地
53	地理科学	华东师范大学	地理科学拔尖学生培养基地
54	地理科学	南京大学	地理科学拔尖学生培养基地

续表13-2

序号	类别	所属学校	基地名称
55	大气科学	北京大学	未名学者大气科学拔尖学生培养基地
56	大气科学	南京大学	大气科学拔尖学生培养基地
57	海洋科学	中国海洋大学	海洋科学拔尖学生培养基地
58	地球物理学	北京大学	未名学者地球物理学拔尖学生培养基地
59	地质学	中国地质大学（北京）	燕山书院——地质学拔尖学生培养基地
60	地质学	西北大学	地质学拔尖学生培养基地
61	心理学	华东师范大学	"耀翔班"心理学拔尖学生培养基地
62	心理学	华南师范大学	心理学拔尖学生培养基地
63	哲学	北京大学	未名学者哲学拔尖学生培养基地
64	哲学	清华大学	哲学拔尖学生培养基地
65	哲学	北京师范大学	"励耘计划"哲学拔尖学生培养基地
66	哲学	南开大学	哲学拔尖学生培养基地
67	哲学	吉林大学	哲学拔尖学生培养基地（求真书院）
68	经济学	北京师范大学	"励耘计划"经济学拔尖学生培养基地
69	经济学	对外经济贸易大学	经济学拔尖学生培养基地
70	经济学	东北财经大学	经济学拔尖学生培养基地
71	经济学	复旦大学	经济学拔尖学生培养基地
72	经济学	南京大学	经济学拔尖学生培养基地
73	经济学	浙江大学	经济学拔尖学生培养基地
74	经济学	山东大学	经济学拔尖学生培养基地
75	经济学	武汉大学	经济学拔尖学生培养基地
76	中国语言文学	中国人民大学	中国语言文学拔尖学生培养基地

续表 13-2

序号	类别	所属学校	基地名称
77	中国语言文学	南开大学	中国语言文学拔尖学生培养基地
78	中国语言文学	复旦大学	中国语言文学拔尖学生培养基地
79	中国语言文学	南京大学	中国语言文学拔尖学生培养基地
80	中国语言文学	武汉大学	中国语言文学拔尖学生培养基地
81	中国语言文学	中山大学	中国语言文学拔尖学生培养基地
82	历史学	北京大学	未名学者历史学拔尖学生培养基地
83	历史学	首都师范大学	历史学拔尖学生培养基地
84	历史学	吉林大学	考古学拔尖学生培养基地
85	历史学	东北师范大学	历史学拔尖学生培养基地
86	历史学	复旦大学	历史学拔尖学生培养基地
87	历史学	华中师范大学	"开沅"历史学拔尖学生培养基地
88	基础医学	浙江大学	基础医学拔尖学生培养基地
89	基础医学	中南大学	基础医学拔尖学生培养基地
90	基础医学	南方医科大学	基础医学拔尖学生培养基地
91	基础医学	西安交通大学	侯宗濂基础医学拔尖学生培养基地
92	药学	沈阳药科大学	药学拔尖学生培养基地
93	药学	复旦大学	药学拔尖学生培养基地
94	药学	中国药科大学	基础药学拔尖学生培养基地
95	中药学	天津中医药大学	中药学拔尖学生培养基地

（三）"拔尖计划"2.0的学科变化

"基础学科拔尖学生培养试验计划"2.0在数学、物理学、化学、生物科学、计算机科学的基础上，增加天文学、地理科学、大气科学、海洋科学、地球物理学、地质学、心理学、基础医学、哲学、经济学、中国语言文学、历史学12个学科，总共增长到17个学科，实现了学科范围的拓围增量。

（四）"拔尖计划"2.0的保障措施

1.组织保障

高校成立由校长任组长的领导小组，由知名学者和教学名师组成的专家委员会，由相关职能部门组成的工作小组，在资源配置等方面为计划实施提供支持。

2.政策保障

改革教师激励办法、学生奖励办法、教学管理办法等，以人才培养为中心推进制度创新，打造拔尖人才培养的绿色通道。

3.经费保障

高校应统筹利用教育教学改革专项等各类资源支持拔尖计划，推动学生国际交流、科研训练和创新实践、学术交流和社会实践活动、国内外高水平教师合作交流等工作的开展。

（五）"拔尖计划"2.0的实施机制

1.绩效评价机制

推动高校加强拔尖人才培养的质量管理和自我评估，建立毕业生跟踪调查机制和人才成长数据库，根据质量监测和反馈信息不断完善培养方案、培养过程、培养模式和培养机制，持续改进拔尖人才培养工作。定期组织国内外专家学者对计划实施效果、经费使用效益等进行评估，加强质量监管，构建动态进出机制。

2.拔尖人才培养研究机制

鼓励高校和有关专家围绕顶尖科学家成长规律、拔尖学生研究兴趣和研究能力培养、国际化培养、导师制、学生成长跟踪与评价机制、拔尖学生培养模式与体制机制改革、拔尖人才培养成效评价标准等方面开展专题研究，形成一批有质量有分量的理论与实践成果，为拔尖计划深入实施提供参考，推动改革实践。

（六）"拔尖计划" 2.0的人才选拔方式

选、培、评是"拔尖人才" 2.0计划关键聚焦的"三个环节"。选拔上，通过入校后二次选拔、高考"强基计划"、高中"英才计划"等渠道选鉴对基础学科有志向、有志愿、有志趣的拔尖学生，让"异才"纷呈、脱颖而出。

（七）"拔尖计划" 2.0的人才培养方式

培养上，"书院制重在创设环境，注重'浸润''熏陶''养成''感染''培育'，推动实现学生快成才、多成才、成大才，成才率高、成大才率高，让学生不跑偏、不走极端"；导师制重在言传身教，吸引理念新、能力强、肯投入的名师、大师参与拔尖计划，引导学生的学术成长和人生成长，激发学术兴趣和创新潜力；学分制重在制度设计，以学分积累作为学生毕业标准，支持拔尖学生自主构建培养方案，实施弹性学制，允许提前毕业，探索荣誉学位，增强挑战性和荣誉感，为学生成长成才提供制度安排。

2020年南开大学开办哲学伯苓班。据学校介绍，南开大学将持续探索以"公能"和"创新"为主线的人才培养体系，以伯苓学院为实施拔尖计划2.0的平台，创新育人模式、厚植育才土壤，深化书院制、导师制、学分制"三制"改革，对标国际先进水平，建设基础学科拔尖学生培养一流基地。

十四

"强基计划"

（一）"强基计划"的背景

2020年1月14日，教育部发布《教育部关于在部分高校开展基础学科招生改革试点工作的意见》（教学〔2020〕1号）。决定自2020年起，在部分高校开展基础学科招生改革试点（也称"强基计划"）。"强基计划"主要选拔培养有志于服务国家重大战略需求且综合素质优秀或基础学科拔尖的学生。聚焦高端芯片与软件、智能科技、新材料、先进制造和国家安全等关键领域以及国家人才紧缺的人文社会科学领域，由有关高校结合自身办学特色，合理安排招生专业。要突出基础学科的支撑引领作用，重点在数学、物理、化学、生物，以及历史、哲学、古文字学等相关专业招生。建立学科专业的动态调整机制，根据新形势要求和招生情况，适时调整"强基计划"招生专业。"强基计划"的实行，在确保公平公正的前提下，积极探索多维度考核评价模式，逐步建立基础学科拔尖创新人才选拔培养的有效机制，为基础学科拔尖人才培养提供了生源保证。至此，所有高校不再实施自主招生政策。该计划旨在积极建立多维度考核评价学生的招生模式，逐步形成基础学科拔尖创新人才选拔培养的有效机制。

"强基计划"是中国招生考试制度改革和拔尖创新人才培养政策的重要组成部分，"强基计划"是"基础学科拔尖学生培养试验计划"的补充措施，它为高校开展拔尖计划提供优质生源，架起高中与大学人才选拔的桥梁。将人才考核评价机制、培养模式与经济社会发展需求相对接，体现了服务国家战略的目标导向和追求全面发展的价值导向。将生源选拔与基础学科拔尖学生培养、加强科技创新等改革相衔接，形成改革合力，努力探索适应校情、适应国情、面向世界、面向未来的基础学科拔尖人才培养的新模式，实现优秀人才的选拔和培养与国家发展有机结合。

（二）"强基计划"政策出台的动因

1.拔尖人才培养实验计划的需要

"强基计划"出台之前，中国拔尖计划的实施场域主要局限在高校的培养环节，未与高考招考制度形成有效衔接，对基础教育改革的示范引领作用以及对社会所产生的效应都相对有限。同时，其在人才选拔和培养环节也存在一些误区。例如：未形成长效的质量跟踪反馈机制；校际拔尖项目的同形化明显，项目内部在培养模式和评价方式上固化、单一和同质；缺乏对学生基础学科研究志向、社会责任感和学术使命感的培养，也忽视对学术探究热情的激发和保护，使学生对高深知识探究望而却步。为了回应国家本位政策范式，满足经济社会发展对基础学科高质量人才的需求，有必要对拔尖人才培养体系进行系统性重塑。

2.深化考试招生制度改革的要求

高考制度在选拔人才、促进社会流动以及服务国家现代化建设方面发挥不可替代的作用，但它也造成应试教育的弊端，违背学生成长发展的规律。为实现公平而有质量的教育目标，2014年国务院印发的

《深化考试招生制度改革的实施意见》提出分类考试、综合评价和多元录取的招生模式。同年，浙江和上海作为第一批试点启动改革方案，开启"三位一体""两依据，一参考"的综合评价招生制度的探索。综合评价招生打破了传统高考"见分不见人""一考定终身"的格局。高校在综合评价招生改革中积累了丰富的经验，但其在政策执行过程中也暴露一些问题，如综合评价制度刚性不足，评价的某些政策取向隐秘加剧了高等教育机会获得的不平等；在选科制和等级赋分机制的叠加作用下，催生了"田忌赛马"的选考博弈，物理和化学等传统的容易聚集高手的基础学科遭遇"纳什均衡"式的损害，导致中学人才培养与高校对学生知识结构需求之间匹配错位，在随后的培养环节出现"瘸腿"现象，不利于中国基础学科积聚发展潜力。对此，需要进一步深化高考改革制度，从顶层设计上加以规制。

3.自主招生政策执行出现政策偏差

改革开放初期，长期处于计划经济体制和政府统一管理模式约束之下的高等学校缺乏办学自主权，无法满足社会发展对多元化人才的需求，"唯分是举"的人才选拔标准也受到质疑。2003年，教育部出台了《关于做好高等学校自主选拔录取改革试点工作的通知》（教学厅〔2003〕2号），对在部分高校实施自主招生改革做了统一部署。自主招生作为高考制度的重要补充形式，打破了"大一统"考试制度模式的垄断，高校能够基于自身办学特色和培养目标选拔录取学生，为"偏才""怪才"进入精英高校开辟路径。但随着试点工作的推进，自主招生政策的质疑者联盟也不断扩大。质疑者认为，自主招生加剧了高等教育入学机会的不平等，扩大了资本的作用空间，为权力寻租创设空间；"联考"实践异化为"掐尖大战"，中学"推良不推优"，这些个体理性行为与政策形成负和博弈；招生与培养缺乏衔接，自主招生录取的学生未获得与其学科特长相匹配的个性化培养。尽管教育行政部门不断对自主招生政策进行调试，一系列背离政策设计初衷的事件经媒体曝光和舆论发酵，严重损害了政策公信力，亟需新的制度安排来纠正自主招生实践中出现的政策偏差，回应公众对招考公平和效率的期待。

（三）"强基计划"入选高校

教育部阳光高考平台发布的2021年"强基计划"报考指南显示，2021年全国有36所"一流大学"开展"强基计划"，选拔综合素质优秀或基础学科拔尖的学生。"强基计划"入选的高校如表14-1所示：

表14-1 "强基计划"入选高校名单

北京大学	中国人民大学	清华大学	北京航空航天大学
北京理工大学	中国农业大学	北京师范大学	中央民族大学
南开大学	天津大学	大连理工大学	吉林大学
哈尔滨工业大学	复旦大学	同济大学	上海交通大学
华东师范大学	南京大学	东南大学	浙江大学
厦门大学	山东大学	中国海洋大学	中国科学技术大学
武汉大学	华中科技大学	中南大学	中山大学
华南理工大学	四川大学	重庆大学	电子科技大学
西安交通大学	西北工业大学	兰州大学	国防科技大学

（四）"强基计划"招生人数

"强基计划"试点高校单校计划招生数从30至900人不等，其中清华大学和北京大学招生数最多，各900人，约占全国计划招生总人数的14.78%；上海交通大学等6所高校招生人数均为210人，各约占全国的3.45%；山东大学等3所高校招生人数均为180人，各约占全国的2.96%；武汉大学等6所高校招生人数均为150人，各约占全国的2.46%；北京师范大学等6所高校招生人数均为120人，各约占全国的1.97%；大连理工大学等7所高校招生人数均为90人，各约占全国的1.48%；国防科技大学和吉林大学招生人数均为60人，各约占全国的0.99%；中国海洋大学等4所高校招生人数均为30人，各约占全国的

0.49%（详见表14-2）。

表14-2　2020年度"强基计划"招生人数简表

招生数（人）	高校
900	清华大学、北京大学
210	上海交通大学、复旦大学、新疆大学、西安交通大学、南京大学、中国科学技术大学
180	山东大学、四川大学、哈尔滨工业大学
150	武汉大学、南开大学、中山大学、北京理工大学、天津大学、北京航空航天大学
120	北京师范大学、同济大学、厦门大学、中南大学、华中科技大学、兰州大学
90	大连理工大学，华南理工大学、华东师范大学、东南大学、西北工业大学，中国人民大学、重庆大学
60	国防科技大学、吉林大学
30	中国海洋大学、中国农业大学、中央民族大学、电子科技大学

（五）"强基计划"报考流程

3月底至4月，简章公布，网上报名；

6月，考生参加统一高考；

6月25日前，各省（区、市）提供高考成绩；

6月26日前，高校确定参加考核的考生名单；

7月4日前，高校组织考核；

7月5日前，高校折算综合成绩，择优录取。

与2020年不同的是，包括中国科技大学、兰州大学在内的10多所高校在2021年的招生简章中增加了"考生确认环节"。考生报名后须按要求完成确认，未在规定时间内完成考试确认的视为自动放弃。

（六）"强基计划"入选对象

胸怀家国，志向坚定，有志于未来从事基础学科和关键领域研究的考生是各校"强基计划"聚焦的对象。重点在数学、物理、化学、生物，以及历史、哲学、古文字学等相关专业招生。聚焦高端芯片与软件、智能科技、新材料、先进制造和国家安全等关键领域以及国家人才紧缺的人文社会科学领域。

从各校发布的简章看，普遍将可申请报名"强基计划"的考生分为两类：一是综合素质优秀、高考成绩优秀的学生，二是相关学科领域具有突出才能和表现的考生。要求为在高中阶段获得数学、物理或化学奥林匹克竞赛全国决赛一等奖、二等奖，且高考成绩不低于所在省区市第一批本科录取控制分数线。对极少数在相关学科领域具有突出才能和表现的考生，可破格入围。

（七）"强基计划"的考核方式

在志愿填报过程中，各学校普遍要求考生不能兼报其他高校，同时在相关学科领域具有突出才能和表现的学生报考专业须与学科特长相一致，并在一个招生组别内进行专业志愿填报。为确保人才选拔的科学公正，考生需经历"统一高考—入围校考—高校考核"等多个环节。

1.在统一高考阶段

除了中央民族大学、中南大学、中山大学等3所高校只能以高考成绩入围，其余试点高校都含高考成绩入围和破格入围两种入围方式，其中破格入围的条件都为"本一线"+国赛，"破格"只是对国赛获奖学科要求有所不同。

2.在入围校考阶段

36所"强基计划"试点高校以高考成绩入围校考有三种情况。

（1）本一线+倍入线。这种方式入围的高校有北京大学等23所高校。

（2）超一线+倍入线。这种入围校考主要有两种：一是要求高考成绩达到高考总分的一定比率，如：天津大学、西北工业大学、大连理工大学要求高考成绩达到满分的75%。二是要求高考成绩高出 本一线一定的分数，如：北京师范大学设置的入围条件是与所在省份本一线，比理科超110分，文科和新高考改革省份超70分；上海交通大学入围高考成绩超本一线的要求分省而定，其中上海超50分，江苏超45分，北京、天津、浙江、山东等省市超60分，其他省市超100分。

（3）超一线+倍入线+校主要求。代表大学有东南大学、同济大学、四川大学、哈尔滨工业大学、兰州大学。"校主要求"也有两种：一种是对某些学科的高考成绩提出要求，如同济大学要求：数学成绩不低于满分的90%；东南大学要求：报考理科类数学成绩达到满分的85%；兰州大学数理化生专业要求高考数学成绩不低于满分的80%，文史专业要求高考语文成绩不低于满分值的80%。二是提出一定的选测要求，如哈尔滨工业大学、中国科学技术大学明确要求江苏省选测科目等级为双"A"，且中国科学技术大学在校考环节要考查数学和物理。

3.在高校考核阶段

不少高校设置了学科基础素质测试、综合素质考核和体育测试，旨在全方位对学生的学科基础、综合素质和身体素质进行考核。以国防科技大学为例，采用笔试、面试和体制测试相结合的考核方法。笔试科目为数学与逻辑、经典物理基础（每门科目150分，总分300分）。面试考核思想品德、人文素养、学科特长、科学思维和创新潜质五个方面，每个方面30分，面试总分150分。思想品德单项得分不足18分的考生，校考不合格，取消"强基计划"录取资格。同时，组织专家组对考生综合素质档案实施盲评。专家组将根据考生的高中学习发展特点及全过程表现，包括平时学业成绩、学科获奖情况、参与课外研究或学习的情况、创作/创意/创新成果的情况、文体特长情况、参与社会工作/社团活动/社会实践/志愿公益活动的情况、综合获奖及突出事迹的情况、个人陈述等多方面进行综合评审，并按评审结果纳入面试考核结果。体质测试项目包括50米跑、立定跳远、1000米跑（男生）或800米跑（女生）。按照《国家学生体质健康标准》中对应项目高三年级标准，考生三项体测成绩平均分须达到60分。不参加体测的考生视为放弃"强基计划"招生录取资格。考生综合成绩由高考成绩、校考笔试及面试成绩按比例折算。

考生综合成绩=高考加权总成绩*85%+（校考笔试成绩+校考面试成绩）*N*15%（N系数=生源省份高考加权成绩满分/校考成绩满分）。高考加权总成绩为高考各单科成绩分别加权后的总成绩，具体为：高考加权总成绩=［高考数学成绩+高考理综成绩（高考改革省份为高考物理成绩）］*120%+高考其他单科成绩总分*100%。根据考生填报志愿和在相关省份"强基计划"的招生名额，所有入围校考的考生统一按综合成绩由高到低顺序（成绩优先）确定"强基计划"预录取考生及专业（综合成绩相同的考生依次比较高考加权总成绩、校考笔试成绩和校考面试成绩）。校招生工作领导小组按招生计划审定"强基计划"预录取名单，并报各省级招办审核，办理录取手续。在7月上旬（具体时间根据工作进展确定）公布录取名单并公示录取标准。被正式录取的考生不再参加本省后续高考志愿录取；未被录取的考生可正常参加本省后续各批次志愿录取。

上海交通大学招办负责人介绍，上海交大的综合面试环节包含科研潜质及创新素养评估，每名考生要经过两组专家的面试，专家组与考生组将采用"双随机"抽签的方式。录取阶段，高考成绩（折算成百分制）占综合成绩的85%，学校组织的考核测试成绩占综合成绩的15%。

"我们聚焦多维度考核评价，探索高中学生综合素质档案使用办法，依据高考成绩、高校考核成绩综合评价录取。按照学生报考专业和学科特长开展分类测试，在促进选拔公平的基础上提高选才精准度。"南京大学招办相关负责人介绍。

所有试点高校都将校考成绩设为综合成绩的15%，且将体测结果主要作为合格性条件或重要参考条件，而未计入校考总分。各试点高校都根据"强基计划"各省份各专业招生计划数，按综合成绩从高到低确定预录取名单。只是在综合分相等时才会考虑其他条件，且都明确了其他条件的优先顺序。

（八）"强基计划"的招生学科

"强基计划"面向基础学科，顶层设计明确指出招生选拔的关键领域及学科范围，并基于学科与专业的差异性进一步指明当前招生的重

中国基础科学人才培养改革与实践(1990—2020)

292

点专业。对招生的学科专业作基本要求，也是对招生定位的澄清、对招生工作价值导向的规制。尤其是在经济高速发展、专业无限分化、职业高度繁荣的新时代，只有国家视角才能从宏观上把握战略发展需求，只有行政指令才能赋予高校招生自主权、并对其进行合理规制。以下是36所试点高校2021年"强基计划"招生计划：

表14-3　清华大学招生专业及招生计划

学科类	包含专业	非改革省份科类要求	3+3改革省份选考科目要求	3+1+2改革省份选考科目要求	人才培养单位
理科类	数学与应用数学	理工类	物理	物理	致理书院
	物理学	理工类	物理	物理	
	化学	理工类	物理和化学	物理和化学	
	生物科学	理工类	物理和化学	物理和化学	
	信息与计算科学	理工类	物理	物理	
	数理基础科学	理工类	物理	物理	未央书院
	化学生物学	理工类	物理或化学	物理和化学	探微书院
	理论与应用力学	理工类	物理	物理	行健书院
文科类	中国语言文学类(古文字学方向)	文史类	不限	历史	日新书院
	历史学类	文史类	历史	历史	
	哲学类	文史类	不限	历史	

表14-4 西安交通大学招生专业及招生计划

招生专业名称	选考科目要求	
	"3+3"模式省份	"3+1+2"模式省份
数学类	物理必选	物理和化学必选
物理学类	物理必选	物理和化学必选
核工程与核技术	物理必选	物理必选
生物技术	物理必选	物理和化学必选
哲学	历史、政治至少选一科	历史和政治必选
工程力学	物理必选	物理必选

表14-5 西北工业大学招生专业及招生计划

招生专业	招生科类	高考综合改革省份选考科目要求（3+3模式）	高考综合改革省份选考科目要求（3+1+2模式）
数学类（数学与应用数学、信息与计算科学）	理工类	物理	首选科目物理，无再选科目要求
应用物理学			
化学类		物理或化学	首选科目物理，再选科目化学

表14-6 兰州大学招生专业及招生计划

序号	招生专业	非高考综合改革省份科类要求	高考综合改革省份(3+3改革)必选科目要求	高考综合改革省份(3+1+2改革)必选科目要求	
				首选科目要求	再选科目要求
1	化学	理工	化学	仅物理	化学
2	物理学	理工	物理	仅物理	不限
3	生物科学	理工	化学和生物	仅物理	化学

续表 14-6

序号	招生专业	非高考综合改革省份科类要求	高考综合改革省份(3+3改革)必选科目要求	高考综合改革省份(3+1+2改革)必选科目要求	
				首选科目要求	再选科目要求
4	数学与应用数学	理工	物理	仅物理	不限
5	历史学	文史	历史或地理	仅历史	地理
6	汉语言文学(古文字学方向)	文史	不限	仅历史	思想政治或地理

表 14-7 北京师范大学招生专业及招生计划

专业组别	招生专业	高考科类	"3+3"模式省份选考科目要求	"3+1+2"模式省份选考科目要求	
				首选科目	再选科目
文科组	历史学	文史	历史或地理	历史	不限
	哲学	文史	不限	历史	不限
理科组	数学与应用数学	理工	物理	物理	不限
	物理学	理工	物理	物理	不限
	化学	理工	物理或化学	物理	化学
	生物科学	理工	物理或化学	物理	化学

表 14-8 中国农业大学招生专业及招生计划

招生专业名称	选考科目要求	
	"3+3"模式省份	"3+1+2"模式省份
生物科学	物理、化学、生物任选一门	首选科目:物理 再选科目:化学或生物任选一门
种子科学与工程		
动物科学		

表14-9 北京理工大学招生专业及招生计划

招生专业	科类	高考综合改革省份选考科目要求（3+3模式）	高考综合改革省份选考科目要求（3+1+2模式）
数学与应用数学	理工类	首选科目物理	首选科目物理，再选科目化学
应用物理学			
化学			
工程力学			首选科目物理，无再选科目要求

表14-10 北京航天航空大学招生专业及招生计划

招生专业名称	第二类考生入围条件
数学与应用数学	中国数学奥林匹克全国决赛一、二等奖
应用物理学	全国中学生物理竞赛全国决赛一、二等奖
化学	中国化学奥林匹克全国决赛一、二等奖
工程力学	中国数学奥林匹克全国决赛一、二等奖，或全国中学生物理竞赛全国决赛一、二等奖
信息与计算科学	中国数学奥林匹克全国决赛一、二等奖，或全国青少年信息学奥林匹克竞赛全国决赛一、二等奖

表14-11 电子科技大学招生专业及招生计划

招生专业	非高考综合改革省份	高考综合改革省份及选考科目要求	
		3+3模式	3+1+2模式
应用物理学	安徽、河南、四川、贵州	北京、浙江、山东（选考科目要求为物理）	河北、重庆、广东、福建（首选科目要求为物理，不提再选科目要求）

表14-12 四川大学招生专业及招生计划

招生专业(类)	非高考综合改革省份科类	高考综合改革省份选考科目要求("3+3")	高考综合改革省份选考科目要求("3+1+2")	
			首选科目	再选科目
汉语言文学（古文字方向）	文史类	不提科目要求	仅历史	不提科目要求
历史学类	文史类	历史、地理(选考其中1门即可)	仅历史	不提科目要求
哲学	文史类	不提科目要求	物理或历史均可	不提科目要求
数学与应用数学	理工类	物理	仅物理	不提科目要求
物理学	理工类	物理	仅物理	不提科目要求
工程力学	理工类	物理	仅物理	不提科目要求
化学	理工类	化学、物理(选考其中1门即可)	仅物理	化学必选
生物科学	理工类	化学、生物、物理(选考其中1门即可)	仅物理	化学必选
基础医学	理工类	化学、物理(选考其中1门即可)	仅物理	化学、生物(选考其中1门即可)

表14-13 华中科技大学招生专业及招生计划

序号	招生专业	"3+3"省份选考科目要求	"3+1+2"省份选考科目要求	传统高考省份科类
1	数学与应用数学	物理	物理+化学	理科
2	物理学	物理	仅物理	理科
3	化学	物理或化学	物理+化学	理科
4	生物科学	物理或化学或生物	物理+化学或生物	理科
5	基础医学	化学+生物	物理+化学或生物	理科
6	汉语言文学(古文字学方向)	不限	仅历史	文科
7	哲学	不限	物理或历史	文科

表14-14　山东大学招生专业及招生计划

招生专业	非高考改革省份招生科类	高考改革省份选考科目要求		
		3+3模式	3+1+2模式	
			首选	自选
数学与应用数学	理工类	物理	物理	不限
物理学		物理	物理	不限
化学		物理+化学	物理	化学
生物科学		物理/化学/生物	物理	化学/生物
生物医学科学		物理+化学	物理	化学
汉语言文学(古文字学方向)	文史类	不限	历史	不限
历史学		历史/地理	历史	不限
哲学		不限	历史	不限

表14-15　浙江大学招生专业及招生计划

招生组别	招生专业	高考改革省份选考科目要求		非高考改革省份科类要求
		"3+3"模式	"3+1+2"模式	
理学Ⅰ类	数学与应用数学、物理学、工程力学	物理	首选物理,再选不限	理科
理学Ⅱ类	化学、生物科学、生态学	物理	首选物理,再选化学	
基础医学类	基础医学	化学和生物	首选物理,再选化学或生物	
人文历史类	历史学、哲学、汉语言文学(古文字方向)	历史或地理	首选物理或历史,再选不限	文科

表14-16　华东师范大学招生专业及招生计划

专业组	招生专业	新高考3+1+2模式省份首选科目要求	新高考3+1+2模式省份再选科目要求	新高考3+3模式省份首选科目要求	其他省份高考科类要求
理科组	数学与应用数学	物理	化学或生物	物理	理工
	物理学	物理	化学或生物	物理	理工
	生物科学	物理	化学或生物	物理	理工
文科组	哲学	历史	不限	不限	文史
	汉语言文学（古文字学）	历史	不限	不限	文史

表14-17　南开大学招生专业及招生计划

招生专业	3+3改革省份选考科目要求	3+1+2改革省份选考科目要求		其他省份科类要求
		首选	再选	
数学与应用数学	物理	物理	不限	理工类
物理学	物理	物理	不限	
化学	物理或化学	物理	化学	
生物科学	物理或化学或生物	物理	生物或化学	
历史学	历史或地理	历史	不限	文史类
哲学	不限	历史	不限	

表14-18　中南大学招生专业及招生计划

招生专业	科类	高考改革省份选考科目要求		
		"3+3"模式	"3+1+2"模式	
			首选科目	再选科目
数学与应用数学	理工	物理(1门科目考生必须选考方可报考)	物理	不提再选科目要求
应用物理学	理工	物理(1门科目考生必须选考方可报考)	物理	不提再选科目要求
应用化学	理工	物理,化学(2门科目考生选考其中1门方可报考)	物理	化学(1门科目考生必须选考方可报考)
生物科学	理工	物理,化学,生物(3门科目考生选考其中1门方可报考)	物理	化学,生物(2门科目考生选考其中1门方可报考)

表14-19　中国人民大学招生专业及招生计划　（各省份不一样）

招生专业名称	非高考改革省份科类	高考改革省份选考科目要求	
		"3+3"模式	"3+1+2"模式
哲学	文史类	不限选考科目	首选科目历史再选科目不限
汉语言文学(古文字学方向)	文史类	不限选考科目	首选科目历史再选科目不限
历史学	文史类	不限选考科目	首选科目历史再选科目不限

表14-20　武汉大学招生专业及招生计划

招生专业名称	综合改革省份科类	高考综合改革省份选考科目要求		
		"3+3"模式	"3+1+2"模式	
			首选科目	再选科目
哲学	文史类	历史	历史	不限
汉语言文学（古文字学方向）	文史类	历史	历史	不限
历史学	文史类	历史	历史	不限
数学与应用数学	理工类	物理和化学	物理	化学+不限
物理学	理工类	物理和化学	物理	化学+不限
化学	理工类	物理和化学	物理	化学+不限
生物科学	理工类	物理和化学	物理	化学+不限
基础医学	理工类	物理和化学	物理	化学+不限

表14-21　厦门大学招生专业及招生计划

序号	招生专业	包含专业	学院	"3+3"模式省份	"3+1+2"模式省份
1	数学类	数学与应用数学、信息与计算科学	数学科学学院	物理必选	首选物理，再选不限
2	物理类	物理学	物理科学与技术学院	物理必选	首选物理，再选不限
3	化学类	化学、能源化学、化学生物学	化学化工学院	物理、化学均须选考	首选物理，再选化学
4	生物科学类	生物科学、生物技术	生命科学学院	物理、化学、生物选考其中1门即可报考	首选物理，再选化学或生物
5	历史类	历史学	人文学院	历史必选	首选不限，再选不限
6	哲学	哲学	人文学院	历史必选	首选不限，再选不限

表14-22　东南大学招生专业及招生计划

科类	招生专业（类）	选考科目要求			招生省份
		3+3模式	3+1+2模式		
			首选科目	再选科目	
文科类	哲学	不提科目要求	物理或历史	不提再选科目要求	北京、江苏、浙江、安徽、山东
理科类	数学类	物理	物理	不提再选科目要求	北京、天津、山西、上海、江苏、浙江、安徽、山东、河南、广东、四川、陕西、湖北、湖南、重庆
	物理学类	物理	物理	不提再选科目要求	
	化学	物理或化学	物理	化学	

表14-23　南京大学招生专业及招生计划

科类	招生专业		新高考省份选科要求		竞赛科目
			3+3	3+1+2	
理科类	专业组1	数学与应用数学	物理	首选科目物理 再选科目不限	数学 物理 信息学
		信息与计算科学			
		物理学			
	专业组2	化学	物理和化学	首选科目物理 再选科目化学	化学 生物学
		生物科学			
文科类	专业组3	汉语言文学(古文字学方向)	历史	首选科目历史 再选科目不限	——
		历史学			
		哲学			

表14-24　同济大学招生专业及招生计划

专业组	招生专业	高考综合改革省份		其他省份科类要求
		3+1+2模式	3+3模式	
专业组1	数学与应用数学	首选科目物理，再选科目不提科目要求	物理	理科
	应用物理学			
	工程力学			
专业组2	应用化学	首选科目物理，再选科目化学	物理	理科
	生物技术	首选科目物理，再选科目化学或生物	化学和生物	

表14-25　华南理工大学招生专业及招生计划

招生专业	3+3改革省份选考科目	3+1+2改革省份选考科目	其他省份	备注
数学类	物理	首选物理再选不限	理科	
化学类	化学	首选物理再选化学	理科	不招色盲色弱
生物技术	物理或化学或生物	首选物理再选化学或生物	理科	不招色盲色弱

表14-26 南开大学招生专业及招生计划

招生专业	3+3改革省份选考科目要求	3+1+2改革省份选考科目要求		其他省份科类要求
		首选	再选	
数学与应用数学	物理	物理	不限	理工类
物理学	物理	物理	不限	
化学	物理或化学	物理	化学	
生物科学	物理或化学或生物	物理	生物或化学	
历史学	历史或地理	历史	不限	文史类
哲学	不限	历史	不限	

表14-27 天津大学招生专业及招生计划

招生专业	(3+3)高考改革省份选考科目要求	(3+1+2)高考改革省份选考科目要求	色弱	色盲	备注
数学与应用数学	物理	首选物理,再选不限			
应用物理学	物理和化学	首选物理,再选化学		#	
应用化学	物理和化学	首选物理,再选化学	#	#	"#"为不招收
生物科学	物理和化学	首选物理,再选化学	#	#	
工程力学	物理	首选物理,再选不限			

表14-28　大连理工大学招生专业及招生计划

专业	高考改革省份选考科目要求
数学与应用数学	"3+3"省份:须选考物理 "3+1+2"省份:首选物理,再限不限
应用物理学	
工程力学	
应用化学	"3+3"省份:须选考化学 "3+1+2"省份:首选物理,再限选化学

表14-29　上海交通大学招生专业及招生计划

学院	专业名称	非高考改革省(区、市)科类要求	高考改革省(区、市)3+3选考要求	高考改革省(区、市)3+1+2选考要求	
				首选科目要求	再选科目
数学科学学院	数学与应用数学	理科	物理	物理	不限
物理与天文学院	物理学	理科	物理	物理	不限
化学化工学院	化学	理科	物理或化学	物理	化学
生命科学技术学院	生物科学	理科	物理或化学	物理	化学
医学院	生物医学科学	理科	物理且化学	物理	化学
船舶海洋与建筑工程学院	工程力学	理科	物理	物理	不限

表14-30　北京大学招生专业及招生计划

专业组别	招生专业
I组	数学类
	物理学类
	化学类
	力学类
	生物科学类
	历史学类
	考古学
	哲学类
	中国语言文学类(古文字学方向)
II组	历史学类
	考古学
	哲学类
	中国语言文学类(古文字学方向)
医学组	基础医学(八年制)

表14-31　中国海洋大学招生专业及招生计划

招生专业	人数	招生省份	3+3	其他省份
生物科学	30	北京、河北、山西、内蒙古、江苏、安徽、福建、山东、河南、广东、海南、四川	北京、山东、海南(同时考物理、化学);河北、江苏、福建、广东、湖南5省(必须首选物理、化学)	仅招收理工类

表14-32 中国科学技术大学招生专业及招生计划

招生专业	招生省份
数学与应用数学、信息与计算科学、物理学、应用物理学、化学、生物科学、生物技术、理论与应用力学、核工程与核技术	1.对于非高考综合改革试点省份,仅招收理科学生。 2.对于第一、二批高考综合改革试点省份(北京、天津、上海、浙江、山东、海南)的考生,选考科目为物理。 3.对于第三批高考综合改革试点省份(河北、辽宁、江苏、福建、湖北、湖南、广东、重庆)的考生,报考化学、生物科学、生物技术专业时,首选科目为物理,再选科目为化学;报考其他专业时,首选科目为物理,再选科目不做要求。

表14-33 复旦大学招生专业及招生计划

招生专业	高考科类	3+3模式选考科目	3+1+2模式	
			首选科目	再选科目
汉语言(古文字方向)	文史	不限	不限	不限
历史学	文史	不限	不限	不限
哲学	文史	不限	不限	不限
数学与应用数学	理工	物理	物理	不限
物理学	理工	物理	物理	化学
化学	理工	物理	物理	化学
生物科学	理工	物理或者化学	物理	化学
基础医学	理工	物理或者化学	物理	化学或者生物

表14-34　中山大学招生专业及招生计划

专业名称	非高考综合改革省份科类要求	高考综合改革省份选考科目要求(3+3模式)	
		（3+3模式）	（3+1+2模式)数学类
数学类(含数学与应用数学、信息与计算科学)	理科	必选物理	首选科目必选物理
应用物理学			
核工程与核技术			
工程力学			

表14-35　吉林大学招生专业及招生计划

专业名称	专业科类	高考选考科目要求	招生省份
数学与应用数学	理工	3+3:物理、化学,2门科目,考生均须选考方可报考 3+1+2:首选科目物理,再选科目化学(1门科目,考生必须选考该科目方可报考)	北京、河北、辽宁、吉林、黑龙江、安徽、山东、河南、湖南、四川
物理学	理工	3+3:物理,1门科目,考生必须选考该科目方可报考。 3+1+2:首选科目物理,再选科目化学1门科目,考生必须选考该科目方可报考	河北、辽宁、吉林、安徽、山东、河南、湖南、四川
化学	理工	3+3:化学,1门科目,考生必须选考该科目方可报考。 3+1+2:首选科目物理,再选科目化学1门科目,考生必须选考该科目方可报考	北京、辽宁、吉林、黑龙江、浙江、安徽、山东、湖北、湖南
古文字学	文史	3+3:历史、地理,2门科目,考生选考其中1门即可报考。 3+1+2:首选科目历史,再选科目不提再选科目要求。	河北、辽宁、吉林、黑龙江、安徽、山东、河南

表14-36　中央民族大学招生专业及招生计划

招生专业	招生要求
历史学专业	在高考综合改革省份,历史学要求考生选考历史科目。 在高考综合改革省份(3+3模式),哲学考生选考科目不限;高考综合改革省份(3+1+2模式),哲学要求考生首选科目为历史。 在非高考改革省份,上述专业均招收文史类考生。

表14-37　国防科技大学招生专业及招生计划

招生专业	招生省份
数学与应用数学	实施"3+3"高考综合改革省份的考生选考科目须包含物理,实施"3+1+2"高考综合改革省份的考生首选科目须为物理,非高考综合改革省份的考生须为理科生;考生入校后均以英语为公共外语教学内容安排教学。
物理学	
备注	我校综合考虑各省考生数量、生源质量和学校人才培养需要等因素,确定无军籍本科"强基计划"分省分专业计划且计划单列。分省分专业招生计划登录报名系统查询。

表14-38　重庆大学招生专业及招生计划

招生专业	选考科目要求 (3+3模式)	选考科目要求 (3+1+2)模式		招生省份
		首选科目要求	再选科目要求	
数学与应用数学	物理	物理	不提科目要求	安徽、福建、甘肃、广东、广西、贵州、河北、河南、湖北、湖南、江苏、江西、山东、陕西、山西、四川、云南、浙江、重庆
物理学	物理	物理	不提科目要求	

从36所试点高校2021年"强基计划"的《招生简章》来看，专业设置重点参考了《试点工作意见》的精神，基本按照物理、数学、化学、生物、哲学、历史、中国语言文学类（古文字学方向）的顺序由多至少分布，唯一增设的专业类为医学类，并以基础医学为主。试点高校充分发挥了自身的优势，聚集了优质平台资源助力"强基计划"，据不完全统计，70%以上的招生专业为"双万计划"的"一流专业"建设项目或依托"双一流"的"一流学科"建设项目，有着雄厚的学科专业实力。

高校的特色被重视，比如中央民族大学，不仅招生专业有涉及民族特色的中国少数民族语言文学（古文字学方向），而且要求报考者至少熟练掌握一门中国少数民族语言，同时，招生省份也照顾了少数民族聚集较多的云南、内蒙古、吉林、广西等省（区）。可见，"强基计划"的推进使国家重大战略与高校优势相辅相成，突破了以往"自主"招生制度中高校特色不足的困境。

（九）"强基计划"的培养方案

不同于过去自主招生录取学生与普通录取学生在培养方式上的趋同，"强基计划"选育衔接为学生制定个性化培养方案。总结36所"强基计划"入选高校的培养方案，都坚持"植根铸魂、强基固本、博学深究、兴趣主导、创新引领"的人才培养理念，实施"宽厚基础、学科复合、科教融合、大师引领、个性发展"的人才培养模式，突出培养机制和培养过程的开放性、研究性、国际性、挑战性和个性化。致力于培养具有强烈使命感和责任感、扎实学识和卓越能力、深刻思想和宽广视野、长远眼光和创新思维，能够潜心学术，关注重大科学和人类发展问题，能够为建设中国特色哲学社会科学体系和科技强国做出卓越贡献的杰出人才。

36所高校都有实行导师制、小班化培养，鼓励国家实验室、前沿科学中心等吸纳录取学生参与项目研究，并探索本—硕—博衔接的培养模式。培养模式统计如表14-39：

表14-39　本—硕—博衔接的培养模式

项目	本硕博衔接	导师制小班化	设立书院	科教融合	国际交流	动态进出
校数	28	25	4	11	23	30

1.具体培养模式

（1）本—硕—博相衔接

畅通学生成长发展通道，建立在校生、毕业生跟踪调查机制和人才成长数据库，根据质量监测和反馈信息，不断完善招生和人才培养方案；制定完善入选"强基计划"学生免试推荐研究生管理办法，加大免试推荐研究生的比例，特别是免试推荐直博研究生的比例；进一步完善入选"强基计划"学生公派留学管理办法，在公派留学名额和资助金额等方面予以政策倾斜，加大支持力度；对学业优秀的学生，在免试推荐研究生、直博、公派留学、奖学金等方面予以优先安排。

按照"强基计划"总体培养目标科学确定本硕博各阶段培养定位、培养要求和侧重点，形成各阶段有机衔接的整体培养体系。本科阶段强调宽厚基础和扎实能力培养，为后续硕博培养奠定良好基础。针对第三学年考核通过的学生，在第四学年开始实施本研衔接培养。本转研阶段，推荐免试研究生资格与名额。"强基计划"学生第三学年考核通过后，将获得转段候选人资格。获得转段候选人资格的学生，将根据学生自身兴趣、特点、条件以及相关培养方案，可通过相关程序录取到"强基计划"培养单位相关学科或相关交叉学科专业进行硕士培养或直接进行博士培养。

（2）导师制与小班化

选聘校内外最优秀的师资承担专业基础课程教学，聘请高水平国际师资开设全英文国际化前沿课程和讲座。在培养过程注重大师引领，实施学术导师组和学术导师相结合的学业发展指导制度，同时通过新生研讨课、学术研讨班、学业导师、学术讲座、科研实践、大师工作室等具体举措促进师生互动，引导和指导学生学业发展。

（3）设立书院

在基地班设立书院，围绕立德树人，通过落实导师制、加强通识教育课程和环境熏陶，拓展学术及文化活动，促进学生文理渗透、专业互补，鼓励不同专业背景的学生混合住宿、互相学习交流。建设学习生活社区，在传授专业知识的同时，打通中国传统文化中的文、史、哲，进而融汇人文科学和自然科学。

（4）科教融合

依托学校高水平科研平台，实施科教融合培养。依托各相关学科领域的重大科研项目团队、科研机构和平台，开设学术研讨班、学生进科研项目（实验室）、学生进产学研项目，以问题为导向、以项目研究为目标，在科研团队指导下，按照学习和研究有机融合的方式，开展科研实践，实施渐进式学术训练。学校为学生参与校内、国内和国际科研计划提供经费资助。

建立优秀学生参与重大科研攻关项目机制。第一学年初发布相关学科及交叉学科案例课题，鼓励学生自由申请。第三学年开始，每学期选拔优秀学生参与导师组主导的重大科研项目攻关，提前接受科研实践，实现前沿课题、一流导师和优秀学生的有机结合。

（5）国际交流

学校和学院利用现有的国际学术交流合作平台，并不断开拓新的国际合作伙伴。学校和学院选聘高水平国际专家为学生国际学习、研究、交流提供指导，通过派往合作学校和机构交流学习、组织考察交流、推荐申报国家和机构国际学习奖学金、依托国际小学期聘请国际一流师资开设系列前沿课程等方式和途径，为"强基计划"学生搭建一流的国际学习交流平台。学校为学生出国交流交换提供资助。

（6）动态进出

学生入校后原则上不转专业；达不到考核标准的，应退出"强基计划"。在前两学年退出"强基计划"的学生，转入该专业或相近专业对应的普通班级继续培养。对于在第三学年考核未通过的学生，在考核小组指导下根据学生实际和兴趣制订后续学习计划，完成本科阶段学习。

入校第一学年后，根据资源条件情况，学院可在普通班学生中选拔适量学生进入"强基计划"。参加选拔的学生应由学生提出申请，并获得所申请的"强基计划"专业两名（含）以上教授推荐。考核小组对申请者实施综合考核，考核包含笔试、面试和对以往学习及综合表现的考察三个方面，重点考察学生的学术志向、学术潜力和综合发展能力，择优录取。

2.培养方案典型分析

清华大学新成立了日新书院、致理书院、探微书院、未央书院、行健书院等五大书院。其中，日新书院负责基础文科类专业的人才培养；致理书院负责基础理科学术类专业的人才培养；探微、未央和行健3个书院则分别对接化学生物学、数理基础科学和理论与应用力学3个专业方向，均专门设计了"理+工"双学士学位培养模式。"此举旨在强化基础学科的支撑引领作用，有效促进不同专业之间培养方案的有机融合，实现学科交叉基础上的差异化、特色化人才培养。"清华大学招生办公室主任余潇潇介绍。

北京大学启动"深化基础学科人才培养计划"，开展"博雅学堂"试点工作，对"强基计划"学生实施全过程培养。具体措施包括建立"基础学科+多元选择"培养体系，实行"核心课程+跨学科课程、研究性学习、实践训练"等多样化和开放探索的专业培养，实施"3+X"贯通式培养，开展"1+N"研究训练，推行"1+X"导师制，拓展"3+N"交流项目等。

浙江大学强化科教协同育人，结合国家重大科技基础设施、国家重点实验室、前沿科学中心等重大科研平台所承担的重大科研项目，通过科教协同和学科交叉加强"强基计划"学生的创新能力培养。

北京航空航天大学为每名"强基计划"录取学生建立一对一的成长发展档案，建立导师制、小班化、个性化、团队化的培养体系。

"对'强基计划'学生进行选拔与培养的一体化管理，既有利于因材施教，也有利于增强学生献身国家重大战略需求的责任感、荣誉感与使命感。"国家教育咨询委员会委员钟秉林谈道:"下一步,要建立有效的质量监测与反馈机制,持续改进招生与培养工作。"

(十)"强基计划"的特点

"强基计划"与"自主招生"都体现了突破唯考试、唯分数等应试惯习的人才选拔取向,但两者有着本质而显著的区别,"强基计划"并非"自主招生"的简单升级。以下是"强基计划"与"自主招生"的比较(详见表14-40):

表14-40 "强基计划"与"自主招生"的区别点

"强基计划"	区别点	自主招生
"强基计划"要选拔"有志于服务国家重大战略需求且综合素质优秀或基础学科拔尖的学生。	选拔定位不同	自主招生要选拔具有学科特长和创新潜质的学生。
"强基计划"突出基础学科的支撑引领作用,重点在数学、物理、化学、生物及历史、哲学、古文字学等相关专业安排招生。	招生专业不同	自主招生未规定高校招生专业及学科范围。
"强基计划"入围依据是学生的高考成绩,极少数在学科相关领域具有突出才能和表现的考生,有关高校可制定破格入围高校考核办法,并提前向社会公布,透明性高。	入围校考依据不同	自主招生是依据学生提供的申请材料,相关制度不完备。
"强基计划"为确保人才选拔的科学公正,考生需经历"统一高考—入围校考—高校考核"等多个环节。	录取方式不同	自主招生采用降分录取的方式,最低可以降至一本线。

续表14-40

"强基计划"	区别点	自主招生
实行导师制、小班化培养,鼓励国家实验室、前沿科学中心等吸纳录取学生参与项目研究,并探索本—硕—博衔接的培养模式。	培养模式不同	相关高校对自主招生的学生培养方式未作明确规定。

通过对自主招生与"强基计划"的对比,可以得出"强基计划"有如下特点:

1.公平与效率相结合

"公平公正"是中国人才选拔的重要原则,也是高考制度一直饱受诟病但仍然具备国考地位的内在支撑和客观因素。"强基计划"对公平的坚持主要体现在硬性指标和对全体考生的共性要求上,对效率的考量主要体现在弹性指标和基于招生高校自主设置的个性条件上。

"强基计划"强调考试,既包括高考也包括校考,要做到机会公平、程序公开、结果公正,并在公平优先的前提下兼顾效率,具体体现在以下方面:一是所有参加"强基计划"的考生都必须参加高考且必须达到相对较高的分数才能进入校考,这是公平的底线保障。二是明确校考成绩占比不得高于综合成绩的15%,录取按综合成绩由高到低顺次录取,仅在综合成绩同分的情况下考虑专业特点和个性条件。三是对有突出才能和表现的考生,既给予"破格"的照顾,也提出基本要求,即高考成绩原则上不得低于各省(区、市)本科一批次录取最低控制分数线,合并录取批次省份应单独划定相应分数线。

2.成绩与素质相结合

成绩是显性的,也相对客观和易于保障公平,但过度关注成绩可能导致"高分低能";素质是内隐的,对人才的影响持续而深远,但其评价往往相对主观,难以保障公平。"强基计划"将高考成绩作为判定是否具备进入校考资格的关键性依据,在校考环节重点关注体能等综合素质且将高中阶段的综合素质评价作为重要参考依据，体现了成绩与素质兼顾的特点。校考主要通过笔试、面试和体测三种方式考查。

学生综合素质，包括语言表达能力、创新意识、逻辑思维能力、分析问题和解决问题的能力、心理素质和身体素质等多方面。基于"强基计划"选才的特殊性和战略性，校考在笔试和面试过程中也体现出更具专业性、针对性的考核，并力求在专业素养和综合素质方面寻找平衡点，选拔出基础学科的拔尖创新人才，服务国家重大战略需求。"强基计划"不仅兼顾成绩与素质，而且通过多项精准化策略，确保成绩与素质的一致性以及录取专业与就读专业的一致性，能有效避免宽口径录取导致的素质与就读专业不相符现象发生。

3.选拔与培养相结合

"强基计划"对学生进入高校后的培养模式提出了指导性意见。一要与普通录取学生的培养有别，制定单独的具有较强针对性的人才培养计划和激励方案，同时在师资学习条件、学术环境、出国留学、国际交流、奖学金等方面按高标准配备，力求通过一流的师资、一流的学术氛围等培养高层次人才。二要实行导师制、小班化等培养模式，注重探索精准培养、"个性关照"深度发展的育人机制，强化育人的个性化和创造性。三要畅通本—硕—博连贯的培养模式，在更长的人才培养周期内系统规划人才培养方案，使人才培养工作更自主、更精细，使培育出的人才更全面、更专业。简言之，"强基计划"在明确人才选拔标准和要求的同时，在人才培养方面提出单独制定培养方案，畅通成长发展通道，推进科教协同育人等指导建议。

（十一）"强基计划"的政策优势

专家普遍认为，与以往自主招生主要选拔"具有学科特长和创新潜质"的定位不同，"强基计划"更精准聚焦国家重大战略需求，从综合实力和基础学科相对较强的高水平大学人才选拔入手，破解长远发展的瓶颈问题，体现高校人才选拔培养与国家发展战略的同心同向。

1.促进高等教育与基础教育的衔接,引导和规制基础教育改革的纵深发展

"强基计划"把培养延伸到基础教育阶段,打破了长期以来中国高等教育与基础教育在学科教学、培养模式等方面相分离的格局,引导基础教育改革的纵深发展。其最显著的作用主要体现在促进中学素质教育开展以及规制学生选考投机行为两个方面。

在中国,中学、学生和家长普遍将教育作为实现升学目的的一种手段,很少谈论教育的内在价值,由此表现出与素质教育的育人导向形成强烈冲突的功利化倾向。"强基计划"致力于扭转片面以考试成绩评价学生的做法,探索综合素质评价方式。试点高校的学校考核均为综合能力测试,重点考察学生的学科特长、创新潜质和非认知因素;以素质评价档案为参考依据,考察学生中学阶段的全过程表现,包括课外学习情况,参与社团活动和社会实践情况。

这一评价方式有助于引导基础教育走出知识本位,关注学生成长过程和综合素质提升,积极推进促进学生全面发展的素质教育。同时,"强基计划"在选拔录取环节取消论文和专利加分,但为单科特别优秀的学生开辟破格录取路径,在一定程度上能够引导中学摒弃浮躁和功利性做法,回归教育初心;创新人才培养模式,为在早期展示出卓越天赋的学生提供与其特长相得益彰的成长环境。

2014年起,中国开始推进高考改革试点工作。虽然高考改革的政策设计初衷是赋予学生更多自主权,但在应试教育的背景下,学生大多以获得高分为首要原则。而赋分制下选考科目能否获得高分很大程度上取决于对手的水平,由此,高考改革从原本促进学生个性发展的政策意图,异化成了追求利益最大化的制度博弈。学生纷纷涌向"高手"少的科目,物理和化学等传统基础学科"遇冷"成为趋势,甚至已经影响到中国基础学科人才储备的质量和结构。

"强基计划"所有试点高校的理科类招生专业均基于学科属性,设置了相应的高中选考科目要求,包括数理类专业仅限理科生报考,对于高考改革省份,数学类和物理类专业要求学生必须选修物理,化学

类、生物类和医学类要求选修物理或化学。也就是说，精英高校根据专业内在逻辑以及人才培养需求确定清晰的选考科目，对考生的选科自由进行有力的约束，避免选科投机现象；学生在兴趣、特长和高校的专业需求之间进行平衡调适，共同构成高等教育与普通教育相互衔接的系统性人才培养链，确保基础学科拔尖人才蓄水池的容量。

2. 促进国家本位和个人本位的整合

长期以来，中国拔尖人才项目以国家本位为基本价值取向，多以外部标准的成功衡量学生价值，忽视对拔尖学生心智结构发展历程的独特性的关注，学生的心理和职业发展需求难以得到满足，从而导致拔尖学生个体成长与项目目标相割裂，学生对项目价值的认同感不高。"强基计划"一方面延续了既有拔尖人才培养项目致力于为解决国家和社会问题的目的论政策导向，呈现出明显的问题和需求驱动模式。"强基计划"的首要目标是服务国家重大战略需求，计划从顶层设计上对高校招生规模和结构进行把控，明确要求高校突出办学特色，一校一方案，精准对接关键领域和人才紧缺领域。除额外增加医学专业外，所有试点高校开设的专业均在规定之内进行探索。"强基计划"还对人才培养方向做了澄清，学生在入学后原则上不能转专业，部分高校允许学生在"强基计划"专业范围内进行调整。但另一方面，"强基计划"更加注重促进政策在国家本位和个体本位上的整合。

首先，"强基计划"关注拔尖学生个性化需求，尊重学生成长规律。试点高校立足学校特色，集聚优质资源，为拔尖学生的专业发展提供外部环境条件；在培养过程中，为学生制定个性化培养方案，提供异质性课程，实行灵活多样的管理体制，促进学生独特心智的发展。

其次，"强基计划"以"志"为桥梁，弥合外部目标和个体需求之间的距离。相较于传统拔尖人才项目的"择智"倾向，"强基计划"更加重视"择志"。计划强调选拔有志向、对基础学科有兴趣的学生进行专门化培养。兴趣是个体积极探究事物的偏好，志向则与人生观和价值观有关。基础学科具有非商业性和非应用型，在劳动力市场上常占据下风，而基础研究也时常被认为是一项艰深而枯燥的劳动。但一旦有志于从事基础研究，从内心认同学科文化及其内部规定性，在学习和研究中就会产生"消遣"的感受，"甘坐冷板凳"，投身基础学科进行原创性学术探究，即将自我实现的满足感和超越自我的集体意义感相统一。从这个角度说，"强基计划"在本质上捕捉到内部需求与外部目标、工具理性与价值理性之间整合的可能性，促进个体本位与国家本位的融合。

3. 兼顾科学性与公平性

"自主招生政策实施16年来，也一直在探索处理好两者的关系。"中国教育学会原会长钟秉林表示，此次改革面对现实问题，积极回应人民群众的关切，着力解决自主招生中申请材料造假、高校提前"掐尖"等问题，进一步严格规范招生程序，明确高校考核要安排在国家教育考试标准化考点进行等举措，建立更高水平的公平保障机制，体现了促进人才选拔的公平性、实现社会正义的政策导向。

中国科学技术大学校长包信和院士认为，创新人才选拔和培养机制的改革非常必要也非常及时。新中国的高等教育取得了辉煌成就，在中国特色社会主义新时代，中国高等教育有了更高目标，"强基计划"的实施，一方面更好地保证了人才选拔的公平正义，有助于高校个性化选拔优秀人才，同时又能针对性地确保国家战略领域的后备人才储备。

十五

中国基础学科
人才培养改革
与实践阶段性
总结

（一）中国基础学科人才培养改革与实践历程回顾

　　总体上，近10年中国基础学科人才培养改革经历了从试点探索走向试点推广、有序推进的阶段，在基础学科拔尖人才培养实践中不断总结经验，通过试点探索带动全局，以不断积累经验，培养基础学科领域的领军人才。2009年，"基础学科拔尖学生培养试验计划"（又称"珠峰计划"）启动。"基础学科拔尖学生培养试验计划"是教育部为回应"钱学森之问"，培养拔尖创新人才而出台的一项顶尖人才培养计划。该计划从2009年开始筹备，2010年启动，试点院校最早包括北京大学、清华大学等17所高校，目前已发展到20所。经过10年试点探索，2018年，为深入贯彻习近平新时代中国特色社会主义思想和党的十九大精神，全面落实立德树人根本任务，建设一批国家青年英才培养基地，强化使命驱动、注重大师引领、创新学习方式、促进科教融合、深化国际合作，选拔培养一批基础学科拔尖人才，为新时代自然科学和哲学社会科学发展播种火种，为把中国建设成为世界主要科学中心和思想高地奠定人才基础，教育部等六部门发布《关于实施基础学科拔尖学生培养计划2.0的意见》，"基础学科拔尖学生培养计划2.0"启动。2020年1月13日，《教育部关于在部分高校开展基础学科招生改革试点工作的意见》印发，决定自2020年起，在部分高校开展基础学科招生改革试点，即"强基计划"。"强基计划"主要选拔培养有志于服务国家重大战略需求且综合素质优秀或基础学科拔尖的学生，2020年为"强基计划"招生第一年，共涉及36所高校。根据2020年9月17日教育部最新公布的拔尖计划2.0高校名单，目前此计划共涉及36所高校。

（二）中国基础学科人才培养各项改革的共性特征

1.以培养基础学科领域领军人才为核心目标

无论是"基础学科拔尖学生培养试验计划""基础学科拔尖学生培养计划"2.0，还是"强基计划"，其目标都是在高水平研究型大学和科研院所的优势基础学科基础上，建设一批国家青年英才培养基地，建立拔尖人才重点培养体制机制，吸引最优秀的学生投身基础科学研究，形成拔尖创新人才培养的良好氛围，努力使受计划支持的学生成长为相关基础学科领域的领军人才，并逐步跻身国际一流科学家队伍。入选计划的高校每年动态选拔优秀学生，配备一流师资，提供一流的学习条件，创新培养方式，以实现基础学科拔尖学生培养的目的。

2.坚实的组织保障和平台建设

基础学科拔尖人才培养各项措施的具体实施，首先依赖于稳定的组织保障。比如针对"基础学科拔尖学生培养试验计划"，教育部明确指出要在入选计划的高校内建立"试验区"，作为"试验计划"实施的载体。"试验区"可在高校已试办的以培养创新人才为重点的试点学院基础上加以完善，也可设在学校优势突出、教学质量好的二级学院和单位，还可根据学校承担国家重点教学、科研任务的需要，组建跨学科的试点学院。"试验区"在教学、科研和管理方面享有充分自主权，在考试招生、专业设置、教师聘任、经费使用、考核评价等方面实行特殊政策。根据这一指导思想，各高校都进行了全方位的部署和设计，成立学院或试验班、试验计划等进行统一管理（详见表15-1）。另外，为保证计划的顺利开展，各高校都成立了由校长或副校长为负责人的领导小组，对"试验计划"的实施进行全方位指导，组织开展交流，提供信息服务，协调处理具体行政事务等。

表15-1 "基础学科拔尖学生培养试验计划"的组织形式和机构

组织形式	学校	机构名称
计划	复旦大学	望道计划
	南京大学	英才培育计划
	厦门大学	拔尖学生培养试验计划
试验班	西安交通大学	基础学科拔尖人才试验班
	南开大学	伯苓班、省身班
	中山大学	逸仙班
	吉林大学	唐敖庆班
	同济大学	探索生命科学班
	哈尔滨工业大学	深化英才班
	北京航空航天大学	基础学科拔尖人才试验班
	中国科学技术大学	科技英才班
学院	北京大学	元培学院
	清华大学	清华学堂
	浙江大学	竺可桢学院
	上海交通大学	致远学院
	武汉大学	弘毅学堂

续表 15-1

组织形式	学校	机构名称
	四川大学	吴玉章学院
	山东大学	泰山学堂
	兰州大学	萃英学院
	北京师范大学	励耘学院

3. 采用多元选拔、综合评价、动态进出的生源遴选机制

随着"试验计划"的落实，目前各高校都建立了多元选拔、综合评价、动态进出的生源遴选机制：（1）多元选拔一方面是指学生来源的多元化，包括面向高中、大一新生和高年级学生进行选拔；另一方面是选拔方式的多元化，即采取教授推荐、学生自荐，结合笔试、面试、综合考试等多种选拔方式。比如上海交通大学"致远学院"是通过所有新生申请，学院通过笔试与面试相结合的方式选拔学生；兰州大学"萃英学院"也是在新生入校后，通过学科课程的笔试、面试等，在全校范围内选拔优秀学生；首批进入西安交通大学基础学科拔尖人才试验班学习的学生，则分别来自少年班、保送生、自主选拔所招学生和高考优秀生；南开大学试验班的学生是在数学、物理、化学和生物专业的新生中经过二次选拔产生；中山大学是在物理、化学、生物三个专业的高考生源中择优选拔 90 名"尖子生"组建"逸仙班"。（2）按照要求，入选该培养计划的学生，应对科学研究和基础学科具有浓厚的兴趣，基础知识扎实，创新愿望强烈，心理素质良好，培养潜能突出，有望成长为基础学科研究领域的领军人物。基于此，各入选高校"试验计划"在生源选拔时都注重考察学生的综合能力，侧重对学生进行心理素质、数理基础水平、外语应用，以及个人兴趣和发展潜力等的综合评价。（3）动态进出的机制是指各高校"试验计划"均实行多次选拔、动态进出的遴选机制，择优递补，适时地将不适应拔尖创新人才培养模式的学生分流回普通班级中学习，并补充选拔新的优秀的学生进入"试验计划"。

4.配备一流的师资力量

目前，各高校针对"拔尖计划"和"强基计划"，均配备了最优秀的师资队伍。各高校在相关实施方案中都提出要聘请学术造诣深厚、教学经验丰富的国际国内知名教授进行授课，比如两院院士、"千人计划"特聘专家、"长江学者"以及杰出青年基金获得者等高水平专家学者。除了授课师资外，各高校还重视组建导师队伍以对学生的学业规划、课外阅读与科学研究、综合能力培养等进行个性化指导。比如：清华大学设立"清华学堂首席教授"和"清华学堂项目主任"岗位，聘请学术造诣深厚、教学经验丰富、具有国际视野的院士和长江学者等担任首席教授，如著名数学家、菲尔兹奖和沃尔夫奖获得者丘成桐，中国科学院院士朱邦芬、张希，著名结构生物学家、"千人计划"专家施一公，著名计算机科学家、"图灵奖"获得者姚期智，长江学者特聘教授郑泉水等人，负责制定该试验计划的培养方案，组织协调计划的实施；聘请教学名师、知名教授担任项目主任，配合首席教授全面负责学生培养和项目管理，在掌握学生特点的基础上，切实做到因材施教；按1∶3的师生比例邀请知名学者、优秀教师和社会杰出人士担任学生导师，对学生的基础知识学习、综合能力培养、创新研究训练等提供指导，并聘请海内外知名学者参与教学活动。上海交通大学"致远学院"精心挑选校内外杰出教授担任课程主讲教师，并选配优秀青年教师和学生担任助教。授课教师中有"千人计划"国家特聘专家、长江学者特聘教授、教学名师，还有耶鲁大学、普林斯顿大学、威斯康辛大学、衣阿华大学、美国国立卫生研究院等海外科研院所的教授、学者等。西安交通大学理学院不仅为试验班配备了学院最好的师资，而且聘请了外校的知名教授：数学班聘请了改革开放后中国公派西方的第一个数学博士学位获得者定光桂教授讲授"数学分析"，全国模范教师石生明教授讲授"高等代数"。总之，各高校"试验计划"的师资队伍建设均强调高水平。

5.采取创新性的培养方式

在培养规模和学制上，各高校普遍采用了小规模、长周期的培养："试验计划"初步打算每年总计招收1000名本科生、200名研究生。基于此，各高校试验班基本都实行小班培养模式，班级规模一般在15～20人左右。这种小规模的班级组成完全体现了精英教育的培养理念，也符合"基础学科拔尖学生培养试验计划"的主旨。在学制规定上，各高校虽然均采用本科、本硕连读、本硕博连读三类学制供试验班的学生选择，但更强调本—硕—博贯通式的长周期培养。比如浙江大学竺可桢学院目前正积极推进贯通式培养模式，每年选拔部分优秀本科毕业生到国外名校攻读硕士学位，再回到浙大攻读博士学位，从而完成整个学业。南开大学"伯苓班"和"省身班"的学生均为本硕博连读，学制为八年（2+2+1+3），前两年实行本科生的通识教育，第三年进行分专业学习，部分研究生课程将下移至第四年进行，第五年实行硕士和博士课程的学习，最后三年进行课题研究。

试验班以"通识教育理念+个性化培养方案+国际化培养思路"为基本培养模式：（1）拔尖创新人才的培养着眼于培养基础学科中的领军人物，强调创新。因此，入选"试验计划"的各高校趋向于扬弃传统的专业教育模式，以通识教育理念为指导，注重学生的科学素养、人文素质、社会品格、学科兴趣培养，通识教育主要以专题讲座和社会实践形式进行。（2）各大学均强调设计个性化培养方案，鼓励学生制订适合自己的学习计划，以提供学生自主选择的空间，最大限度地发挥学生的主动性，激发学生的学习兴趣和创造潜能。比如北京大学元培学院鼓励学生在满足教学计划的前提下，根据自身的条件制定个性化的学习计划，鼓励学生依照自己的能力和发展意向选择不同层次和要求的基础课程，还可根据实际情况调整自己的选课计划。上海交通大学致远学院的教学改革也重视为学生制定个性化的培养方案，提出要让学生有自由思考的时间，有较宽的选课范围并可修读研究生课程。中山大学"逸仙班"实行全程导学制，入学第一年学校将相关专业的教授名单列出，师生实行双向选择，导师针对学生的兴趣和特长，对他们选择课程、专业方向等提供建设性意见，制订个性化培养计划，鼓励学生个性化、跨学科专业的课程选读，培养学生通过多视角及领域研究、分析、解决问题的能力。（3）各入选高校针对该"试验计划"均强调国际化的培养思路，以各种方式鼓励和支持学生到国外一流大学学习、交流，或者引进国外优秀教材、师资力量等，以拓展学生的国际视野，帮助学生了解学科发展的前沿，使其尽快融入国际一流学术群体。比如兰州大学积极推荐学生参加国际交流活动，每位学生至少有半年以上的时间到国际知名大学或科研机构进行学习和科研训练；积极聘请国际著名学者举办"百年兰大·名家讲坛"讲座；邀请院士或国内外著名学者来校讲学；四年内为每个学生提供不少于2次参加国际国内学术会议的机会，使学生能与著名学者进行面对面的交流，了解国际化学研究前沿领域及热点问题。上海交通大学致远学院每年暑期邀请一批活跃在国际学术前沿的青年学者前来交大致远学院访问2个月左右，每位青年学者将负责指导2～3名即将进入四年级的学生，并通过个别辅导、学术报告会和暑期课程等方式与学生保持经常性接触。

　　具体到课程体系上，与普通班相比，各高校试验班的课程体系也都有较大调整，突出表现在：（1）课程结构方面：就横向课程结构而言，选修课比例提高，学生选课的权限和自由度增加。比如清华大学化学、物理、生物、计算机四个学科的普通班选修课所占学分比例分别为15.2%、13.0%、20.0%、19.1%，而试验班选修课所占学分比例分别为23.5%、16.5%、23.5%、25.0%，学分数及其所占比例均远远高于普通班；就纵向课程结构而言，则体现出厚基础、宽口径、强能力的特征，表现在通识教育选修课比例增加，专业基础课所占比例增加，科研训练和毕业论文、实践环节所占比例增加。比如山东大学试验班通识教育选修课所占比例平均为11.7%，而普通班通识教育选修课所占比例仅为6.35%；兰州大学试验班的专业基础课所占比例平均为41.25%，而普通班的专业基础课所占比例平均为33.85%；武汉大学试验班的实践环节所占学分比例为11.8%，但普通班的实践环节所占学分比例仅为5.6%。课程结构的这种改革，有利于学生夯实基础，拓宽知识面，提高文化素质、实践能力和自我发展的能力，也为此后的专业训练提供保障，是符合创新人才培养规律的。(2)课程内容方面，专业课程内容难度和深度提高。比如：浙江大学在其课程实施计划中明确标注，试验班的某些课程比普通班的难度要大。在其试验班的培养方案中，如果课程名称与普通班的相同，但内容难度和深度提高的，则这类课程后面均以"H"作为标识。(3)课程修读方式方面，各高校试验班普遍表现出个性化、多样化的特征。比如上海交通大学通过讨论课、专业研讨课、暑期研讨班、大师讲坛和学术会议等多种教学方式鼓励学生自主学习和研究型学习。学生们还自发组织了多种课外学习形式，如学术讨论班、科普讨论班、经验交流会等。总之，多样化的教学方式有效培养了学生的批判性思维能力，激发了学生的科研兴趣，也锻炼了学生的科学思维、演讲及表达能力。

6.提供最有力的教育资源支持

一方面，入选上述计划的高校均具备良好的培养条件。从入选上述计划的高校来看，它们都具备如下特征：基础学科强，在数、理、化、生、计等基础学科领域一般都有国家一级重点学科点和理科基地(比如兰州大学的"粒子物理与原子核物理""有机化学"是"二级学科国家重点学科"，西安交通大学的"生理学""计算数学"是"二级学科国家重点学科")；生源质量高；与国外一流大学和科研院所有良好的合作基础；有勇于改革探索的积极性，有培养创新人才的成功经验，能把握国内外人才培养改革方向。总之，这批高校基础学科的相关领域基本代表了中国高校目前的最高水平。

另一方面，相关高校也为上述计划提供了良好的教育资源和条件。比如针对"基础学科拔尖学生培养试验计划"，教育部明确提出国家重点实验室、开放实验室、国家实验教学示范中心等要向参与计划的学生开放，并为学生实验实践教学、科研训练和创新活动提供有力支持。为此，各高校对试验班学生的生活、学习和科研活动也给予了强有力的经费和其他教育资源支持。比如：一些学校每生每年培养费高达10万元，各学校都尽力为试验班的学生提供最好的教学空间，用于师生交流、学生讨论和阅览室等。此外，在国际化培养思路的引领下，各高校还积极利用国际优质教育资源来培养拔尖创新人才：选用国际一流大学优秀教材，聘请国际知名学者讲学、授课以及任职，资助试验班的学生参加国际会议，举办国际学术会议等，从而为学生提供接触国际学术动态、与国际学术大师交流的机会。比如上海交通大学等高校的试验班均采用将国际教学资源"请进来"的方式，聘请多名海外科研院所的教授、学者。

（三）中国基础学科人才培养各项改革的区别

"基础学科拔尖学生培养试验计划""基础学科拔尖学生培养计划"2.0以及"英才计划""强基计划"，虽然在基本遵循、目标任务方面是基本一致的，但在操作层面，在具体的学科领域、招生选拔等方面仍有一些区别。

一是涉及学科不同："拔尖计划"涉及的学科包括数学、物理学、化学、生物科学、计算机科学、天文学、地理科学、大气科学、海洋科学、地球物理学、地质学、心理学、基础医学、哲学、经济学、中国语言文学、历史学；"英才计划"涉及的学科只有数学、物理、化学、生物、计算机，此外并没有涉及其他的人文社科类学科；"强基计划"目前涉及数学、物理、化学、生物及历史、哲学、古文字学。对比来看，"拔尖计划"涉及的学科比"强基计划""英才计划"更多，其中包括计算机科学、经济学等比较热门的学科，学生可选择的范围更广。

二是面向对象不同："拔尖计划""拔尖计划"2.0面向的都是已经通过高考进入大学的学生；"英才计划""强基计划"面向的对象都是中学生。"英才计划"是基础教育阶段开展创新人才培养的积极探索；"强基计划"是通过高考来遴选高中生。

三是聚焦领域不同：拔尖计划所聚焦的领域更广，主要针对的是人类未来即将面临的重大挑战，旨在重大科学研究上有所突破，涉及气候变化、能源危机、人类健康、地缘冲突、全球治理、可持续发展等领域。"强基计划"主要是为国家关键领域输送后备人才,如高端芯片与软件、智能科技、新材料、先进制造和国家安全、人文社会科学领域等。

四是培养模式不同:"强基计划"实施导师制、小班化;"拔尖计划"实施"一制三化"模式,即导师制、小班化、个性化、国际化。"拔尖计划"除了导师制和小班化的教学模式之外,还注重学生个性化和国际化的培养。从教育部发布的《关于实施基础学科拔尖学生培养计划2.0的意见》可以看到,拔尖计划的学生不仅可以自主选择导师、专业及相关课程,还可以前往世界顶尖大学进行研修学习或短期考察,了解最前沿的科学技术;培养模式上更为灵活,所享受的资源相较于"强基计划"来说也更为优质。"英才计划"的培养模式较为特殊,其培养周期只有一年,利用寒暑假等课余时间,由大学导师培养+中学教师+科学实践与交流活动相结合的方式培养,时间选择较为灵活,目的是激发中学生的科研兴趣。

五是选拔模式不同:学生入校之后成绩优异,就可能有机会进入教育部"基础学科拔尖学生培养试验计划";"强基计划"则需要单独报名并参加全国统一高考,考生的高考成绩必须超过各省(区、市)的本科一批次控制线。入围"强基计划"的考生还必须参加高校考核(含笔试、面试)和体育测试。拔尖计划和"强基计划"最大的不同在于,拔尖计划是在学生进入大学之后进行选拔,"强基计划"则是在入校之前就进行选拔,不给予录取优惠,而是采用综合评价进行选拔。即拔尖计划是进入大学之后进行选拔,"强基计划"是入校前进行选拔。"强基计划"以及高中"英才计划"与拔尖人才2.0对接,输送人才,可以说是拔尖计划2.0人才选拔的重要组成。

主要参考文献

1. 关于审批理科基础科学人才培养基地第一批本科重点改革、建设试点专业(系)的通知(教高〔1991〕17号).

2. 关于建设国家理科基础科学研究和教学人才培养基地的意见(教高〔1992〕4号).

3. 关于批准"理科基地"第二批专业点的通知(教高〔1993〕15号).

4. 关于开展对"国家理科基础科学研究和教学人才培养基地"建设进行检查性评估的通知(教高司〔1994〕122号).

5. 关于批准第四批"国家理科基础科学研究和教学人才培养基础"专业点的通知(教高〔1996〕19号).

6. 关于大型科学工程和特殊学科的请示(国科金计字〔1997〕030号).

7. 关于进一步加强"国家基础科学人才培养基地"和"国家基础课程教学基地"建设的若干意见(教高〔1998〕2号).

8. 关于委托全国高等学校教学研究中心进行"国家理科基础科学研究与教学人才培养基地"评估工作的通知(教高司函〔1999〕17号).

9.关于公布国家理科基础科学研究和教学人才培养基地第二、三批专业点中期检查评估结果的通知(教高司〔2000〕13号).

10.教育部办公厅关于批准第五批"国家理科基础科学研和教学人才培养基地"的通知(教高厅〔2008〕2号).

11.关于印发《国家基础科学人才培养基金实施管理暂行办法》的通知(国科发高字〔1997〕029号).

12.关于下达"国家基础科学人才培养基金"1996年度经费的通知(国科金发计字〔1997〕029号).

13.关于做好今年"理科基地"建设经费使用工作的通知(教高司〔1997〕38号).

14.提请审定"国家基础科学人才培养基金评审指标体系"的函(国科金计字〔1997〕049号).

15.关于公布国家理科基础科学研究和教学人才培养基地第一批专业点验收评估结果的通知(教高厅〔2000〕2号).

16.关于继续实施国家基础科学人才培养基金的请示(教高〔2000〕16号).

17.财政部、国家自然科学基金委员会、教育部、科技部关于印发《国家基础科学人才培养基金项目资助经费管理办法》的通知(财教〔2002〕36号).

18.国家自然科学基金委员会、教育部关于印发《国家基础科学人才培养基金实施细则》及受理国家基础科学人才培养基金申请的通知(国科金发计〔2002〕45号).

19.关于对国家基础科学人才培养基金(基地)现场评审指标体系征求意见的通知(国科金计函〔2003〕46号).

20.关于印发《国家基础科学人才培养基金第三届管理委员会第二次会议纪要》的通知(国科金计函〔2007〕81号).

21.关于公布国家基础科学人才培养基金评估结果的通知(国科金发计〔2005〕11号).

22.关于下达国家基础科学人才培养基金"十五"第五年度项目资助

经费的通知(国科金计函〔2005〕94号).

23.关于批准资助2006年度国家基础科学人才培养基金项目的通知(国科金计项〔2006〕10号).

24.国家自然科学基金委员会关于印发国家基础科学人才培养基金"十一五"实施工作方案的通知(国科金发计〔2006〕11号).

25.关于批准资助2007年度国家基础科学人才培养基金项目通知(国科金计项〔2007〕20号).

26.国家自然科学基金委员会项目批准通知(国科金计项〔2008〕51号).

27.关于印发《国家基础科学人才培养基金第三届管理委员会第三次会议纪要》的通知(国科金计函〔2008〕111号).

28.国家基础科学人才培养基金2004年度工作报告.

29.国家基础科学人才培养基金"十一五"发展计划纲要.

30."十五"期间部分理科基地建设年度执行报告.

31."十一五"期间部分理科基地"能力提高"项目结题报告.

32.王根顺,李发伸:高等理科教育改革与发展概论[M].兰州:兰州大学出版社,2000年版.

33.王松山,胡之德.创造教育概论[M],兰州:兰州大学出版社,1992年版.

34.部分基础科学人才培养基地的调研材料.

35.阎琨,吴菡.从自主招生到"强基计划"——基于倡议联盟框架的政策嬗变分析[J].中国高教研究,2021(01):40-47.

36.邓磊,钟颖."强基计划"对高校人才选拔培养的价值澄明与路径引领[J].大学教育科学,2020(05):40-46.

37.庞颖."强基计划"的传承、突破与风险——基于中国高校招生"自主化"改革的分析[J].中国高教研究,2020(07):79-86.

38.吕阳."强基计划"溯源、特点及影响[J].教师教育论坛,2020,33(06):8-12.

39.钟建林,苏圣奎."强基计划"政策解读及因应策略——兼析36所

"强基计划"试点高校2020年招生简章[J].教育评论,2020(05):3-13.

40.尹达,田建荣."新自主招生"时代基础学科拔尖人才的培养策略[J].井冈山大学学报(社会科学版),2020,41(03):51-56.

41.全守杰,华丽."强基计划"的政策分析及高校应对策略[J].高校教育管理,2020,14(03):41-48.

42.李硕豪."拔尖计划"学生创造力发展影响因素实证研究[J].中国高教研究,2020(04):51-58.

43.胡娟.基础学科拔尖人才培养中的三个问题[J].吉首大学学报(社会科学版),2020,41(02):64-67.

44.贾芮,王由丽,潘宝城.浅析"强基计划"背景下高校基础学科改革路径[J].教育现代化,2020,7(16):53-54.

45..教育部在部分高校试点"强基计划"[J].中国民族教育,2020(02):6-9.

46.陈志文."强基计划"不是自主招生的升级版[J].中国民族教育,2020(02):8-11.

47.何学港."强基计划"来了,如何应对?[N].绍兴日报,2020-01-20(005).

48.杨朝清."强基计划"是有益探索[N].河南日报,2020-01-17(016).

49.姜朝晖."强基计划"接棒,利在长远[N].环球时报,2020-01-16(014).

50.于杨,杨漫漫."拔尖计划"实施十年:研究热点与问题反思[J].高等理科教育,2019(06):27-35.

51.李硕豪.教学方式与"拔尖计划"学生学习能力发展的相关分析[J].国家教育行政学院学报,2019(08):66-72.

52.阎琨.中国大学拔尖人才培养项目内部冲突实证研究[J].清华大学教育研究,2018,39(05):63-74.

53.兰州大学萃英学院基础学科拔尖学生培养研究课题组.十年磨砺 汇英育才——兰州大学基础学科拔尖计划十年探索与实践[J].兰州

大学学报(社会科学版),2018,46(05):173-178.

54.伍春香,王丽娜,杜瑞颖,吴黎兵,刘树波,王骞.基础学科拔尖人才培养模式探索与实践[J].计算机教育,2018(07):135-138.

55.任耕,彭丹虹."基础学科拔尖学生培养试验计划"简析[J].亚太教育,2016(17):230+229.

56.张倩,张睿涵.中国高校拔尖创新人才培养模式与实践[J].继续教育研究,2015(10):91-95.

57.付玥.拔尖创新人才培养的制约因素研究[D].长江大学,2015.

58.胡亮才.教育公平视角下高校创新人才的培养:对"珠峰计划"的反思与改良[J].创新,2015,9(01):21-25+126.

59.李硕豪,李文平.中国"基础学科拔尖学生培养试验计划"实施效果评价——基于对该计划首届500名毕业生去向的分析[J].高等教育研究,2014,35(07):51-61.

60.叶俊飞.从"少年班""基地班"到"拔尖计划"的实施——35年来中国基础学科拔尖人才培养的回溯与前瞻[J].中国高教研究,2014(04):13-19.

61.包水梅.中国"基础学科拔尖学生培养试验计划"实施状况[J].现代教育管理,2013(08):55-60.

62.高晓明,王根顺.中国拔尖创新人才培养之践履[J].研究生教育研究,2013(03):24-30.

63.唐家玮,李晗龙.中国拔尖创新人才选拔方式研究——基于"珠峰计划"与"自主招生"的并轨构想[J].国家教育行政学院学报,2011(09):8-12.

64.刘粤湘,胡轩魁,吴艳,薛梅.创新人才培养模式 实施拔尖学生培养——"基础学科拔尖学生培养计划"的实施与探索[J].中国地质教育,2011,20(02):14-21.

65.教育部办公厅关于2020年度基础学科拔尖学生培养基地建设工作的通知(教高厅函〔2020〕21号).

66.关于政协十三届全国委员会第三次会议第3304号(教育类323

号)提案答复的函(教高提案〔2020〕252号).

67.《教育部等六部门关于实施基础学科拔尖学生培养计划2.0的意见》(教高〔2018〕8号).

68.《教育部关于2019—2021年基础学科拔尖学生培养基地建设工作的通知》(教高函〔2019〕14号).

69.《教育部办公厅关于2020年度基础学科拔尖学生培养基地建设工作的通知》(教高厅函〔2020〕21号).

70. 中共中央国务院关于印发《国家中长期人才发展规划纲要(2010-2020年)》的通知(中发〔2010〕6号).

71.青年英才开发计划实施方案(中组发〔2011〕24号).

72.教育部关于加快建设高水平本科教育全面提高人才培养能力的意见(教高〔2018〕2号).

73.教育部关于印发《高等学校基础研究珠峰计划》的通知(教技〔2018〕9号).

74.教育部办公厅关于2019年度基础学科拔尖学生培养基地建设工作的通知(教高厅函〔2019〕43号).

75.关于政协十三届全国委员会第二次会议第0012号(教育类001号)提案答复的函(教提案〔2019〕第21号).

76.对十三届全国人大二次会议第1823号建议的答复(教建议字〔2019〕234号).

77.关于政协十二届全国委员会第四次会议第2827号(教育类269号)提案答复的函(教提案〔2016〕第262号).

78.教育部关于印发《教育部2017年工作要点》的通知(教政法〔2017〕4号).

79.关于政协十三届全国委员会第一次会议第0351号(教育类037号)提案答复的函(教提案〔2018〕第217号).

80.教育部高等教育司2013年工作要点 http://www.moe.gov.cn/s78/A08/A08_ndgzyd/201301/t20130131_147378.html.

81.创新高校人才培养机制,深入推进"拔尖计划"实施——教育部召开创新高校人才培养机制座谈会 http://www.moe.gov.cn/jyb_xwfb/gzdt_gzdt/moe_1485/201312/t20131227_161469.html.

82.“三三制”拔尖人才培养模式改革与探索 http://www.moe.gov.cn/s78/A08/gjs_left/moe_742/s5631/s7971/201404/t20140404_166828.html.

后　记

近几年，习近平总书记在多次报告与讲话中提到基础科学研究与基础学科人才培养的战略意义与重要作用，国家在"十四五"期间亦把它作为重要目标内容写入规划中，各有关部委特别是教育部为了落实习近平总书记的指示和"十四五"规划，在这方面进行了大量调研工作，并制定出台了一系列相关政策。可以说，中国基础科学研究和基础学科人才培养迎来了一个新的历史发展时期。

我虽然已退休在家，但关注中国教育改革的那颗心一直没有凉，这便是职业良心吧。基础学科人才培养上升到国家战略层面，又得到习近平总书记的重视，在中国是前所未有的，我亦是很激动的。为改革大业自己能做点什么呢？不由得想起2012年，我为国家自然科学基金委所做的专项委托课题"国家基础科学人才培养的理论与实践研究"，项目于当年完成并结题，由于缺少经费完结后便搁置起来。联想到当前高等教育改革的背景与社会需求，我觉得应该将我的课题研究成果拿出来，以供有关部门和研究者参考借鉴。于是，便将研究报告送兰州大学学校办公室转呈校长，希望学校能资助出版该成果。令人欣慰的是，很快就得到了兰州大学校长严纯华院士的答复，他指出："挺有价值，可以考虑编辑补充后出版"。为了落实严纯华校长的批复，我与兰州大学高等教育研究院副院长包水梅教授商量，由她承担2010年—2021年中国基础学科人才培养改革与发展方面的研究任务。经过半年多时间调研与撰写，终于补齐了下篇内容，使得该成果更具完整性，从理论与实践层面全面系统地总结了中国自20世纪90年代至今有关基础科学人才培养的改革成果。

　　该书能够顺利出版首先要感谢兰州大学校长严纯华院士的肯定与支持。同时，感谢兰州大学出版社李永春书记和雷鸿昌社长的关心与资助。

王根顺

2021年夏于兰州